財務管理（第二版）

陳萬江 著

財經錢線

▶▶ 第二版編寫說明

本教材第一版自出版以來，得到了許多兄弟院校相關專業的使用。各兄弟院校的同道們在使用本書時，首先對本教材的創新編寫方式給予了充分的肯定。對於本教材強調以小案例形式引入和強化相關章節的重點要點的做法，均認為能夠有利於教師的教學內容的組織，從而有利於提高教師的教學效果，也有利於學生把握各個知識點以及知識點之間的聯繫。其次，同道們也積極地給本教材提出了寶貴的修改意見。

我們根據本教材的使用實踐經驗，結合同道們的各種建議及意見，在對本教材的體例、內容、結構做出全面反思的基礎上，對本教材進行了全面的修訂。

修訂本教材，我們仍然堅持理論聯繫實際、理論為實踐服務的基本指導思想。本教材的基本服務功能定位是培養應用型人才。修訂後的第二版，更加注重理論與實際相結合，注重引進實務過程中的第一手資料，並將其改編為各種適用案例，加入教材的適當位置，以期收到理論與實際結合的效果。

本教材第二版的編寫由陳萬江、張麗、程秋芳、張玲、郭江、王愛娜和杜萌共同完成。由陳萬江提出修訂的總思路，並具體負責改編第一章。程秋芳具體負責第二章和第六章改編工作，張麗具體負責改編第三章和第七章，張玲具體負責第四章改編工作，王愛娜具體負責第五章改編工作，郭江具體負責第八章改編工作，杜萌具體負責第九章改編工作。

目錄

1 / 第一章 總論
  第一節 財務活動的性質 …………………………………………………（1）
  第二節 企業財務活動的目標 ……………………………………………（4）
  第三節 企業財務活動的經濟關係 ………………………………………（9）
  第四節 企業財務活動的環境 ……………………………………………（13）

18 / 第二章 財務管理的基本理論和方法
  第一節 資本運動理論 ……………………………………………………（18）
  第二節 貨幣時間價值 ……………………………………………………（21）
  第三節 風險與收益 ………………………………………………………（31）

39 / 第三章 企業籌資方式
  第一節 籌資概述 …………………………………………………………（39）
  第二節 企業資金需要量預測 ……………………………………………（42）
  第三節 權益資本的籌集 …………………………………………………（47）
  第四節 債務資本的籌集 …………………………………………………（53）

62 / 第四章 企業資本結構決策
  第一節 資本成本 …………………………………………………………（62）
  第二節 企業經濟槓桿 ……………………………………………………（69）
  第三節 企業資本結構選擇 ………………………………………………（74）

81／第五章　項目投資和評價

  第一節　項目投資的經濟內容 …………………………………（81）
  第二節　項目投資現金流量的分析 ………………………………（83）
  第三節　項目投資的評價方法 ……………………………………（87）
  第四節　項目投資實務 ……………………………………………（92）

97／第六章　金融資產投資

  第一節　金融資產投資概述 ………………………………………（97）
  第二節　債券投資決策 ……………………………………………（100）
  第三節　股票投資決策 ……………………………………………（106）
  第四節　其他金融資產投資決策 …………………………………（111）

119／第七章　短期資產管理

  第一節　短期資產投資概述 ………………………………………（119）
  第二節　貨幣資產管理 ……………………………………………（124）
  第三節　應收帳款管理 ……………………………………………（133）
  第四節　存貨資產管理 ……………………………………………（139）

147／第八章　收益分配管理

  第一節　收益分配概述 ……………………………………………（147）
  第二節　收益分配理論 ……………………………………………（151）
  第三節　收益分配政策 ……………………………………………（157）

165／第九章　財務預算控制與分析

  第一節　財務預算 …………………………………………………（165）
  第二節　財務控制 …………………………………………………（177）
  第三節　財務分析 …………………………………………………（184）

196／附錄　時間價值系數表

第一章 總論

> ■ 導入話語
>
> 大學生小王在大學畢業後,立志創業——投資建立一家企業。通過一段時間的市場調研和對國家相關政策的學習,小王明白必須要解決如下關鍵事項:
>
> 企業以何種形式存在?
>
> 企業的經營內容——產品和服務的市場定位是什麼?
>
> 企業應該形成什麼規模水準?
>
> 若要與所建立的規模相適應,應該投入多少資源總量?
>
> 所投入的全部資源在企業中應該以何種具體形態存在?結構如何?
>
> 所投入的全部資源應該如何運用?
>
> 如果產生了經營成果,應該如何處理這些成果?
>
> 這些問題歸納起來,不外乎是企業的經營模式和所需要的資源如何取得的問題。前者其實就是企業的營銷問題,後者就是企業的財務問題。

第一節 財務活動的性質

一、資本

資本是指企業經營活動所必需的各種相關經濟資源。

任何一個企業,其存在和發展——企業經營活動的進行,總是以擁有或者控制一定的資源為前提的。企業所需要的資源,包括人力資源和物質資源。人力資源又包括體力型的勞動力資源和以知識與技藝為內容的腦力勞動力資源。物質資源則包括各種設備、機器、廠房、原材料等。

企業所需要的各種資源,必須在企業開始運行之前就準備好。這種在經營活動運

行之前就準備好的資源，通常稱為墊支資本。每一個企業的註冊資本就是墊支資本的主要內容。

投入企業經營活動中的資本，總是處於運動變化狀態之中。資本的運動表現為其存在形態的規律性轉變。並且，企業資本的運動又是一個循環週轉的過程。資本的循環週轉是指資本投入時的初始形態，經歷一系列相關形態後，回到初始形態的運動變化過程。資本的運動性是資本的本質特徵之一。

企業資本具有增值性。資本的增值性表現為資本在經過一個循環週期的運動變化之後，回收的資本在數量上可能大於原投入的數量。資本增值性的實現，必須既以投入資本分別形成各種不同的形態為基礎，還必須以資本處於有規律的運動變化為前提。

投入企業經營活動中的資本還具有風險性。資本的風險性主要表現為：一方面，資本有規律的運動過程的完成只是一種可能；另一方面，資本的增值目標的實現也是一種可能。

資本是企業經營的前提條件和基礎。沒有資本，就不能夠建立企業，沒有資本的運動，也無從談及企業經營活動的進行。企業經營的核心內容就是資本及其運動。企業的經營活動表現為各種經濟資源的運動變化。

二、企業財務管理

資本運動是實現增值的基礎，資本只能在運動中實現增值。但是資本運動不是一個自發的過程，而是一個被置於特定主體意志的控制下，按照該主體對資本運動結果的主觀預期所進行的過程。

企業財務管理就是對企業資本的管理。其本質就是管理主體按照特定的結果預期，對資本運動過程所施加的源於主體自身主觀意志的影響。具體的財務管理工作包括工作內容和工作環節兩個方面。

(一) 企業財務管理的工作內容

企業財務管理的工作內容包括廣義的籌資和廣義的投資兩項基本內容。

1. 籌資

企業的籌資是企業取得資本使用權的經濟行為。這一行為的動因是企業資本運動必須以一定量的資本實體存量為前提。沒有一定量的資本實體，就無從談及資本的運動和增值。這一行為的結果是使得企業獲得一定量資本的使用權。

我們在這裡所論及的籌資，是廣義的籌資。它不僅包括一般意義的外部籌資，還包括內部籌資。外部籌資是典型的籌資，其特點是資本使用權在兩個互相獨立的市場主體之間商業化的轉移。而內部籌資則是企業自己的留存收益被實質上地作為資本使用，從而導致事實上的資本量的增加。這一籌資涉及企業的收益分配，導致企業投入使用的資本量的增加，因而是一種資本的籌集。這一籌資的特點是，資本的使用權並無前述的在兩個主體間轉移的現象，而僅僅只涉及企業自身的收益分配政策。

2. 投資

企業的投資是企業對所籌集的資本的使用價值（有用性）進行具體使用的經濟行為。企業投資行為的動因是獲得資本的增值。為了實現這一目的，企業必須行使資本

的使用權，也就是對資本的使用價值進行具體的使用和消費。因為資本的增值性只有在被使用的過程中才能得以實現。

同理，這裡所論及的投資也是廣義的投資。廣義的投資包括外部投資和內部投資。外部投資是一般意義上的典型投資。其主要特徵是企業將自身所控制的資本使用權商業化地讓渡給需要資本使用權的另一市場主體，所以外部投資也具有資本使用權在兩個市場主體間商業化轉讓的特徵（事實上，投資和籌集是同一件事情，只是從不同的主體立場出發，得到不同的表達概念而已）。而內部投資則是企業自身對資本的使用。如前所述，企業自身的經營活動在財務觀念中就體現為一定量的資本的運動。而企業的資本運動過程就是企業自身使用所籌集資本的過程，這一過程本質上是對資本的使用價值的直接消費過程，是資本的有用性在企業這一空間範圍得以實現的過程。

(二) 企業財務管理的工作環節

財務管理活動是一種專門對企業資本進行管理的活動。從企業的經營活動過程來看，管理活動的內容表現為一個循環。而企業管理的循環包括如下幾個環節：預測、決策、預算、控制、分析和評價。同理，企業財務管理也主要表現為這些環節。

1. 財務預測

財務預測主要是對企業的資本進行預測。企業資本預測是依據企業資本運動的規律，對企業未來所需的資本總量、資本結構和分佈做出合理的預計與測算。企業在一定的經濟環境中，基於資本的運動所處的內在和外在條件，其資本運動總是存在著一個相應的最佳總量和相應的結構。這正是需要財務管理工作者加以瞭解和掌握的。有了對這些內容的瞭解和掌握，財務工作者就可以對企業未來的資本總量和結構做出科學、合理的預計。因此，資本的預計測算，首先需要財務工作者瞭解和把握企業資本運動的規律，並建立相應的預測模型，從而使預測工作得以科學化和合理化。

企業的財務預測通常還要基於企業的財務決策。

2. 財務決策

財務決策是企業對企業資本的使用方式和具體用途、資本的運動過程和速度、資本回收方式等關鍵而又重要的問題，做出決定並且將其方案化。其具體內容是對關於資本的使用方式、具體用途、具體運作和回收方式等問題的各種方案，進行可行性研究和優劣比較，並最終做出抉擇，以確定一個對於財務活動主體而言的最佳方案的管理行為。

3. 財務預算

財務預算是將經財務決策所確定的最優方案在時間和空間兩個方面進行數量化的具體落實。具體地說，企業將業務活動量分解在各個相關時點，確定在相關的每個時點應該完成的資本運動量和運動所產生的結果，把這些內容數量化並形成特定的形式，這一結果就是財務預算。編製財務預算的依據是財務決策。因此，對財務預算而言，財務決策是關鍵，只有基於好的財務決策才能產生好的財務預算。

4. 財務控制

財務控制是依據財務預算的有關數量限定，對資本運動過程進行制約或促進，力求使資本運動過程嚴格按照預算所限定的軌跡運行，從而保證預期的資本運動結果的實

現。財務控制的具體內容：首先，確定控制標準，這種標準主要是預算的各項指標；其次，依據控制標準，對資本的運動過程進行糾偏，對低於預算要求的應予促進，對超越預算標準的應予制約；最後，保證資本運動過程按照財務預算所預定的資本運動軌跡運動並實現財務預算所預期的結果。

5. 財務分析

財務分析是依據財務預算標準和技術方法，對記錄資本運動的實際情況的數據進行的特定分析。財務分析的具體內容主要是對企業基於其資本的各項財務能力的分析。首先，財務分析要確定標準，沒有一定的標準，分析就是毫無意義的事。財務分析的標準包括資本運動規律和具體的財務預算。其次，由於財務分析是一種專業領域的分析，這就需要特定的技術分析方法。沒有這樣的技術分析方法，分析的目的就無法達到。財務分析的方法包括邏輯分析和數量分析。最後，財務分析的對象是記錄資本運動的實際情況的數據，這些數據主要來自會計記錄。會計記錄本身已經在一定程度上表達了資本運動的實際情況。但是，限於現代會計的技術結構局限性，深一層次的信息必須依靠對已有數據的進一步加工才能得到。

6. 財務評價

基於財務分析，還應該對資本運動過程及結果的狀態進行評價。財務評價是基於一定的財務理念，對企業資本運動的結果進行的評價。財務評價的主要意義在於為企業的經營活動進行準確的定位，並為後續經營活動提供參照。

顯然，財務管理就是要以預測、決策、預算、控制、分析、評價等管理手段，對企業取得和運用資本的全過程進行管理，以期最大化地實現企業目標的管理活動。

第二節　企業財務活動的目標

一、企業的目標

企業是以持有或控制一定資源為其存在基礎、獨立進行以盈利為目的的經營活動的社會組織。企業本質上是一個社會主體，基於企業的經濟性質，企業還是市場主體。而作為一個社會主體，企業同自然人一樣既擁有其社會權利，也需承擔相應的社會責任。一個社會主體，必然有其社會活動的目標。而一個經濟主體的目標也必然表現出經濟性質。企業的經濟性目標，主要表現為要實現盈利。而盈利的實質是回收的資本量大於投入經營活動中的資本量，這首先要求要完整地回收所投入的資本，並在此基礎上，回收超過原始投入的資本。企業的這一目標，具體表現為生存和發展兩個層次的活動內容。

（一）生存

與發展相對而言的生存，是指企業在規模不變的情況下的持續存在。其理論實質就是企業的簡單再生產過程得以連續進行。

從會計活動的意義上說，企業生存要具有的基本條件是收支平衡。也就是說，企

业的經營活動所取得的經營收入要能夠滿足其成本費用開支的需要。從財務活動的意義上說，企業要生存，就必須實現所回收的資本應該等於所支付的資本，尤其是所回收的貨幣資本一定要等於所支付的貨幣資本。

要實現收入足以抵減成本費用，就要求企業通過銷售商品或提供服務所獲得的資產要等於所付出的資產；否則，企業就將出現虧損，也就是企業所擁有的資產總量減少。如果企業的資產總量持續減少，這意味著企業在走向死亡，而死亡是對生存的背離。更嚴格地說，企業要生存，必須取得足夠下一期間須支付的貨幣。只有實現這一要求，企業資本才具有足夠的流動性，因而才具有支付能力和償債能力。如果沒有足夠的貨幣從市場換取必要的維持企業再生產所需要的資源，企業經營活動就會萎縮乃至停止，資本的運動也相應停止。同樣，企業如果不能按期償還債務，就可能被債權人接管或被法院判定破產。這也是企業的死亡。

企業只有生存，才可以獲利。投資者投入資源建立企業，目的是獲得盈利。但是盈利是企業經營活動進行的產物，只有在企業運行狀態下，才有可能實現。

(二) 發展

作為數量規模擴大的發展，是指企業所擁有的用於生產經營活動的資源總量的擴大。企業的數量規模擴大的發展，有兩種實現途徑，即企業對外獲取其所需增加的資源量和將企業自己通過經營活動而賺取的利潤轉化為其經營活動所需的資源量。這兩種途徑通常稱為外延式規模擴大方式。外延式的數量規模擴大，通常可以帶來產出規模的擴大。

企業的發展，還可以體現為以質量水準提高的方式來實現。這一方式是通過現有資產系統的結構優化，來提高資產系統的系統功能，從而在不增加投入資源數量的情況下，提高現有資產的產出水準（率）而得以實現的。這一途徑通常稱為內涵式規模擴大方式。

企業是在發展中求生存的。為了發展，企業必須在以下兩個方面下功夫：一是加強研究與開發，推出更好、更新、更受顧客歡迎的產品；二是加強市場營銷的力度，不斷提高企業的市場佔有額。

企業的發展需要投入大量的資金，因此籌集企業發展所需要的資金，是對財務活動的第二個要求。

二、財務管理的目標

財務活動是企業經營活動在資本管理意義上的表現，財務活動目標則是企業經營活動目標在資本管理意義上的表現。財務管理目標是企業進行財務管理的根本目的，是企業展開一切財務活動的基礎和根據，決定著財務活動的基本方向。

在理論意義上，對財務管理目標有不同層次的理解，從而形成不同的財務管理目標。而不同的財務管理目標必然導致不同的財務管理行為和財務管理結果。判斷一項財務活動是否符合以上要求，主要有以下幾種觀點：

(一) 銷售最大化

這種觀點認為，企業作為一個市場主體，其所有的存在價值都通過銷售的實現而得以實現。首先，實現商品銷售額最大化，企業的市場份額最大化，從而最大化地提高企業的競爭地位，也就最大化地提高了企業的生存能力。這就為企業之生存、發展確定了一個前提。其次，以銷售最大化為目標，也是企業實現盈利的基礎。沒有銷售的最大化，就不可能實現企業的盈利。

但是，銷售只是企業經濟指標的一個方面，難以全面反應企業經營活動過程的綜合整體情況。而如果僅僅只是強調銷售最大化，就可能忽視成本、費用的開支情況，最終可能導致企業整體經營活動結果水準降低。這是不可取的，也是銷售最大化這一目標的致命缺陷。

(二) 利潤最大化

利潤是以總收入與總成本費用的差額為其內容的，所以利潤的實質是企業通過經營活動而實現的資產增加，代表了企業新創造的財富。利潤越多，說明企業的財富增加得越多。這是符合企業的經濟性質要求的。利潤指標也在相當程度上表達資本的利用效率信息。這種信息也有利於資源的有效配置。

但是，基於現行會計體系的利潤指標，也具有明顯的局限性。首先，利潤指標的信息真實程度值得商榷。在以權責發生制為指導思想下確認的利潤，符合特定的邏輯判斷標準，但是不一定符合實際情況。其次，按照會計分期思想所確認的利潤，是反應每一特定期間的經濟指標。這種指標並不能把經濟活動作為一個持續完整過程的整體情況反應出來。因此，分期的利潤指標信息存在導致管理視野短期化的弊病。再次，利潤指標是基於歷史成本原則確認的，是一個結果性指標。這種指標難以傳達管理活動所需要的關於未來經營活動的相關信息。最後，利潤指標還是一個在企業內部會計活動中形成的非市場化指標。

(三) 股東財富最大化

在利潤最大化目標出現上述不足時，股東財富最大化就是企業的另一個財務管理目標選項。

股東財富最大化的具體內容有三個層面的理解。

首先，企業的淨資產是一種常見的股東財富。因為企業的全部資產來自股東投入和債權人投入。因此，把企業的全部資產在扣除了要用於歸還債權人的部分後，剩餘的資產當然屬於股東。不過，這一理解雖然具有法理上的合理性，卻並不具有經濟實質上的意義。因為股東其實並無任何控制、支配和使用淨資產的權利。

其次，企業的淨利潤是股東財富的另一種常見理解形式。就法理邏輯而言，企業通過經營活動所賺取的淨利潤應該歸屬股東。所以，將淨利潤理解為股東的財富，是符合法理邏輯的。這一理解仍然具有偏於重視法理形式而忽略經濟實質的特徵。因為一個企業的淨利潤與實際要分配給股東的股利並不相等。而對股東有實際意義的不過是董事會決定分配給股東的那一部分利潤。

最後，對於股東最具實質性意義的財富，應該是股權（票）在市場上的變現所得。因為股權變現所得的財富，是以貨幣形式為股東實實在在所持有的財富，股東對其具有實在的支配權、使用權。而且，在充分市場的條件下，這一部分財富完全是基於股東自身意志而實現的。

股東是企業的投資者，股東向企業投資的動因是企業能給其帶來財富。在現代市場經濟環境下，股東希望獲取資本性收益首先是符合經濟發展規律要求的，同時客觀上還具有促進經濟發展的意義。因此，讓股東這一社會資源貢獻者最大化地獲取財富，當然也是合理的。以股東利益最大化作為財務管理目標，有利於宏觀的資源配置，從而由於經濟的順利運行，最終有利於經濟的發展。

同理，股東財富最大化目標也有其缺點。這一目標以公司屬於股東這一理念為指導思想。因此，這一目標只是在強調股東的財富最大化。而現代經濟理論已經證明，向企業投注資源的絕不僅僅只是股東。事實上，企業還存在各種各樣的資源投入者，這些資源投入者，也同樣應該獲得其相應的權益和財富。而置其他利益相關者的利益於不顧，只是一味地強調股東的利益最大化，勢必導致侵害其他利益相關者的正當權益。這就不利於建立企業內部的利益制衡機制，從而不利於充分調動有關資源投入各方的積極性，就難以形成企業的有機系統結構，更難以優化這種結構關係，最終不利於企業的正常運行。

(四) 企業價值最大化

為了克服股東財富最大化目標的局限性，理論界提出了企業價值最大化的財務管理目標。企業價值是指基於企業作為一種特定形式的資本商品的有用性，在充分的資本市場上所獲得的市場評價。

企業基於其具有有用性而表現出商品的屬性，而企業作為商品的有用性決定了企業的性質就是資本。企業的有用性本質上就是資本的有用性，即資本的增值能力。而商品的市場評價也就是在充分交易的前提下，由利益對立的雙方對特定有用性的評價共識，即共同形成的交易價格。

因此，企業價值其實就是基於企業有用性而產生的市場價格。顯然，以企業價值最大化為財務活動目標，就是要最大化地提升企業的盈利能力，更深入地說是要最大化地提升企業的資本回收能力。這一目標在經濟邏輯上具有最高層次的意義。它涵蓋了幾乎所有其他目標的合理性。在實務中，企業價值變現為企業未來的收益的現時價值，也就是未來現金淨流量的現值。企業價值的大小不僅僅取決於企業目前的利潤結果，更應看重的是企業未來潛在的獲利能力。

由於企業價值最大化是著眼於提升整個企業的盈利能力，實質上就是把企業這一個蛋糕做大，企業價值最大化有利於利益相關者實現利益最大化，也就有利於克服股東財富最大化這一目標的局限性。同時，由於企業價值是一種未來能力的表述，因此企業價值最大化目標在理論層次上高於利潤最大化目標。因為利潤是一種結果，而企業價值是一種能力。同時，企業價值是以經濟活動全過程的經濟指標作為目標內容的，因而，企業價值最大化目標還可以避免管理視野短期化的局限，進而由於著眼於在充分長的時間範圍，並以相應的市場利率作為考量背景，企業價值指標就可以綜合地考

量相應的風險以及必要的時間價值補償。可以說，企業價值本質上就是一種公允價格，表現出典型的市場性，這就使得企業價值指標可以克服利潤指標的非公允性局限。

但該目標在執行過程中，可能出現以下問題：①影響企業價值的因素有很多，很多外界因素是財務部門無法控制的，這就有違目標的可控性特徵；②該目標是一個很抽象的目標，計算起來有很強的主觀預期，而且很難實行分解，落實標準不好確定。

財務管理目標是一個企業的財務戰略問題。總體來講，企業應該使用什麼樣的財務目標沒有絕對統一的標準，應該是能夠準確體現企業經營戰略和財務戰略的目標，就是企業應該確定的目標。財務目標應該具有整體性、前瞻性，強調財務成果最大化、財務狀況最優。而財務目標具體執行過程則應該強調具體性、可理解性、可操作性，便於從企業的籌資、投資、營運和利潤分配等幾個方面實施。

三、財務管理目標的矛盾與協調

基於資源的投入和使用，企業將和各個資源投入者結成特定的經濟利益關係。而各個資源投入者在經濟利益關係上，彼此存在利益的矛盾乃至於對立衝突。基於此，企業需要對其進行協調。

(一) 所有者與經營者的矛盾和協調

經營者與所有者之間的主要矛盾就是經營者希望在提高企業價值和股東財富的同時，能得到更多的報酬利益，而所有者和股東則希望以較小的支出帶來更大的企業價值或更多的股東財富。為了解決這一矛盾，企業應採取讓經營者的報酬與績效相聯繫的辦法，並輔之以一定的監督措施。

1. 解聘

這是一種通過所有者約束經營者的辦法。所有者對經營者予以監督，如果經營者未能使企業價值達到最大，就解聘經營者，經營者害怕被解聘而被迫實現財務管理目標。

2. 接收

這是一種通過市場約束經營者的辦法。如果經營者經營決策失誤、經營不善，未能採取一切有效措施使企業價值提高，該公司就有可能被其他公司強行併購，相應經營者也會被解聘。經營者為了避免這種接收，就必須採取一切措施提高股票市價。

3. 激勵

激勵是將經營者的報酬與其績效掛勾，以使經營者自覺採取能提高股東財富和企業價值的措施。激勵通常包括股票選擇權方式和績效股形式。①股票選擇權方式，即允許經營者以固定的價格購買一定數量的公司股票，股票的價格越高於固定價格，經營者所得到的報酬就越多。經營者為了獲得更大的股票漲價利潤，就必須主動採取能夠提高股價的行動。②績效股形式，即公司運用每股利潤、資產報酬率等指標來評價經營者的業績，視其經營業績大小給予經營者數量不等的股票作為報酬。如果公司的經營業績未能達到經營目標，經營者將部分喪失原先持有的績效股。這種方式使經營者不僅為了多得到績效股而不斷採取措施提高公司的經營業績，而且為了使每股市場價格最大化，也要採取各種措施使股票市價穩定上升。

(二) 所有者與債權人的矛盾和協調

所有者（股東）財富最大化的目標不一定符合債權人的利益。債權人將資金貸給企業的基本目的是獲得利息收入並到期收回本金。而所有者（股東）為實現財富最大化的目標，在實際操作上可能通過經營者做出違背債權人的事情。其主要有以下方式：

(1) 所有者改變原定資金的用途，將資金用於風險更高的項目。

如果高風險的項目僥幸成功，超額利潤將歸股東單獨所有；如果高風險項目投資失敗，企業無力償還，債權人和股東將共同承擔損失。對債權人來說，風險與收益是不對稱的。

(2) 所有者在未徵得債權人同意的情況下發行新債券或舉借新債。

這些行為將會使企業的負債增加，舊債的償還保障能力降低。若是企業破產，新的債權人將和舊的債權人一起分配企業破產財產。由於相應的償債風險增加，舊債的相對價值就降低了。

債權人為了解決與所有者（股東）之間的矛盾，除尋求法律保護（如破產時優先接管、優先於股東分配剩餘資產等）之外，往往採取以下方式進行協調：

(1) 在借款合同中加入限制性條款。

如要求發行債券的企業規定籌集資金的用途、擔保方式、信用條款等。規定不得發行新債與舉借新債或者限制發行新債與舉借新債的規模、條件等。

(2) 拒絕進一步合作。

如債權人發現企業有剝奪其資產的意圖、增加其風險時，可以拒絕進一步合作。如採取提前收回債權或不再提供新債權的方式，從而來保護自身的權益。債權人也可以要求較高的報酬率作為風險的補償。

因此，如果企業試圖損害債權人的利益，將會失去與信貸市場的聯繫或者將會承受高額資金成本。為了實現企業目標，企業必須與債權人搞好關係，恪守借款合同。

第三節　企業財務活動的經濟關係

一、企業財務活動的經濟關係概述

財務活動的經濟關係體現著財務活動的本質特徵，並影響財務活動的規模和運行速度。正確處理財務活動的經濟關係，是市場經濟條件下財務管理的一個重要方面。

(一) 企業財務活動的經濟關係的含義

企業財務活動是以企業為主體來進行的，企業作為法人，在組織財務活動過程中，必然與企業內外部有關各方發生廣泛的經濟利益關係，這種經濟利益關係就是企業財務關係。企業財務關係，從根本上來講，是基於企業資本的所有權和使用權相分離而形成的經濟利益關係。

財務活動是一種社會活動，因此，財務關係首先是一種社會關係。同時，財務活

動是在商品經濟條件下、在市場中進行的一種活動,因此,財務關係還是一種市場關係。最終,財務關係是基於財產權利而產生的人際關係,是基於資本的有關權益商品化解後,在不同的資本權益行使人中間所形成的經濟利益關係。所以,財務關係是人與人之間的經濟利益關係。企業財務活動的經濟關係具有社會性,它體現著生產關係的性質與特徵。財務關係作為一種市場關係,意味著財務活動必須符合市場運行的規則。

(二) 企業財務活動的經濟關係的特徵

企業財務活動的經濟關係與企業所處的經濟環境有著密切的聯繫。在不同的社會經濟環境下,企業的財務關係有所不同。市場經濟的不斷發展以及現代企業制度的不斷完善,必然引起企業財務關係的變化。在市場經濟條件下,企業財務關係之所以區別於其他經濟關係是因為有其自身的特點。

1. 企業是市場主體

在市場經濟條件下,企業作為自主經營、自負盈虧的市場活動主體,必須合理組織各種財務活動,正確處理財務關係,以便實現企業的財務目標。追求企業利益最大化是建立財務關係的根本目的。企業作為財務關係的主體,要積極發展能夠給企業帶來實質性經濟利益的財務關係,盡量避免損害企業利益的財務關係。

2. 以市場為媒介

市場的基本功能是實現資源的配置,以便實現社會經濟的合理運行。企業作為市場主體,在經濟利益的驅使下,與其他經濟行為者發生的各種財務關係均是通過市場才得以實現的。市場成為締結企業財務關係的媒介,在經濟利益上把彼此獨立的市場參與者聯結成一個有機的整體。

3. 以科學分配為基礎

科學、合理地處理收益分配關係是企業處理財務關係的重要內容,所有者和經營者之間、生產和消費之間、固定資產和流動資產之間的分配比例都是通過財務關係進行的。

4. 以平等、公正為前提

企業與其他市場參與者之間發生財務關係,是以平等地行使權利並承擔相應義務為前提的。企業財務關係錯綜複雜,將直接關係到各個相關主題的經濟利益。企業在處理財務關係時,應採取有效的措施以便反應公正、公平、公開的原則,在利益分配上要按照權責明確、產權清晰的原則進行。

5. 以法律為準繩

企業與其相關的經濟行為者之間的財務關係,是通過市場在經濟利益的驅動下建立起來的。法律是維持這些財務關係相對穩定,並及時協調其利益衝突的保障。在市場經濟條件下,各個市場參與者都必須以法律為依據,通過各種具有法律效力的契約或協定作為穩定其財務關係的保證。企業對銀行及其他債權人要及時處理債務問題,認真履行經濟合同,承擔對債權人應盡的義務,嚴格守法。

6. 以經濟效益為目的

企業與其他經濟行為者之間發生的各種財務關係,都來源於不同經濟行為者對各

自經濟利益的追求。財務管理的中心環節是追求企業經濟效益的最大化，實現企業資本保值增值是企業財務運作和處理財務關係的內在要求。企業經營者對所有者所承擔的資本保值增值的責任最終將通過財務關係表現出來，這是企業財務關係與其他經濟關係的根本區別。

二、企業財務活動的經濟關係的內容

企業財務活動的經濟關係，即財務關係，是企業在財務活動過程中與有關各方所發生的特定經濟關係。也就是說，財務活動是財務關係形成和發展的載體。財務活動的經濟關係主要包括以下幾個方面：

（一）企業與投資者之間的財務關係

企業與投資者之間的財務關係，主要是指企業的投資者向企業投入資金、企業向投資者支付報酬所形成的經濟利益關係。這裡的投資者是指權益（或者股權）投資者。

在企業所有權與經營權相分離的情況下，所有者不直接參與企業的經營管理。他們通過會計報表和其他信息瞭解企業情況，做出相應的決策。所有者感興趣的信息是資本的安全性、收益率以及資金運轉情況等。投資者通過股東大會等對企業有一定的控股權。投資者參與企業利潤的分配。

企業的資本除來自國家投資者以外，還來自社會法人企業、單位、個人及外商等，從而形成了企業與這些投資者之間的財務關係。現行的有關法律明確規定，投資者憑藉其出資，有權參與企業的重大經營管理決策，分享企業的利潤並承擔企業的風險；被投資企業必須依法保全資本，並有效地運用資本實現盈利。這種財務關係是體現所有權性質的投資者與受資者的關係。

（二）企業與債權人之間的財務關係

企業與債權人之間的財務關係主要是指企業向債權人借入資金，並按借款合同的規定按時支付利息和歸還本金所形成的經濟關係。

企業除了利用資本進行經營活動外，還要借入一定數量的資金，以便降低資金成本，擴大企業經營規模。企業的債權人主要有本公司債券的持有人、金融信貸機構、商業信用提供者及其他出借資金給企業的單位和個人。企業利用債權人的資金，要按照約定的利率，及時向債權人支付利息。債務到期時，要合理調度資金，按時向債權人歸還本金。債權人主要關注企業債務的償還能力和支付利息的能力，並做出相應決策。企業與債權人之間的財務關係在性質上屬於債務與債權的關係。

（三）企業與受資者之間的財務關係

企業與受資者之間的財務關係主要是指企業以購買股票或直接投資的形式向其他企業投資所形成的經濟關係。

隨著市場經濟的不斷深入發展及企業經營規模和經營範圍的不斷擴大，企業收購、兼併其他企業和對其他企業進行參股、控股的經濟行為越來越普遍。企業向其他單位投資，應按照約定履行出資義務，並根據其出資額參與受資者的經營管理和利潤分配。

企業與受資者之間的財務關係在性質上屬於所有權性質的投資與受資的關係。

（四）企業與債務人之間的財務關係

企業與債務人之間的財務關係主要是指企業將其資金以購買債券、提供借款或商業信用等形式出借給其他單位所形成的經濟關係。企業將資金出借後，有權要求債務人按照約定的條件支付利息和歸還本金。企業與債務人之間的財務關係體現的是債權與債務的關係。

（五）企業與國家之間的財務關係

企業與國家之間的財務關係主要是指國家作為社會管理者，強制和無償參與企業利潤分配所形成的經濟關係。

企業與國家之間的財務關係，主要體現在兩個方面：一是國家為了實現其職能，以社會管理者的身分，無償參與企業收益的分配。企業必須按照法律規定向國家繳納各種稅費，包括所得稅、流轉稅、資源稅、財產稅、消費稅、礦產資源補償費和教育費附加等。二是國家作為社會公共福利產品的提供者，通過向全社會提供公共福利產品的同時，也在事實上向企業投入資本。這正是國家向企業徵收稅賦的理論依據。這種徵收稅賦和繳納稅賦的關係，體現著資源投資與受資的關係。

（六）企業內部各單位之間的財務關係

企業內部各單位之間的財務關係，主要是指企業內部各單位之間在生產經營各環節中相互提供產品或勞務所形成的經濟關係。企業是一個系統，所屬各職能部門是否協調，直接關係著企業的發展和經濟效益的提高。

企業在實行內部經濟核算制和內部經營責任制的條件下，企業供、產、銷各個部門以及生產單位之間，相互提供的勞務和產品也要計算價格進行結算。這種在企業內部形成的資金結算關係，體現了企業內部各單位之間的利益關係。處理企業內部各單位之間的財務關係，要嚴格分清有關各方面的經濟責任，以便更有效地發揮激勵機制和約束機制的作用。

（七）企業與職工之間的財務關係

企業與職工之間的財務關係主要是指企業向職工支付勞動報酬過程中所形成的經濟關係。職工是企業的人力資源投入者，他們以自身提供的人力資源作為參加企業資本收益分配的依據。企業根據所消費的職工人力資源的情況，用其收入向職工支付工資、津貼和獎金，並按照規定提取公積金等。為此，職工會關注企業的穩定性、獲利情況及福利待遇的變化等。

可見，企業與職工之間，就形式而言，首先是提供人力資源與分配報酬的關係，但實質上是基於資源的投入的經濟利益關係。

在企業與各有關方面財務活動的經濟關係處理上，一方面，企業要處理好各種經濟利益關係；另一方面，各利益主體為了自身的利益也會對企業提出各種要求。如企業的投資者為了避免企業提高開支、減少他們的收益而對企業進行監督，為了鼓勵經

營者努力工作給予他們激勵，債權人在借款合同中加入限制性條款等，這些都是為了處理好企業財務活動的經濟關係而採取的一系列措施。

市場經濟條件下企業財務關係的發展變化，對企業財務管理提出了更高的要求，財務管理人員對此必須有清醒的認識。企業財務人員必須密切關注財務關係的發展動向，正確處理財務關係，這對於進一步加強企業財務管理、提高企業經濟效益等，都具有極其重要的意義。

第四節　企業財務活動的環境

一、財務活動環境的概念及分類

環境構成了企業財務活動的客觀條件。企業財務活動是在一定的環境下進行的，必然會受到環境的影響。

（一）財務活動環境的概念

財務活動環境是指企業財務活動賴以存在和發展的各種因素的集合。企業資本的取得、運用和資本收益的分配會受到環境的影響，資本的配置和利用效率會受到環境的影響，企業成本的高低、利潤的高低、資本需求量的大小也會受到環境的影響，企業兼併與收購、破產與重組和環境的變化仍有密切的聯繫。企業通過環境分析，能提高企業財務行為對環境的適應能力、應變能力和利用能力，以便更好地實現企業財務管理目標。

（二）財務活動環境的分類

1. 按照財務活動環境的範圍，財務活動環境可以劃分為宏觀環境和微觀環境

財務活動的宏觀環境包括政治環境、經濟環境、法律環境、金融市場環境等。宏觀環境是作為企業外部的、影響企業財務活動的客觀條件而存在的。財務活動的微觀環境包括企業的生產環境、企業的組織體制和財務組織結構以及企業生產經營狀況和企業人員環境等。

2. 按照財務活動環境與企業的關係，財務活動環境可以劃分為企業內部財務活動環境和企業外部財務活動環境

企業內部財務活動環境是指企業內部影響財務活動的各種因素，如企業的生產情況、技術情況、資產構成、生產經營週期等。企業外部財務活動環境是指企業外部影響財務活動的各種因素，如企業面臨的市場狀況、國家政治形勢、經濟形勢、法律形式以及國際財務活動環境等。企業內部財務活動環境一般均為微觀財務活動環境。而企業外部財務活動環境有的屬於宏觀的財務活動環境，如經濟、政治等；有的則屬於微觀的財務活動環境，如企業的產品、銷售市場、企業資源的供應情況等。

3. 按照財務活動環境的變化情況，財務活動環境可以劃分為靜態財務活動環境和動態財務活動環境

靜態財務活動環境是指那些處於相對穩定狀態的影響財務活動的各種因素，如財

務活動中的地理環境、法律制度等。動態財務活動環境是指那些處於不斷變化狀態的影響財務活動的各種因素，它們的變動性較強、預見性較差，如商品市場上的銷售量及銷售價格、金融市場的資金供求狀況及利息率的高低等。

二、財務活動的宏觀環境

（一）經濟環境

財務活動是經濟活動的組成部分，經濟環境是財務管理的重要環境。經濟環境主要有經濟政策、經濟週期、通貨膨脹、經濟結構、國際經濟環境以及其他的經濟相關環境等。

1. 經濟政策

經濟政策是國家進行宏觀調控的重要手段。經濟政策環境包括國家的財政稅收政策、貨幣政策和產業政策等。國家的產業政策、金融政策、財政政策對企業的籌資活動、投資活動和分配活動都會產生重要影響。如：金融政策中的貨幣發行量、信貸規模會影響企業的資本結構和投資項目的選擇；價格政策會影響資本的投向、投資回收期以及預期收益。國家對某些地區、行業、經濟行為的優惠、鼓勵和傾斜政策構成政府政策的主要內容。從反面來看，政府政策也是對一些地區、行業、經濟行為的限制。企業在財務決策的時候，要認真研究政府的政策，按照政策導向行事，才能揚長避短。政府的政策經常會因為經濟狀況的變化而調整，企業在做出財務決策時應該科學地預見這些變化及其發展趨勢，這樣對企業理財會很有益處。

2. 經濟週期

在市場經濟條件下，經濟發展和運行帶有一定的波動性，大體上經歷復甦、繁榮、衰退和蕭條幾個階段的循環，這種循環叫作經濟週期。企業的籌資、投資和資產營運等理財活動都要受這種經濟波動的影響。

比如在經濟繁榮階段，一般來說市場需求旺盛，企業的銷售量大幅度上升。為了擴大生產，企業要增加投資，增加設備、存貨和勞動力投資，這就要求財務人員迅速籌集資金。而在經濟衰退階段，市場需求開始疲軟，產銷量也開始下降，企業採取停止擴張戰略，停止長期採購，削減存貨，停止生產不利產品，並出售多餘設備，這就要求財務人員要合理安排資金流向，保證資金的安全。因此，企業財務人員應對經濟週期的影響有正確的認識，事先做好預測工作，及時調整財務策略。

3. 通貨膨脹

通貨膨脹不僅僅對消費者不利，也給企業理財帶來很大困難。其主要原因是：大規模的通貨膨脹會引起資金占用的迅速增加；通貨膨脹還會引起利息率的上升，增加企業的籌資成本；通貨膨脹會引起利潤的虛增，造成企業利潤的流失。

在通貨膨脹初期，貨幣面臨貶值的風險，這時企業進行投資可以避免風險，實現資本保值；應與客戶簽訂長期購貨合同，以減少物價上漲造成的損失；取得長期負債，保持資本成本的穩定。在通貨膨脹持續期，企業可以採取比較嚴格的信用條件，減少企業債權；調整財務政策，防止和減少企業資本流失等。企業財務人員必須對通貨膨脹有所預測，從而採取相應的措施，減少損失。

4. 經濟結構

經濟結構是企業所在地區的生產力佈局情況，包括產業結構、部門結構、地區結構等。經濟結構環境對企業財務管理有重要影響。企業所處的產業或者地區一定程度上影響甚至決定了企業財務管理的決策。另外，產業結構的調整和地區生產力佈局的變動要求企業的財務管理決策做出相應的調整。

不同行業要求的資金結構不同。第一、第二產業的企業，長期資金需要量比第三產業企業的長期資金需要量多。產業結構的調整和地區經濟結構的變動是通過競爭和資本轉移自動實現的。企業跟上這些調整和變化，必然要進行資金重組和資本轉移，在這個過程中會獲得超額利潤。總之，不同經濟結構的類型關係到公司理財活動的範圍和程度，也直接影響到公司籌資規模、投資方向以及獲利狀況等。

5. 國際經濟環境

國際經濟環境是指國際經濟的變化對企業財務管理的間接影響和企業直接參與國際競爭時的財務管理環境。國際經濟變化會通過國際投資、匯率等間接影響企業的籌資以及投資等財務活動。外向型企業必然會受到國際經濟變化的影響和制約。

6. 其他的經濟相關環境

企業除了受到以上經濟環境因素的影響外，還會受到其他相關的經濟環境影響。例如，外匯市場中的外匯匯率變動，金融市場機構的完善程度，金融政策、財稅政策的變動，外匯經濟貿易政策的變動，產業政策的變動等。

(二) 法律環境

法律環境是指對企業財務活動產生影響的各種法律因素。廣義的法律概念包括各種法律法規和制度。企業財務活動的法律環境具體包括企業組織法規、稅收法規、證券法規以及財務法規等。

法律環境對財務活動的影響和制約主要表現在以下幾個方面：首先，法律法規會對企業籌資決策產生影響。它規範了不同類型企業籌資的最低規模和結構，規範了不同組織類型企業的籌資渠道和籌資方式，規範了不同類型企業籌資的前提條件和基本程序。其次，法律法規會對投資產生影響。它規範了企業的投資方式和條件，規範了企業投資的程序和投資方向，規範了投資者的出資期限和違約責任。最後，法律法規會對分配決策產生影響。它規範了企業成本開支的範圍和標準，規範了企業應繳納的稅種及計算方法，規範了利潤分配的前提條件和利潤分配的程序。

(三) 金融環境

金融環境是企業最為主要的環境因素，對企業的財務決策有著重大的影響。其一般包括銀行以及非銀行金融機構、金融市場、利息率等因素。

金融市場是指資金供應者和資金需求者雙方通過信用工具融通資金的市場，即實現貨幣借貸和資金融通、辦理各種票據和進行有價證券交易活動的市場。金融市場的主要類型如圖1-1所示。

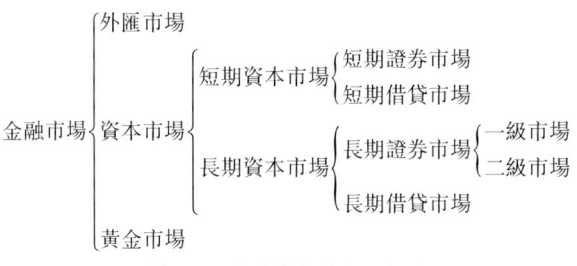

```
                    ┌ 外匯市場
                    │              ┌ 短期資本市場 ┌ 短期證券市場
                    │              │              └ 短期借貸市場
            金融市場 ┤ 資本市場 ┤
                    │              │              ┌ 長期證券市場 ┌ 一級市場
                    │              └ 長期資本市場 │              └ 二級市場
                    │                             └ 長期借貸市場
                    └ 黃金市場
```

圖 1-1　金融市場的主要類型

從總體上來看，建立金融市場，有利於廣泛地累積社會資金，有利於促進地區間的資金協作，有利於開展資金融通方面的競爭、提高資金使用效率，有利於國家控制信貸規模和協調資金流通。從企業財務管理的角度看，金融市場作為資金融通的場所，是企業向社會籌集資金必不可少的條件。財務管理人員必須熟悉金融市場的各種類型的管理規定，有效地利用金融市場來組織資金的籌措和進行資本投資等活動。

利息率簡稱利率，是利息占本金的百分比。資金的利率通常由三部分組成：純利率、通貨膨脹補償率、風險報酬率。利率的計算公式一般可以表示為：

$$利率＝純利率+通貨膨脹補償率+風險報酬率 \qquad (1.1)$$

純利率是指沒有通貨膨脹情況下的均衡點利率。通貨膨脹補償率是指由於持續的通貨膨脹會不斷降低貨幣的實際購買力，為補償其購買力損失而要求提高的利率。風險報酬率包括流動性風險報酬率、違約風險報酬率和期限風險報酬率。其中，流動性風險報酬率是指為了彌補因為債務人或者被投資人資產流動性不強而帶來的風險，由債權人或者投資人要求提高的利率；違約風險報酬率是指為了彌補因借款人無法按時還款而帶來的風險，由資金提供者要求提高的利率，違約風險越大，投資人要求的報酬率就越高；期限風險報酬率是指為了彌補因償債期長而帶來的風險，由債權人要求提高的利率，一般而言，因受期限風險的影響，長期利率會高於短期利率。

銀行利息率的波動以及與此相關的股票和債券價格的波動，既給企業帶來機會，也給企業帶來挑戰。在為閒置資金選擇投資方案時，利用這種機會可以獲得額外收益。比如，購買長期債券後，市場利率下降時，按照固定利率計息的債券價格上漲，企業可以出售債券獲得預期更多收益。同時，當預期利率持續上升時，以當前較低的利率發行長期債券，就可以節省資本成本。但如果將來事實上利率下降了，企業則要承擔比市場利率更高的資本成本。

三、財務活動的微觀環境

財務活動的微觀環境是指影響企業財務活動的各種微觀因素，如企業的生產環境、企業的組織體制和財務組織結構以及企業生產經營狀況與企業人員環境等。微觀環境是作為企業內部的、影響企業財務活動的客觀條件而存在的。微觀環境包括兩個方面：一是有形的環境，如企業組織形式、生產狀況、產品銷售市場狀況、資本供應情況等。有形的環境主要影響和制約企業財務行為的選擇。二是無形的環境，如企業內部的各項規章制度、企業管理者的水準、企業素質等因素。微觀環境的變化一般只對特定企業的財務管理活動產生具體影響。

其中，企業生產環境主要指由生產能力、廠房設備、生產組織、勞動生產率、人力資源、物質資源、技術資源所構成的生產條件和企業產品的壽命週期。根據生產條件，企業可以分為勞動密集型企業、技術密集型企業和資源開發型企業。勞動密集型企業需要的工資費用比較多，可能需要更多短期資金；技術密集型企業則在固定資產上占用的資金比較多，工資費用比較少，企業財務人員必須籌集到足夠的長期資金以滿足固定資產投資的需要；資源開發型企業則要投入大量的資金用於勘探、開採，資金回收期比較長。同時，在產品壽命週期的不同階段，資金需要量的額度也各不相同。

企業組織體制包括企業所有制形式、企業類型、企業經濟責任制和企業內部組織形式等。不同所有制形式的企業財務管理的原則、方法、目標等不同，所以財務活動也都不同。不同的企業類型，財務管理的程序也不同。企業內部組織形式的不同也會影響財務管理計劃制訂、策略選擇等財務活動的實施。財務組織結構則是指組織領導財務工作的職能部門組成情況，包括各個職能部門的設置及其相互之間的理財職能分工和組織程序。財務組織結構的建立要有利於形成企業內部的金融環境，如組建內部銀行、財務公司、項目融資等機構；要有利於企業生產部門或者環節相互的財務活動高效、順利地進行；要有利於企業經營戰略的實施，以實現生產經營管理和理財的科學化。

企業生產經營狀況是指企業物資採購的供應能力、產品的生產能力及其銷售能力的大小和對其管理水準的高低。企業的經營管理狀況則是指企業經營管理水準，即物資採購、物資供應以及物資的銷售能力等。企業經營管理水準高，會營造一個很好的財務管理環境；否則，會阻礙財務工作的順利進行。

可見，企業的財務管理環境對企業的財務活動有重大的影響，企業應該適應財務管理環境的狀況及其變化。在實踐中，企業要及時瞭解宏觀財務環境和微觀財務環境的變化，增強財務管理的應變能力，選擇正確的決策，以便順利實現企業的理財目標。

第二章

財務管理的基本理論和方法

■導入話語

　　強烈希冀成功的企業老總們，總是為下面這些問題所困擾：

　　企業的經營活動過程，投入資源究竟處於一種什麼樣的狀態？同樣的企業，盈利水準卻不同，企業的盈利水準究竟應該達到一個什麼水準才是合理的？已經設定的企業目標，是否能夠實現，實現的可能性又有多大呢？

第一節　資本運動理論

導入案例：

　　BM 公司是一個註冊資本為 5,000 萬元的製造公司。現有總資產為 6,000 萬元。其中固定資產為 3,500 萬元，各種存貨共計 2,000 萬元，應收帳款為 300 萬元，短期投資為 120 萬元，現金為 80 萬元。該公司為了維持正常的經營活動，必須進行採購和準備下一期的有關費用支付。將要進行採購的金額是 550 萬元且必須於下期期初付出，要支付的有關費用為 160 萬元，將於下期內均勻支付。

　　產成品存貨在下一期的正常銷售額為 800 萬元。正常的現銷金額是總銷售金額的 60%，其餘的 40% 為賒銷金額。賒銷金額的收現時間為下期期末。

簡單分析：

1. 該公司下一期具有充分的支付能力嗎？
2. 如果該公司支付能力不足的話，請擬訂該公司下期的財務措施。

一、傳統資本運動理論

　　作為投入企業的營運活動中的資源，企業的所有資本都處於運動過程中。資本在其運動過程中，表現為資本的形態轉化。資本在投入企業之初，正常的邏輯形態是貨

幣形態。然後，貨幣形態資本將轉化為各種實物形態的資本。這些實物形態的資本內容，包括機器、設備和建築物等長期性質的資產和原材料一類的短期資產。這些實物性的資產，在生產經營活動中被投入使用，發生磨損和消耗，形成生產形態，進而形成完工產品形態，通過對完工產品的銷售，收回貨幣，相當於投入的資本在經歷了一系列的相關形態後，最後重新回到貨幣這一初始形態。

資本的這一運動過程，通常以下述示意圖表示（圖2-1）：

貨幣形態資本—$\begin{bmatrix}長期資產形態資本（每一經營週期轉移其價值的1/n）\\ 流動資產形態資本（每一經營週期轉移其價值的100\%）\end{bmatrix}$—
生產形態資本—商品（完工產品）形態資本—貨幣形態資本

圖2-1　資本的運動過程

圖2-1中：貨幣形態資本是指以貨幣形式存在於經營活動中的資本；長期資產形態資本則是指以貨幣資本換回的投入生產過程的各種機器設備建築等生產資料；流動資產形態資本則是指各種以貨幣購買並擬投入生產過程的原材料、燃料之類的資產；生產形態資本則是指各種在產品和半成品等資產內容；商品形態資本則是指已經加工完畢，並形成預期使用價值形態的資產。

資本運動還是一個遵循嚴格規律性的過程。資本運動的規律性主要表現為這一過程是一個不可逆的順序過程。上述各形態的先後順序是確定的，而且決不允許被打亂。

資本按照嚴格規律所進行的形態轉換運動，就是資本的循環週轉。

資本運動過程的時間長短就是資本運動性。由於資本運動是從貨幣—現金形態開始，最後又回到貨幣—現金形態，所以也稱資本的運動性為變現性，習慣上還稱之為資本（資產）的流動性。資本的流動性高低同資本所採取的形態相關。資本採取長期資產形態時，需要若干經營週期才能完成一次完整變現，這就是說每一經營週期只能變現$1/n$的資本。而在資本採取流動資產形態時，只需要一個經營週期就可以實現一次完整變現。資本的流動性決定著企業的財務能力。

資本的增值性以資本的運動性為基礎。資本從貨幣形態開始，順序經歷其他形態後再次回到貨幣形態。只有完成這一過程，投入資本的數量發生改變——增加才是可能的。由於投入資本的增值是一種可能狀態，所以，資本增值是一個風險事件。

資本的運動過程，邏輯上以貨幣形態資本為初始形態，這就意味著企業的經營活動必須以貨幣形態資本為基礎。資本運動過程以貨幣形態資本為邏輯結束形態，則意味著企業的經營成果必須體現為貨幣，如果停留在非貨幣的其他形態上，則這種結果屬於尚未完成資本運動過程的結果，因而就是無財務意義的結果。

資本運動從現金形態開始，又以現金形態結束。這就表明資本運動是一個閉合的循環過程。正因為這一閉合的邏輯循環過程，才使得企業的存在及企業的經營活動可以持續不斷地進行下去成為一種可能。

在經濟實務中，上述資本運動進程是嚴格按照時間的繼起性和空間的並存性來進行的。這一含義的示意圖如圖2-2所示。

貨幣形態—長、短期資產形態—生產形態—商品形態—貨幣形態
長、短期資產形態—生產形態—商品形態—貨幣形態—貨幣形態
生產形態—商品形態—貨幣形態—貨幣形態—長、短期資產形態
商品形態—貨幣形態—貨幣形態—長、短期資產形態—生產形態
貨幣形態—貨幣形態—長、短期資產形態—生產形態—商品形態

圖 2-2　資本運動進程

資本運動的時間繼起性，是指資本的各形態按照時間順序，在運動過程中，順次從上一階段進入下一階段，並放棄上一階段的相應形態，而順次採用下一階段的相應形態。時間上的順序是這一概念的核心。資本運動的時間繼起性是一個不可改變的規律，包括運動順序不能改變、過程不可逆和不能間斷。

資本運動的空間並存性，是指在資本運動過程的每一個時點，都同時存在各種資本形態。資本運動的空間並存性，是資本各個形態實現功能互補，以形成一個資本有機系統的前提。資本運動的空間並存性發生改變，就意味著資本運動模式發生改變，從一種運動模式轉化為另一種運動模式。這也就意味著企業的經營活動模式發生改變。

資本的運動以及資本運動的時間繼起性和空間並存性是生產經營活動的連續性的必要條件。

二、現金流理論

現金流是指基於企業的經營活動而導致的貨幣收支現象。

現金形態資本是企業各資本形態中最特殊的一種形態。現金形態資本可以隨時不受經營活動階段限制轉化為其他任意一種資本形態。這就表現出現金這種資本形態具有最高的流動性。企業的經營活動，邏輯上以支付貨幣—現金形態開始，以收到貨幣—現金形態為邏輯的結果。貨幣—現金的收支運動，體現著企業的經營活動的過程和實質。貨幣—現金的收入支付量，體現著企業經營活動的規模。

準確地描述現金流和現金流量，就成為企業財務活動的核心工作內容。以現金形態為核心內容的資本運動圖示如圖 2-3 所示。

從圖 2-3 中我們看到一個重要的事實，就是現金在資本運動諸形態中的特殊性。在上述以現金形態為核心內容的資本運動圖示中，唯有現金形態是二次出現。這就表明貨幣—現金是資本運動過程的邏輯起點和邏輯終點。在現金流量循環圖示中，存在一個基本循環和若干個其他活動循環。然而每一個循環都是以現金作為循環的起點和終點。這一現象說明，現金是企業所有經營活動的基礎，企業中的任何經營活動都不能離開現金。同時，資本循環的終點也採取現金形式，表明企業的經營目標也必須以現金形式來體現。基於這些分析，我們可以說現金及其流動是企業資本運動的核心，現金的流轉制約著整個企業的經營活動。企業通過對現金的配置和運作，可以實現對企業總體資本的管理運作；同樣，通過對現金的控制，也可以實現對企業資本運動總過程的控制，從而實現對企業經營活動的過程總控制。基於資本循環過程的邏輯起點和邏輯終點的一致性，我們還可以得到一個極為重要的結論：資本循環過程的邏輯起點和邏輯終點在性質上是完全一樣的，所以這個過程是一個閉合的過程。也就是說，資本運動的起點就是終點，終點也就是起點。於是，資本運動過程就是一個從邏輯上

講沒有結束時點的過程，因而是一個連續不斷的持續過程。

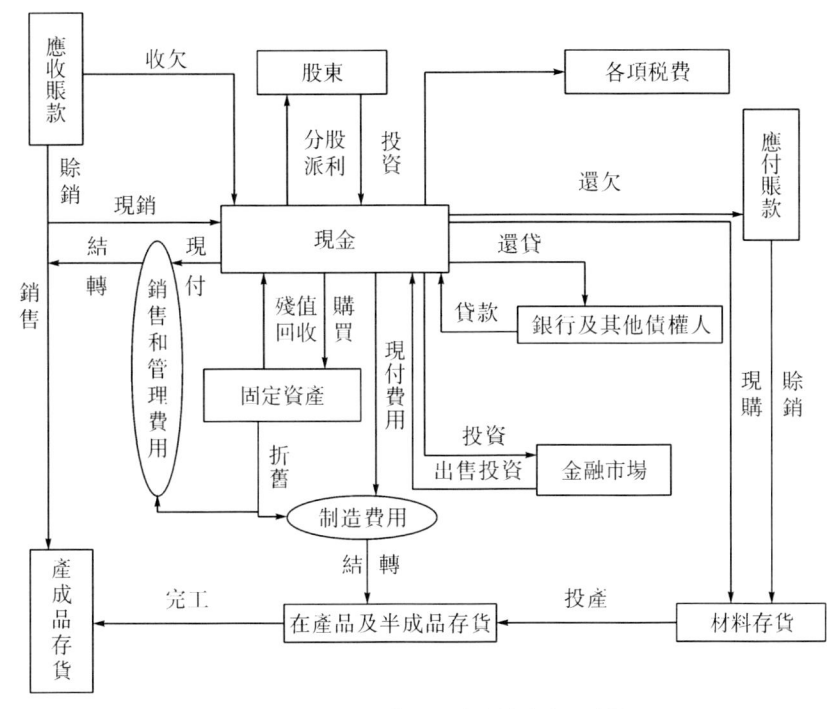

圖 2-3　以現金形態為核心內容的資本運動圖示

註：這一圖示依據小克利夫頓等所著《財務管理》改編而成（中國財政經濟出版社 1981 年版）。

現金的這種特殊性表明了現金是一種比其他資本形態更為重要的一種形態。所以理論界稱此種狀況為現金至上。

第二節　貨幣時間價值

導入案例：

A 公司總資產為 5,000 萬元。公司通過一年的運行，獲得淨利潤 400 萬元。公司的股東們非常關心的問題是，在當前資本市場上一般投資利潤率為 10% 的情況下，公司取得的這一利潤是否值得嘉獎？

一、時間價值基本命題

時間價值的一般意義是指人們對不同時點上的同一有用性具有不同效用強度感受，從而具有不同的主觀評價。通常表現出典型時間價值經濟內容的是貨幣。因此，人們以貨幣為基礎論述時間價值時，就形成貨幣時間價值的基本命題。對貨幣時間價值基本命題的表述是：

不同時點上的貨幣，其內在價值不同。

在這一命題中，內在價值其實就是與貨幣名義價值相對而言的貨幣真實價值。

基於貨幣時間價值基本命題，我們可以得出如下推論：

不同時點上的貨幣，其名義價值不具有可比性，因而不能對不同時點上的貨幣直接進行初等代數意義的運算。如果人們需要對不同時點的貨幣進行諸如匯總、扣除等的價值計算，就必須首先進行內在價值的折算。這一折算過程就是確定某一時點的貨幣相當於多少另一時點貨幣。這一折算過程，就是把不同時點的貨幣在內在價值的意義上折算到同一時點上。這也是對貨幣進行時間屬性調整。經過這一調整，使得原來具有不同時間屬性因而不能直接計量的貨幣，改變為時間屬性完全一致，從而可以進行代數和意義的內在價值計算。

對貨幣按照內在價值進行的當量內在價值的折算，就是貨幣的時間價值計算。

關於時間價值的認識，理論界並未獲得一致認識。

首先，關於時間價值究竟是指一種價值增加現象還是一種價值減少現象，就未能獲得統一認識。

一些學者認為是指價值的增加現象。通常，這些學者把企業經營活動的利潤解釋為時間價值現象。他們提出如下論斷：如果將一些貨幣埋在地下，使其離開經營活動過程，這些貨幣是絕對不會增值的。所以，貨幣的時間價值其實就是資本在經營活動中的增值，是資本增值的基於時間而言的一種結果。這種觀點將利潤理解為時間價值。

另一種截然相反的觀點是時間價值不過是一種價值減少的現象，它是指某種有價值的東西隨著時間的推移其價值逐漸降低的現象。這種觀點認為一定量貨幣無論其保存在哪裡，其所包含的真實價值——內含價值都會隨時間的推移而減少。這種觀點提出如下論斷：利潤並不是一種時間價值。由於利潤只是發生於不同時點的貨幣收付金額，所以利潤必須被時間價值所調整，從而成為時間價值調整的對象。如果將利潤解釋為時間價值的話，就會形成以時間價值調整時間價值的邏輯矛盾。時間價值是調節價值的工具，因而時間價值就決不能是價值。

其次，關於產生時間價值的基礎內容是否僅僅只是貨幣也是一個未定之論。

關於這一問題，現在的主流理論通常將時間價值定義為貨幣的價值量變化現象。由此得出的結論就是僅僅只有貨幣才具有時間價值現象。對此，最早出現的反對聲音是將貨幣這一概念修正為資本，他們認為只有資本才具有時間價值現象。

但如果按照主觀感受理論，則應該是所有具有有用性的物品都具有時間價值問題。因為只要存在有用性這一審美因子，就會給人們帶來基於審美的主觀感受，就會因此而產生審美評價。而基於人們審美的規律性而言，這種審美評價必然將隨著時間的推移而降低。

最後，關於時間價值的性質究竟應該如何理解，仍是一個爭論中的問題。關於時間價值這一現象性質的理解，包括客觀價值論和主觀價值論兩種。

客觀價值論認為，時間價值就是投入經營環境中被作為資本使用的貨幣所產生的增值。這裡的增值是獨立於主觀而客觀實在的價值額。而主觀價值論則認為，時間價值不過是對於客觀存在的某種效用的不同主觀評價結果。這裡的不同評價結果，以相關主體的主觀感受為其存在基礎。

二、時間價值計算的原理

(一) 時間價值計算的技術基礎

時間價值計算的基本原理就是將不同時點的貨幣按照內在價值折算至同一時點上。在時間價值計算中，涉及以下基本概念。

1. 時間數軸

時間價值涉及一個時點至另一個時點的時間過程。以橫坐標來形象地表現這一時間過程，就形成時間數軸概念。在時間數軸上，要將整個時間價值變化過程完整地表達出來。通常，數軸的左端稱為初始點，也稱為現在時點。數軸的右端（理論上可以有右邊的終端，也可以從右邊無限延伸）稱為終結時點，簡稱終點。同時，還要把整個時間價值變化過程等分為若干個時段，並以序號加以標示。時間段落可以有不同的長度。通常，對時段長度的規定是一年。

圖 2-4 是一個包含五個時段（年）的時間數軸。

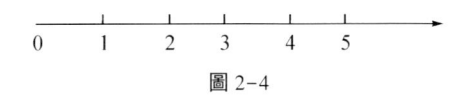

圖 2-4

確定整個時間價值變化過程的時段數，其關鍵意義在於確定時間價值變化次數。時間價值的變化方式是，按照一定的變化水準（變化率）每一時段變化一次，而變化之後的結果就成為下一時段變化的基礎。所以，時段數的確定，其實是在確定時間價值的變化是一種複利式的變化，進而確定變化時段數其實就是在確定時間價值變化的複利次數。

2. 現值計算與終值計算

這是關於時間價值的折算形式的認識。時間價值計算的實質就是將某一時點的貨幣價值折算至另一時點。通常將後一時點的計量貨幣價值折算至前一時點的折算結果稱為現值計算，其結果稱為現值；而將前一時點的貨幣價值折算至後面時點的折算稱為終值計算，其結果稱為終值。在實踐中，將現值計算確定為將現在時點以後的任何時點貨幣價值折算至現在時點的計算；而將終值計算確定為將整個時間過程的最後時點以前的任何時點貨幣價值折算至最終時點的計算。

圖 2-5 表示將一個現在時點的計量貨幣金額折算至第四時段（年）末時點的終值計算。

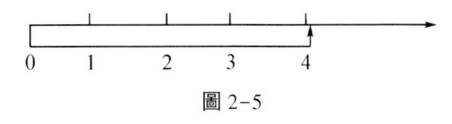

圖 2-5

圖 2-6 表示將一個第四時段（年）末時點的計量貨幣金額折算至現在時點的現值計算。

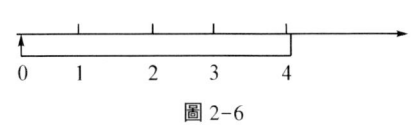

圖 2-6

3. 時間價值變化率

時間價值變化率是關於時間價值折算的工具。時間價值變化率的實質就是某一時點的貨幣價值同另一時點的貨幣價值，按照單位時間確定的對比比率。通過這一比率的確定，即可將不同時點上的貨幣價值折算為另一時點的貨幣價值，從而實現不同時間貨幣價值的折算。實踐中，通常以利息率來具體表現貨幣時間價值變化率。具體地，將這一指標用於終值計算時稱之為增值率，將其用於現值計算時稱之為折現率。

4. 時間價值變化方式

時間價值變化方式是指某一時點的計量貨幣金額再折算到另一時點時，由於時間價值變化率是借用利息率形式來表現的，所以存在一個其變化是按照單利還是按照複利來確定的問題。就實質而言，資本運動的增長變化是以複利形式得以實現的，因而在確定時間價值變化方式時，就據此認定時間價值變化是一個複利的變化過程。這是進行時間價值折算應該遵守的一個原則。

時間價值折算的基本原理可以歸納為某一時點的貨幣計量金額按照時間價值的變化率和複利變化次數，折算至另一時點的當量價值即終值或現值的計算過程。

(二) 時間價值計算的對象

時間價值計算的對象就是時間價值變化過程中特定時點上的貨幣。通常，這種收入或支出的貨幣被稱為現金流量。依據貨幣金額的出現頻度，我們將貨幣金額分成兩大類：

（1）在整個時間價值變化過程中只出現一次的貨幣金額；

（2）在整個時間價值變化過程中出現若干次的貨幣金額。

對第二類計量貨幣金額，依據其本身特徵，我們又可將其分成規則的計量貨幣金額和不規則的計量貨幣金額兩種。其中，規則的計量貨幣金額通常稱為年金。

計量貨幣金額具有如下特徵：

（1）各次計量貨幣金額相等；

（2）各次計量貨幣金額對應地出現於各個時段的固定時點上，從而每次計量貨幣金額的出現時間間隔相同；

（3）每次計量貨幣金額的流動方向一致，或者說各次計量貨幣金額的收或付是相同的。

通常，我們將以下四種形式的年金作為年金的典型具體類別：

（1）普通年金。普通年金是指各次計量貨幣金額對應地出現於各相應時段的最後時點上的年金。所以，普通年金通常也稱為後付年金。

（2）預付年金。預付年金是指各次計量貨幣金額對應地出現於各相應時段的初始時點上的年金。所以，預付年金通常也稱為先付年金。

（3）遞延年金。遞延年金是指時間價值變化過程的前若干時段貨幣計量金額缺損的普通年金，或者說普通年金的貨幣計量金額依次往後遞延若干時段的結果。

（4）永續年金。永續年金是指時間價值變化過程中所包含的時段數無窮大，同時時間價值變化過程的貨幣計量金額出現次數亦無窮大的普通年金。

在系列性的貨幣計量金額中，還有兩種特殊的形式：一種為各次計量貨幣金額構

成一個等差級數數列的形式，習慣上將其稱為等差年金；另一種為各次計量貨幣金額表現為等比級數數列的形式，習慣上將其稱為等比年金。

年金的規則特徵使得年金形式的時間價值計算具有獨特的規律性。而對於時間價值變化過程出現的不規則系列計量貨幣金額，在進行時間價值計算時，通常將其分別作為一次性計量貨幣金額加以處理。

三、時間價值的計算

(一) 一次性貨幣金額的時間價值計算

如前所述，整個時間價值變化過程中只出現一次的貨幣金額，就是所謂一次性貨幣金額。而對一次性貨幣金額所進行的時間價值折算就是一次性貨幣金額的時間價值計算。按照折算的方向不同，一次性計量貨幣金額的時間價值計算包括終值計算和現值計算兩種基本內容。

1. 一次性計量貨幣金額的終值計算

這一計算的基本內容就是將時間價值變化過程的某一時點的計量貨幣金額折算至該過程的最終時點，以確定該計量貨幣金額折算之後相當於該過程最終時點的多少金額。而折算過程實質上是確定某一時點的計量貨幣金額按照某一特定時間價值變化率增值，經過若干（時段數）次複利增值後的當量價值結果。

據此，有計算公式如下：

$$F = P \times (1+i)^n \tag{2.1}$$

式中：F——終值；

P——現值；

i——時間價值變化率；

n——複利增值次數；

$(1+i)^n$——複利終值系數。其含義為一個單位計量貨幣金額（通常為1元）按照時間價值變化率 i 複利增值 n 次後的當量價值。

【例2-1】在年資本增值率為6%的市場背景下，現在的2,000元貨幣，五年後的複利終值應該是多少？

依據前述公式計算如下：

$F = 2,000 \times (1+6\%)^5 = 2,676.451,2$（元）

2. 一次性計量貨幣金額的現值計算

這一計算的基本內容就是將時間價值變化過程的某一時點的計量貨幣金額折算至該過程的初始時點，以確定該計量貨幣金額折算之後相當於該過程初始時點的多少金額。而折算過程的實質是確定某一時點的計量貨幣金額按照某一特定時間價值變化率折現，經過若干（時段數）次複利折現後的結果。

據此，有計算公式如下：

$$P = F \times 1/(1+i)^n \tag{2.2}$$

式中：P——現值；

F——終值；

i——時間價值變化率；

n——複利增值次數；

$1/(1+i)^n$——複利現值系數。其含義為一個單位計量貨幣金額(通常為1元)按照時間價值變化率 i 複利折現 n 次後的當量計量貨幣金額。

【例2-2】第四年年末的50,000元，如果在市場資本市場增值率為8%的背景下，折算至現在時點，其折算的現值應該是多少？

依據前述公式計算如下：

$P = 50,000 \times 1/(1+8\%)^4 = 36,751.49$（元）

（二）普通年金的終值與現值計算

依據普通年金的特徵，從技術角度而言，普通年金的時間價值計算不過是一次性計量貨幣金額的時間價值計算的若干次重複進行之結果的合計而已。

1. 普通年金的終值計算

這一計算的內容就是確定若干數額相等的計量貨幣金額，按照同一增值率和不同的增值次數，折算至過程最終時點的當量價值合計金額。

據此，有普通年金終值的計算公式如下：

$$F_A = A \times \{[(1+i)^n - 1]/i\} \quad (2.3)$$

式中：F_A——年金終值；

A——年金金額；

i——時間價值變化率的增值率；

n——複利增值次數；

$\{(1+i)^n - 1\}/i$——年金終值系數。其含義為分別處於若干個不同時段的單位計量貨幣金額(通常為1元)按照統一的時間價值變化率 i 和對應不同的複利增值次數複利增值至過程最終時點的當量計量貨幣金額的合計。

【例2-3】設在未來五年中，每年年末有40,000元的流量。在市場一般資本增值率為7%的背景下，將這一普通年金折算至第五年年末時點，將相當於一筆數額為多大的貨幣金額？

依據前述公式計算如下：

$F_A = 40,000 \times \{[(1+7\%)^5 - 1]/7\%\} = 230,029.560,4$（元）

2. 普通年金的現值計算

這一計算的內容就是確定若干數額相等的計量貨幣金額，按照同一增值率和不同的增值次數，折算至過程初始時點的當量價值合計金額。

據此，有普通年金現值的計算公式如下：

$$P_A = A \times \{[1-(1+i)^{-n}]/i\} \quad (2.4)$$

式中：P_A——年金終值；

A——年金金額；

i——時間價值變化率的增值率；

n——複利折現次數；

$\{1-[(1+i)^{-n}]/i\}$——年金現值系數。其含義為分別處於若干個不同時段的

單位計量貨幣金額（通常為1元）按照統一的時間價值變化率 i 和對應不同的複利折現次數複利折現至過程初始時點的當量計量貨幣金額的合計。

【例2-4】 設在未來六年中，每年年末有25,000元的流量。在市場一般資本增值率為8%的背景下，將這一普通年金折算至現在時點，將相當於一筆數額為多大的貨幣金額？

依據前述公式有計算如下：

$P_A = 25,000 \times \{1-[(1+8\%)^{-6}]/8\%\} = 115,571.991,6$（元）

（三）普通年金終值與現值計算的逆運算

1. 償債基金計算

償債基金計算是年金終值計算的逆運算。年金終值計算是已知年金、年金終值系數，求解年金終值的計算。而作為年金終值計算的逆運算，償債基金計算則是已知年金終值、年金終值系數，而求解年金的計算。這裡求解的年金，被比擬為償債基金，故稱此種計算為償債基金計算。

由於償債基金計算是年金終值計算的逆運算，故而有計算公式如下：

$$A = F_A \times 1/\{[(1+i)^n-1]/i\} \tag{2.5}$$

式中：$1/\{[(1+i)^n-1]/i\}$——償債基金系數。其含義為在未來的第 n 期期末時點收入或支出一個單位計量貨幣額。如果在增值率為 i 的背景下，按照複利的條件將其平分為 n 份，每一份是多少金額。償債基金系數亦稱為準備率。這就是假設在未來第 n 期末時將支付一個單位計量貨幣債務。而在一定的複利增值率條件下，n 期每期均等地準備一個金額，這個金額應該是多大，這就是為償債而進行的金額準備。

其餘符號含義同前。

【例2-5】 設某公司在未來第六年年末擬構建一條生產線。預計屆時該生產線價格為120萬元。為減輕該期間的財務壓力，該公司將於今年起每年年末等額地準備一定數額貨幣，並將這一準備金額置於可以產生9%的增值率的經濟環境中，以使六次準備額及相應的增值部分合計起來正好可以用於支付擬購生產線的價格。求解，這一準備額應該是多少。

依據前述公式計算如下：

$A = 1,200,000 \times 1/\{[(1+9\%)^6-1]/9\%\} = 159,503.739,9$（元）

2. 資本回收計算

資本回收計算是年金現值計算的逆運算。年金現值計算是已知年金、年金現值系數，求解年金現值的計算。而作為年金現值計算的逆運算，資本回收計算則是已知年金現值、年金現值系數，而求解年金的計算。這裡求解的年金，被比擬為資本的每期回收額，故稱此種計算為資本回收計算。

由於資本回收計算是年金現值計算的逆運算，故而有計算公式如下：

$$A = P_A \times 1/\{[1-(1+i)^{-n}]/i\} \tag{2.6}$$

式中：$1/\{1-[(1+i)^{-n}]/i\}$——資本回收系數。其含義為在現在時點存在一個單位計量貨幣額。如果在增值率為 i 的背景下，以複利增值為背景條件將其本身以及相應的增值等額平分為 n 份進行回收，則每一份回收是多少金額。資本回收系數亦稱為回收

率。這就是假設現在投資一個單位貨幣，而於未來 n 期每期末對該投資以及增值部分進行等額回收，則求解這一回收金額應該是多大。

其餘符號含義同前。

【例2-6】設某公司現有貨幣 20 萬元，擬投入一個 AB 投資基金，時間一共是四年。該基金承諾給予這一投資以6%的回報，回報形式是在今後的四年中，每年年末等額地支付 20 萬元以及相應的增值。求解這一每年的等額回報額是多少？

依據前述公式計算如下：

$A = 200,000 \times 1/\{[1-(1+6\%)^{-4}]/6\%\} = 57,718.298$（元）

3. 普通年金時間價值計算的折現率和複利期數的推算

普通年金時間價值計算的折現率和複利期數的推算其實也是一種普通年金時間價值計算的逆運算。這種計算是在已知年金、年金終值或年金現值的條件下，求年金的時間價值係數，從而推算出時間價值係數中的折現率（i）或複利期數（n）的推算。顯然，這一計算的關鍵內容是求解年金的時間價值係數。而決定時間價值係數的因素就是增值率（折現率）i 和複利期數 n。所以，確定了時間價值係數，就可以在已知 i 的情況下推算出 n，或者在已知 n 的情況下推算出 i。

在具體求解 i 或 n 時，涉及求解高次方程的問題，為了簡化，實踐中通常採用驗誤法（逐次測試）結合插值法進行這一推算。

【例2-7】設有一投資項目，需於現在時點投入資本總額為 303,734 元。該項目歷時四年，回報方式是在項目的四年中，每年年末將回報貨幣 100,000 元。求解該項目的資本報酬率。

對於該案例資料，依據前述基本原理進行分析可知，該項目是一個已知年金現值、年金和時間價值係數的複利增值期數而求解折現率的問題。因此，這是一個以資本回收計算方式求解時間價值係數進而求解折現率的問題。因此有計算如下：

首先求解該項目的時間價值係數：

該項目的時間價值係數值 = 303,734/100,000 = 3.037,34

其次求解該項目的折現率：

$[1-(1+i)^{-4}]/i = 3.037,34$

以驗誤法解之，得：

$i = 12\%$

基於同樣的原理，在求解複利增值的期數時，所用技術程序完全一樣。

【例2-8】設有一投資項目，現在需投入資本 399,271 元。在今後的若干期間內，每期期末給予8%的回報，每期具體回報金額為 100,000 元。求解按此條件需要多少期間回報才能收回投資和獲取8%的投資報酬。

對於該案例資料，依據前述基本原理進行分析可知，該項目是一個已知年金現值、年金和時間價值係數的複利增值率，而求解增值次數的問題。因此，這是一個以資本回收計算方式求解時間價值係數進而求解折現期數的問題。因此有計算如下：

首先，求解該項目的時間價值係數：

該項目的時間價值係數值 = 399,271/100,000 = 3.992,71

其次，求解該項目的折現期數：

$[1-(1+8\%)^{-n}]/8\% = 3,037.34$

以驗誤法解之，得 $n=5$

（四）特殊年金的時間價值計算

特殊年金主要包括先付年金、遞延年金和永續年金。這些年金同普通年金具有顯著的共性，同時也存在明顯的特殊性。依據特殊年金同普通年金的規律性關係，就可以依據普通年金的時間價值計算模式總結出特殊年金的計算模式或方法。

1. 預付年金的終值和現值計算

預付年金同普通年金的規律性聯繫是：預付年金不過是將普通年金的每一時段內的計量貨幣金額提前了一個時段。因此，在預付年金的終值和現值計算上，主要是將普通年金的時間價值系數做提前一個時段的處理，由此得到相應的預付年金時間價值折算系數，從而進行折算。

（1）預付年金的終值計算。

依據將普通年金的時間價值系數做提前一個時段即可得到相應預付年金時間價值系數的原則，將普通年金的時間價值系數做提前一個時段的具體方法如下：

①在普通年金終值系數上乘以 $(1+i)$ 即可得到相同時段數的預付年金終值系數。

由此有：

預付年金終值系數 $=\{[(1+i)^n-1]/i\}\times(1+i)$

【例2-9】設自現在起的五年中，每年年初投資8萬元到 AB 投資基金中，該基金承諾對該項投資給予8%的報酬。求解，第五年年末應該獲得回報額是多少？

依據上述公式計算如下：

預付 $F_A=\{[(1+8\%)^5-1]/8\%\}\times(1+8\%)\times 80,000=506,874.322,9$（元）

②將 $n+1$ 時段數的普通年金終值系數上扣除1，即得到 n 時段數預付年金終值系數。這一方法也簡稱為：年數加一，系數減一。

由此有：

n 時段數預付年金終值系數 $=\{[(1+i)^{n+1}-1]/i\}-1$

仍以【例2-9】為例來加以說明：

預付 $F_A=(\{[(1+8\%)^6-1]/8\%\}-1)\times 80,000=506,874.322,9$（元）

（2）預付年金的現值計算。

同預付年金的終值計算的原理一樣，預付年金的現值計算也以下述兩種方法而得以實現：

①在普通年金現值系數上乘以 $(1+i)$ 即可得到相同時段數的預付年金現值系數。

由此有：

預付年金現值系數 $=\{[1-(1+i)^{-n}]/i\}\times(1+i)$

【例2-10】設自現在起的五年中，每年年初投資8萬元到購買 WM 企業發展基金，該基金承諾對該項投資給予8%的回報。試評價該項投資的現在價值。

依據上述公式計算如下：

預付 $P_A=\{[1-(1+8\%)^{-5}]/8\%\}\times(1+8\%)\times 80,000=344,970.147,2$

②將 $n-1$ 時段數的普通年金終值系數上加上1，即得到 n 時段數預付年金現值系

數。這一方法也簡稱為：年數減一，系數加一。

由此有：

n 時段數預付年金現值系數 $= \{[1-(1+i)^{-(n-1)}]/i\} + 1$

仍以【例 2-10】為例來加以說明：

預付 $P_A = \{[1-(1+8\%)^{-4}]/8\%\} + 1 \times 80,000 = 344,970.147,2$

2. 遞延年金的時間價值計算

遞延年金的特徵決定了遞延年金終值計算與普通年金終值計算無異，故而遞延年金的時間價值計算只有現值計算的討論。依據遞延年金的特徵，其現值計算可以由如下兩種方式得以實現：

（1）由於遞延年金的特徵就是整個過程的前 m 個時段的計量貨幣金額缺損，所以，遞延年金的現值計算就是將缺損的計量貨幣金額補上後使其變化為標準形式的普通年金，計算出這一普通年金的現值後，再從中扣除補上部分的現值即成遞延年金的現值。

由此有計算公式如下：

$$\text{遞延 } P_A = \{[1-(1+i)^{-n}]/i\} - \{[1-(1+i)^{-m}]/i\} \times A \qquad (2.7)$$

式中的 m 是指在包含有 n 個時段的過程中，前面缺損計量貨幣金額的時段數。

【例 2-11】設有一投資機會，在現在時點投資以後，將於第四年年末至第七年年末每年年末給予投資者 50,000 元的等額回報。請在資本市場資本報酬率為 8% 的背景條件下，評價該項投資的現在價值。

依據上述公式計算如下：

遞延 $P_A = \{[1-(1+8\%)^{-7}]/8\%\} - \{[1-(1+8\%)^{-3}]/8\%\} \times 50,000$

$= 131,463.653,5$（元）

（2）由於遞延年金是普通年金的計量貨幣金額依次往後推移 m 個時段，因此將初始時點往後推移至 m 個時段，使遞延年金變成標準的普通年金，計算這一普通年金的現值，再將這一年金現值按照一次性計量貨幣金額折算至初始時點即得遞延年金的現值。

遞延 $P_A = \{[1-(1+i)^{-(n-m)}]/i\} \times 1/(1+i)^m$

仍以【例 2-11】為例來加以說明：

遞延 $P_A = \{[1-(1+8\%)^{-(7-3)}]/8\%\} \times 1/(1+8\%)^3 \times 50,000$

$= 131,463.653,5$（元）

3. 永續年金時間價值計算

永續年金的最大特點是其時間價值變化過程所包含的時段數和相應的計量貨幣金額次數是無窮大的。這一特點表明，作為年金，無論在進行終值還是現值計算時，其複利增值或折現的次數 n 趨於無窮大。

在終值計算時，年金終值系數的 $n \longrightarrow \infty$，則年金終值系數$\longrightarrow \infty$，年金終值也就是無窮大。

在現值計算時，年金現值系數的 $n \longrightarrow \infty$，則年金現值系數$\longrightarrow 1/i$，年金現值就等於 $A \times 1/i$。

第三節　風險與收益

導入案例：

A公司最近三年的利潤指標分別為90萬元、100萬元、95萬元。公司總經理因此認為，公司來年的利潤應該在95萬元左右，並基於此而確定來年的經營目標。請分析，該公司總經理的目標制定得是否合理。

一、風險的概念

通常，把可以用概率來描述其可能性大小的不確定性稱為風險。

風險是一種不確定性。所謂不確定性，是指事物的一種狀態或屬性。這一屬性包括在未來，將有幾種可能的結果、每種結果的出現可能性有多大。如果我們能夠估計一個不確定事物在未來有幾種可能的結果、每一種可能結果的可能性大小，那麼，這裡的不確定性，就是風險。顯然，風險的核心是可能性。因而，在很多時候，我們也把一個事物在未來出現某種結果的可能性大小——目標的實現的可能性大小，稱為風險。

風險是客觀存在的。但是否去冒風險或冒多大風險，則是決策者是可以自己選擇的，因而是主觀的。風險是由於缺乏信息和決策者不能控制未來事物的發展過程而引起的。但是主要表現為時間長短對信息的可控性的影響。風險的大小會隨著時間的推移而變化。因為隨著時間的推移，事件結果的不確定性也在縮小，當事件結束時，結果肯定了，風險也就沒有了。

風險可能會給投資者帶來超出預期的損失，也可能會給投資者帶來超出預期的收益。然而，風險的關鍵並不是這些結果，而是本身的不確定性。不確定性使得人們為了實現預定目標，需要付出額外的代價。這種代價實質上就是風險管理成本。由於不確定性本身總是要導致人們付出額外代價，因此，人們對風險總是排斥的。

風險可以進行如下分類：

從個別投資主體的角度看，風險分為市場風險和公司特有風險兩大類。

（一）市場風險

市場風險是指那些對所有的公司產生影響的因素引起的風險，又稱為系統風險或不可分散風險，如經濟週期波動、利率變化等。市場風險是與市場的整體相關聯的，這類風險來源於宏觀因素變化對市場整體的影響，因而亦稱為宏觀風險。

（二）公司特有風險

公司特有風險是指發生於個別公司的特有事件造成的風險，又稱為非系統風險或可分散風險。這類事件只與個別企業即個別投資對象有關，其發生對於各企業來講基本上是隨機的，因而可以通過多角化投資來分散，即發生於一家公司的不利事件可以被其他公司的有利事件所抵消。由於這類風險來自企業內部的微觀因素，因而亦稱為微觀風險。公司風險具體包括：

（1）經營風險。經營風險是指因生產經營方面的原因給企業盈利帶來不確定性。影響企業經營方面的原因有來源於企業內部和外部的眾多因素，具有很大的不確定性。所有生產經營方面的不確定性，都會引起企業的經營目標及其目標實現水準的高低變化。也就是說，經營風險使企業的經營目標實現變得不確定。

（2）財務風險。財務風險是指由於舉債而給企業經營成果帶來的不確定性。這是籌資決策給企業帶來的風險，也叫籌資風險。它是指企業財務結構不合理所形成的風險。

企業取得的全部資本由兩部分構成，即債務資本和權益資本。負債會對企業自有資金的盈利能力造成影響；同時，借入資金需還本付息，一旦無力償付到期債務，企業便會陷入財務困境甚至破產。因此，企業一旦舉債，就存在不能還本付息的可能性，也就具有了財務風險。

二、風險的計量

作為其可能性可以計量的不確定性，當對其可能性大小進行描述時，就形成風險的計量。而描述可能性大小的基本工具，就是概率（百分數）。

（一）確定概率分佈

隨機事件有若干種可能結果，其每一種結果都有一定的出現可能。概率是度量隨機事件各種可能結果的發生可能性的大小的數值。一般用 X 表示隨機事件的各種可能結果。X_i 表示隨機事件的第 i 種結果，P_i 表示第 i 種結果出現的概率。通常，把必然出現結果的概率定為 1，把不可能出現結果的概率定為 0，即若 X_i 出現，則 $P_i = 1$；若 X_i 不出現，則 $P_i = 0$。一般隨機事件的概率在 0 和 1 之間，即 $0 \leq P_i \leq 1$，P_i 越大，表示該事件發生的可能性越大；反之，P_i 越小，表示該事件發生的可能性越小。所有可能的結果出現的概率之和一定為 1。因此，概率分佈必須符合以下兩個要求：

（1）$0 \leq P_i \leq 1$；

（2）$\sum_{i=1}^{n} = 1$。

【例 2-12】某企業有 A、B 兩個投資項目，兩個投資項目的收益率及其概率分佈情況詳見表 2-1。

表 2-1　A 項目及 B 項目投資收益率的概率分佈

項目實施情況	該種情況發生的概率	投資收益率	
		A 項目（%）	B 項目（%）
好	0.3	90	20
一般	0.4	-60	10
差	0.3	15	15
合計	1.0		

從表 2-1 中可以看出，項目實施情況好的概率為 30%，此時投資兩個項目都將獲得很高的收益率。項目實施情況一般的概率為 40%，此時投資兩個項目的收益都適中。而項目實施情況差的概率為 30%，此時投資兩個項目都將獲得低收益，投資 A 項目甚

至會遭受損失。

(二) 計算期望值

隨機變量的各個取值，以相應的概率為權數的加權平均數，叫作隨機變量的期望值。它是反應隨機變量集中趨勢的一種量度。其計算公式為：

$$\hat{r} = \sum_{i=1}^{n} P_i r_i \qquad (2.8)$$

式中：$\hat{r}$——期望值；

　　　r_i——第 i 種可能結果的取值；

　　　P_i——第 i 種可能結果的出現概率；

　　　n——可能結果的個數。

期望值的本質是平均數，反應在各種不確定因素的影響下隨機變量的最一般水準，因而代表著投資者的合理預期。

【例2-13】承【例2-12】。

A 項目的期望收益率的計算過程如下：

$\hat{r} = P_1r_1 + P_2r_2 + P_3r_3$

　$= 0.3 \times 90\% + 0.4 \times 15\% + 0.3 \times (-60\%)$

　$= 15\%$

B 項目的期望收益率的計算過程如下：

$\hat{r} = P_1r_1 + P_2r_2 + P_3r_3$

　$= 0.3 \times 20\% + 0.4\% \times 25\% + 0.3 \times 10\%$

　$= 15\%$

兩個項目的期望收益率相等，都為 15%。但 A 項目各種可能收益率的變動範圍在 60%～90%，比較分散。B 項目各種可能收益率的變動範圍在 10%～20%，比較集中。這說明兩個項目的收益率雖然相同，但風險不同。

本例僅假設可能出現三種情況：項目實施情況好、一般、差。實際上，項目實施情況可以分佈在好與差之間，有無數種可能。如果找出每種可能的實施水準對應的概率（概率之和為1），並找到每種實施水準下的項目收益率。如前例一樣，能夠得到一條描繪概率與結果近似關係的連續曲線，如圖 2-7 所示。

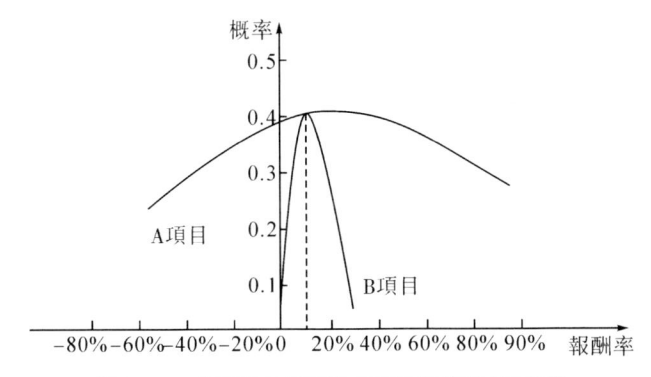

圖 2-7　A 項目及 B 項目收益率的連續概率分佈圖

上述概率分佈圖越尖，表示概率分佈越集中，實際結果接近期望值的可能性越大，其背離期望收益的可能性則越小。由此，概率分佈越集中，項目對應的風險越小。比起 A 項目，B 項目的投資收益的概率分佈更為集中，因此其實際收益率將更接近 15% 的期望收益率。

（三）計算標準離差

概率分佈的概念能夠衡量風險，即預期未來收益的概率分佈越集中，則該投資的風險越小。為定量地衡量風險大小，還要使用統計學中衡量概率分佈離散程度的指標。離散程度是用以衡量風險大小的統計指標。一般說來，離散程度越高，風險越大；離散程度越低，風險越小。標準差的計算過程如下：

（1）計算期望收益率。其計算公式為：

$$期望收益率 = \hat{r} = \sum_{i=1}^{n} P_i r_i \tag{2.9}$$

（2）計算離差。每個可能的收益率（r_i）減去期望收益率（$\hat{r}$）得到一組相對於 $\hat{r}$ 的離差。其計算公式為：

$$離差 = d_i = r_i - \hat{r} \tag{2.10}$$

（3）計算方差。求各離差平方，並將結果與該結果對應的發生概率相乘，然後將這些乘積相加，得到概率分佈的方差。其計算公式為：

$$方差 = \sigma^2 = \sum_{i=1}^{n} (r_i - \hat{r})^2 P_i \tag{2.11}$$

（4）計算標準離差。求出方差的平方根，即得到標準離差。其計算公式為：

$$標準離差 = \sigma = \sqrt{\sum_{i=1}^{n} (r_i - \hat{r})^2 P_i} \tag{2.12}$$

標準離差反應了各種可能的收益率偏離期望收益率的平均程度。標準離差越小，說明各種可能的收益率分佈得越集中，各種可能的收益率與期望收益率平均差別程度就小，獲得期望收益率的可能性就越大，風險就越小；反之，獲得期望收益率的可能性就越小，風險就越大。

【例 2-14】承【例 2-12】，計算 A、B 兩項目的標準離差。

A 項目的標準離差為：

$$\sigma = \sqrt{(90\%-15\%)^2 \times 0.3 + (15\%-15\%)^2 \times 0.4 + (-60\%-15\%)^2 \times 0.3}$$
$$= \sqrt{33.75} = 58.09\%$$

B 項目的標準離差為：

$$\sigma = \sqrt{(20\%-15\%)^2 \times 0.3 + (15\%-15\%)^2 \times 0.4 + (10\%-15\%)^2 \times 0.3}$$
$$= \sqrt{0.15} = 3.87\%$$

A 項目的標準離差更大，說明其收益的離差程度更高，即無法實現期望收益的可能性更大。由此，可以判斷，A 項目比 B 項目的風險更大。

（四）利用歷史數據度量風險

前面描述了利用已知概率分佈的數據計算均值與標準差的過程，但在實際決策中，

更普遍的情況是已知過去一段時期內的收益數據，即歷史數據。此時收益率的標準差可以利用如下公式估算：

$$\text{估計 } \sigma = \sqrt{\frac{\sum_{t=1}^{n}(r_t - \bar{r})^2}{n-1}} \quad (2.13)$$

式中：r_t——第 t 期所實現的收益率；

$\bar{r}$——過去 n 年內獲得的平均年度收益率。

【例 2-15】甲項目過去三年的收益狀況如表 2-2 所示。試估計該項目的風險。

表 2-2　甲項目過去三年的收益狀況　　　　單位：%

年度	r_t
2008	20
2009	-10
2010	35

$$\bar{r} = \frac{20\% - 10\% + 35\%}{3} = 15\%$$

$$\sigma = \sqrt{\frac{(20\% - 15\%)^2 + (-10\% - 15\%)^2 + (35\% - 15\%)^2}{3-1}} = 22.91\%$$

歷史的 σ 通常用作未來 σ 的一種估計，由此，我們可以通過歷史收益數據來估計投資風險。

（五）計算標準離差率

標準離差是反應隨機變量離散程度的一個指標，但它是一個絕對值，而不是一個相對量，只能用來比較期望收益率相同的項目的風險程度，無法比較期望收益率不同的投資項目的風險程度。如果兩個項目期望收益率相同，標準差不同，理性的投資者會選擇標準差較小的，即風險較小的那個。類似地，如果兩項目具有相同風險（標準差），但期望收益率不同，投資者通常會選擇期望收益率較高的項目。因為投資者都希望冒盡可能低的風險，而獲得盡可能高的收益。但是，如果有兩項投資，一項期望收益率較高而另一項標準差較低，投資者該如何抉擇呢？這需要引入另一個風險度量指標——標準離差率。標準離差率是標準離差同期望收益率的比值，也稱為變異系數，要對比期望收益率不同的各個項目的風險程度就採用標準離差率。其計算公式為：

$$V = \frac{\sigma}{\hat{r}} \quad (2.14)$$

式中：V——標準離差率；

σ——標準離差；

$\hat{r}$——期望收益率。

承【例 2-12】，A 項目的標準離差率為：

$$V = \frac{58.09\%}{15\%} \times 100\% = 387.27\%$$

B 項目的標準離差率為：

$$V = \frac{3.87\%}{15\%} \times 100\% = 25.80\%$$

當然，在【例2-12】中，兩個公司的期望收益率相等，可以直接根據標準離差來比較風險程度。但如果期望收益率不等，則必須計算標準離差率才能對比風險程度。例如，假設【例2-12】中A項目和B項目預期收益率的標準離差仍為58.09%和3.78%，但A項目的期望收益率為40%、B項目的期望收益率為10%。那麼，究竟哪種股票的風險更大呢？這時就不能用標準離差作為判別標準，而要使用標準離差率。

A項目的標準離差率為：

$$V = \frac{58.09\%}{40\%} \times 100\% = 145.23\%$$

B項目的標準離差率為：

$$V = \frac{3.78\%}{10\%} \times 100\% = 37.80\%$$

這說明在上述假設條件下，A項目的風險要大於B項目的風險。

三、風險和收益的關係

從理論上說，企業在純粹的無風險環境中進行經營活動，也是能夠獲得收益的。在純粹無風險的環境中獲得收益，就是無風險收益。而在現實的經濟環境中，企業總是要在一定的風險條件下進行經營活動。這時企業不僅要求獲得無風險收益，還要求獲得因為冒了風險而應該得到的收益。這是因為，風險作為不確定的性質狀態，既可能帶來收益也可能帶來損失。而風險的收益不過是對風險的損失的一種補償。投資者冒著風險投資是為了獲得更多的收益，風險越大要求的收益率越高。收益是風險的補償，風險是收益的代價。

在風險的背景下考察投資者在現實的投資活動中獲得的全部收益，則全部收益總是包括純粹投資收益（無風險收益）和風險收益兩個部分。

無風險收益是指無須冒風險就可以獲得的收益。因此，無風險收益的特徵是，當將無風險收益置於以風險為自變量的背景中時，無風險收益是一個常數。也就是說，無風險收益並不隨著風險的變化而變化。

風險收益則是因為冒了風險才獲得的收益。所以，在風險和風險收益之間存在密切的對應關係。在投資收益率相同的情況下，人們都會選擇風險小的投資，結果是選擇競爭使其風險增加。在風險相同的情況下，人們會選擇投資收益率高的投資，結果是選擇競爭使得收益率下降。最終，高風險的項目必須有高收益，低收益的項目必須風險很低。這種競爭最終使得投資者總是嚴格按照每冒一個單位的風險，就總是要求獲得相應收益來進行投資。這就使得風險收益表現出與風險這一自變量呈現正比例變化關係的特徵。

把握風險收益性質的關鍵指標是單位風險收益（率）。單位風險收益（率）是指投資者每冒一個單位風險，而應該獲得的收益（率）。風險收益與風險之間的函數關係表達如下：

$$Q = CV \tag{2.15}$$

式中：Q——風險收益；

　　　C——單位風險收益；

　　　V——標準離差率。

從而，總收益與風險之間的函數關係則為：

$$T = CV + A \tag{2.16}$$

式中：T——總收益；

　　　A——無風險收益；

　　　C、V 的含義同上。

上述各式中的收益指標均是絕對值。若對上述各式中的收益指標以投資額除之，則上述各式中的收益指標轉換為相對數指標，從而有：①風險收益系數。風險收益系數是指每冒一個單位風險而應該獲得的收益率。②風險收益率。風險收益率是指所冒風險應該獲得的總風險收益率。

此時，風險指標與風險收益率之間的函數關係可以表達為：

$$R_P = bV \tag{2.17}$$

式中：R_P——風險收益率；

　　　b——風險收益系數；

　　　V——標準離差率。

而投資的總收益率可以表示為：

$$R = R_F + R_P \tag{2.18}$$

式中：R——投資的收益率；

　　　R_F——無風險收益率；

　　　R_P——風險收益率。

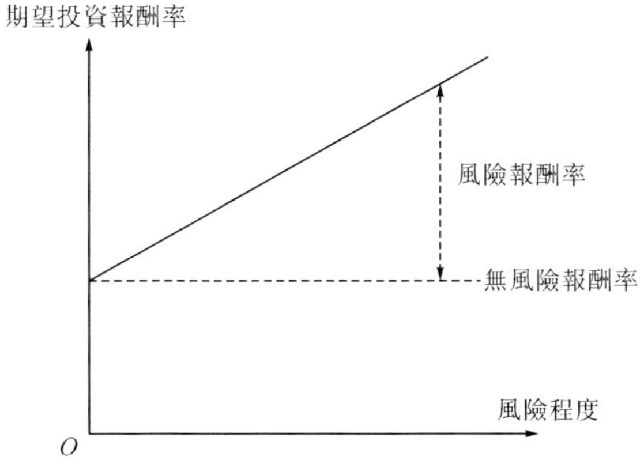

圖 2-8　期望投資收益率

【例 2-16】假設風險收益系數為 10%，則【例 2-12】中兩個項目的風險收益率分別為：

A 項目：

$R_P = bV = 10\% \times 387.27\% = 38.73\%$

B 項目：

$R_P = bV = 10\% \times 25.8\% = 2.58\%$

如果無風險收益率為 6%，則兩個項目的投資收益率應分別為：

A 項目：

$R = R_F + R_P = 6\% + 38.73\% = 44.73\%$

B 項目：

$R = R_F + R_P = 6\% + 2.58\% = 8.58\%$

第三章

企業籌資方式

■導入話語

張先生擬發起設立一家製造公司，經營規模確定為2億元人民幣。接下來張先生主要考慮的問題如下：

首先，邀請哪些個人、社會團體或公司來為所擬設立的公司投入這一筆所需資本。

其次，這些願意為初設公司出資的個人、社會團體和公司，應該以何種合法的方式具體投資。

同時，張先生及其團隊還應該考慮，不同的出資人希望或願意以何種方式出資，投資者預期的投資收益水準是多高。

而這些對於這家初設公司意味著什麼呢？

第一節　籌資概述

導入案例：

王先生發起設立了A公司，投資規模設計為8,000萬元人民幣。現在，以王先生為組長的A公司設立工作小組面臨的主要問題是：從何處獲取這些資金；在從別人處獲取資金時，他們將形成怎樣的關係？

經過一段時間的工作，上述問題有了如下答案：

王先生及其公司設立小組的成員，可以投入3,000萬元人民幣。另外，他們還必須向其他的社會公眾籌集4,000萬元人民幣；還將向銀行申請貸款1,000萬元人民幣。

這是A公司設立小組的工作方案。請問，這一方案是否可行？有瑕疵嗎？

一、企業籌資的含義與分類

(一) 企業籌資的含義

企業籌資是指企業根據其經營活動規模之所需，商品化地獲取所需資本使用權（使用價值）的活動。

現代企業的財務活動，籌集資本在於為經營活動之所用。所以，使用是籌資的邏輯動因。因而，資本的使用價值——使用權就是現代財務活動的關鍵。

(二) 企業籌資的分類

企業籌集的資金可按多種不同的標準進行分類。

1. 按企業所取得資金的權益特性不同，我們可將企業籌資分為權益性籌資和負債性籌資

權益性籌資也可稱為自有資金，是指企業通過發行股票、吸收直接投資、內部累積等方式籌集資金。在這一籌資形式下所形成的投資者與企業之間的經濟關係，性質上屬於主權關係。企業採用權益性籌資的方式籌集資金，一般不用還本，財務風險小，但付出的資金成本相對較高。

負債性籌資也可稱為借入資金，是指企業通過發行債券、向銀行借款、融資租賃等方式籌集資金。在這一籌資形式下所形成的投資者與企業之間的經濟關係，性質上屬於債權債務關係。企業採用負債性籌資的方式籌集資金，到期要歸還本金和支付利息，一般需承擔較大風險，但相對而言，付出的資金成本較低。

2. 按所籌資金使用期限長短，我們可將企業籌資分為短期資金籌集與長期資金籌集

短期資金是指使用期限在一年以內或超過一年的一個營業週期以內的資金。短期資金通常採用商業信用、短期銀行借款、短期融資券、應收帳款轉讓等方式來籌集。

長期資金是指使用期限在一年以上的資金。長期資金通常採用吸收直接投資、發行股票、發行債券、長期借款、融資租賃和利用留存收益等方式來籌集。

這一籌資的分類，同樣在於揭示不同形式所籌集的資本，具有不同的風險和代價。可以長期使用的資本，風險較小，但代價較高。而只能短期使用的資本，代價較低但風險則相對較大。

3. 按籌資是否涉及企業之外的市場主體，我們可將企業籌資分為內部籌資和外部籌資

內部籌資是指企業將自身經營活動所賺取的淨利潤的一部分轉化為資本，並自然地進入企業的經營活動中，從而導致企業的資本增加。這一籌資僅僅只涉及企業自身，而與其他市場主體無關。

而外部籌資則是指一個市場主體從另一個市場主體手中獲取資本使用權的籌資。這一籌資一定涉及兩個市場主體。

這一分類仍然在揭示不同形式的籌資，具有不同的風險和代價。外部籌資既要支付因為使用了資本應該支付的代價，還要支付籌資環節上因為處理兩個主體之間的經

濟關係而必須支付的代價。內部籌資僅僅只是支付使用性代價而無須支付在籌資環節上需要支付的代價。

二、籌資渠道與方式

企業籌集資金需要一定的渠道，採用一定的方式，並將兩者合理地配合起來。

(一) 籌資渠道

籌資渠道是指籌措資金來源的方向與通道，體現資金的來源與流量。這一問題的實質是：哪些社會主體可以成為企業的資本供應者。目前中國企業籌資渠道主要包括：銀行信貸資金、非銀行金融機構資金、其他企業資金、居民個人資金、國家財政資金和企業自留資金。

1. 銀行信貸資金

銀行對企業的各種貸款是中國各類企業最主要的資金來源。銀行一般分為商業銀行和政策性銀行。商業銀行為各類企業提供商業貸款，政策性銀行主要為特定企業發放政策性貸款。銀行信貸資金有居民儲蓄、單位存款等經常性的資金來源，貸款方式多種多樣，可以適應各類企業的多種資金需要。

2. 非銀行金融機構資金

非銀行金融機構主要有信託投資公司、租賃公司、保險公司、證券公司、財務公司等。它們所提供的各種金融服務，既包括信貸資金投放，也包括物資的融通，還包括為企業承銷證券等金融服務。

3. 其他企業資金

其他企業資金也可以為企業提供一定的資金來源。企業在生產過程中往往形成部分暫時閒置的資金，並為一定的目的而相互投資，這都為投資企業提供了資金來源。

4. 居民個人資金

企業職工和居民個人的節餘貨幣可以對企業進行投資，形成民間資金為企業所利用。

5. 國家財政資金

國家對企業的投資主要是對國有企業。現有的國有企業的資金來源中，其資產部分大多是由國家財政以直接撥款方式形成的。國家財政資金具有廣闊的源泉和穩固的基礎，是國有企業籌集資金的重要渠道。

6. 企業自留資金

企業自留資金也稱企業內部留存收益，是指企業內部形成的資金，主要包括提取公積金和未分配利潤等。這些資金的主要特徵是：它們都是直接由企業內部自動生成或轉移的。

(二) 籌資方式

籌資方式是指企業籌集資金所採用的具體形式。這一問題實質上是強調企業應該以何種合法的形式來獲取所需資金。就大類而言，籌資方式首先劃分為權益籌資方式和債務籌資方式。

權益籌資方式包括：①吸收直接投資；②發行股票；③利用留存收益。

債務籌資方式包括：①銀行借款；②利用商業信用；③發行公司債券；④融資租賃。

(三) 籌資渠道與籌資方式的對應關係

籌資渠道解決的是資金來源問題，籌資方式則解決通過何種方式取得資金的問題，它們之間存在一定的對應關係。一定的籌資方式可能只適用於某一特定的籌資渠道（如向銀行借款），但是同一渠道的資金往往可以通過不同的方式取得，同一籌資方式又往往適用於不同的籌資渠道。因此，企業在籌資時，應實現兩者的合理配合。

三、企業籌資的意義

新建一個企業，需要投入與新建企業之規模相適應的資源量；同時一個已經建立並處於營運過程中的企業，由於市場的波動和其他一些臨時性的原因，其資金需要量處於波動變化狀態。顯然，所有企業都面臨資金籌集問題。因此，資金籌集既是企業生產經營活動的前提，又是企業再生產順利進行的保證，同時還是對外投資的基礎和前提。沒有資金的籌集，就無法進行資金的投放使用。就此意義而言，籌資的數量與質量直接影響和決定企業經營與財務目標的實現，進而也影響到企業對財務關係的處理。因此，籌資在財務管理中處於極其重要的地位。

企業資金可以從多種渠道採用多種方式籌集。不同來源的資金，其使用時間的長短、附加條款的限制、財務風險的大小、資金代價的高低都不一樣。企業在籌集資金時，要充分考慮各種籌資方式給企業帶來的資金成本的高低和財務風險的大小，以便選擇最佳籌資方式，實現財務管理的總體目標。

第二節　企業資金需要量預測

導入案例：

李先生擁有一個總投入資金規模為1,000萬元人民幣的公司。在經過8年的平穩運行後，出現了一個問題困擾著李先生——由於李先生購買了一項新技術，從而使得其產品將在自下一年起的未來，擴大市場份額約5%。這就意味著李先生必須增加資本投入量。那麼，李先生應該增加投入多少資本呢？

一、定性預測法

定性預測法是指利用直觀的資料，依靠個人的經驗和主觀分析、判斷能力對未來資金需要量做出預測的方法。這種方法一般是在企業缺乏完整、詳細的歷史資料的情況下使用的。該方法具有實用性，但是它不能揭示資金需要量與相關因素之間的數量關係。

二、定量預測法

使用定量預測法能揭示資金需要量與相關因素之間的數量關係。定量預測法包括比率預測法和資本習性預測法。

(一) 比率預測法

企業要對外提供產品和服務，必須要有一定的資產。銷售增加時，要相應增加流動資產，甚至還需要增加固定資產。為取得擴大銷售所需增加的資產，企業就要籌措資金。這些資金一部分來自保留盈餘，另一部分通過外部融資取得。通常，銷售增長率較高時保留盈餘不能滿足資金需要，即使獲利良好的企業也需外部融資。對外融資，需要尋找提供資金的人，向他們做出還本付息的承諾或提供盈利前景，並使之相信其投資是安全的並且可以獲利，這個過程往往需要較長時間。因此，企業需要預先知道自己的財務需求，提前安排融資計劃，否則就可能發生資金週轉問題。

合理的預測有助於改善投資決策。根據銷售前景估計出的融資需要不一定總能滿足資金需求，因此，就需要根據可能籌措到的資金來安排銷售增長以及有關的投資項目，使投資決策建立在可行的基礎上。

比率預測法是根據有關財務比率與資金需要量之間的關係預測資金需要量的方法，如存貨週轉率、應收帳款週轉率等。常用的比率預測法是銷售額比率法。

銷售額比率法是指以企業某些資產、負債與銷售額的比率為基礎，預測未來資金需要量的方法。運用銷售額比率法預測資金需求時，是以下列假設為前提的：①企業的部分資產和負債與銷售額（量）的比率已知且保持不變；②企業各項資產、負債與所有者權益結構已達到最優。

銷售額比率法的基本公式如下：

$$資金總需求 = 增加的資產 - 增加的負債 \quad (3.1)$$

$$外借資金需要量 = 增加的資產 - 增加的負債 - 留存收益增加 \quad (3.2)$$

$$增加的資產 = 增量收入 \times 基期變動資產占基期銷售額的百分比 \quad (3.3)$$

$$增加的負債 = 增量收入 \times 基期變動負債占基期銷售額的百分比 \quad (3.4)$$

$$留存收益增加 = 預計銷售收入 \times 銷售淨利率 \times 留存收益率 \quad (3.5)$$

其中，根據企業已知的預測期的銷售量與本期（基期）的銷售量比較，計算出增量銷售收入，再由已知的企業預期（隨銷售量變化的）資產和負債與銷售額（量）的比例與增量銷售收入相乘得出資產的增量、負債的增量。留存收益是企業的銷售利潤扣除應繳的所得稅後的銷售淨利潤再扣除分配給投資者的收益後留存在企業的部分。

【例3-1】某公司2019年12月31日的資產負債表以及有關項目與銷售額之間的變動關係如表3-1所示。

表3-1 資產負債表（簡表）

2019年12月31日　　　　　　　　　　　　　單位：萬元

資產	期末數	負債及使用者權益	期末數
庫存現金	10,000	應付票據	10,000

表3-1(續)

資產	期末數	負債及使用者權益	期末數
應收帳款	10,000	應付帳款	20,000
存貨	30,000	短期借款	30,000
固定資產	50,000	公司債券	10,000
		實收資本	20,000
		留存收益	10,000
資產總計	100,000	負債及所有者權益總計	100,000

假定該公司 2019 年的銷售收入為 100,000 萬元，銷售淨利率為 10%，留存收益率為 30%。經預測，2020 年公司銷售收入將提高到 120,000 萬元，企業銷售淨利率和利潤分配政策不變。

經過分析，該企業流動資產各項目隨銷售額的變動而變動，流動負債中應付票據和應付帳款隨銷售額的變動而變動。

分析：

（1）計算資產和負債占基期銷售額的比率。

（2）確定需要增加的資金數額。

從表 3-2 中可以看出，現金、應收帳款占銷售收入的比例是 10%，存貨占銷售收入的比例是 30%，固定資產不隨銷售比例變動。應收票據占銷售收入的比例是 10%，應付帳款占銷售收入的比例是 20%，其餘負債、所有者權益不隨銷售額變動而變動。

表 3-2　銷售額比率表

資產	占銷售收入（%）	負債及所有者權益	占銷售收入（%）
庫存現金	10	應收票據	10
應收帳款	10	應付帳款	20
存貨	30	短期借款	不變動
固定資產	不變動	公司債券	不變動
		實收資本	不變動
		留存收益	不變動
合計	50	合計	30

銷售收入每增加 100 元，必須增加 50 元的資金占用，但同時增加 30 元的資金來源。從 50% 的資金需求中減去 30% 自動產生的資金來源，還剩下 20% 的資金需求。銷售收入從 100,000 萬元增加到 120,000 萬元，增加了 20,000 萬元，按照 20% 的比率可預測將增加 4,000 萬元的資金需求。

資金總需求 = 20,000×50% − 20,000×30% = 4,000（萬元）

（3）根據有關財務指標的約束條件，確定對外籌資數額。

上述 4,000 萬元的資金需求有些可以通過企業內部來籌集。依題意，該公司 2019 年淨利潤為 12,000 萬元（120,000×10%），留存收益率為 30%，則將有 30% 的利潤即 3,600 萬元被留存下來，從 4,000 萬元中減去 3,600 萬元的留存收益，則還有 400 萬元

的資金必須向外界來融通。

根據上述資料，可求得2019年該公司的對外籌資數額：
50%×20,000-30%×20,000-10%×30%×120,000 = 400（萬元）

（二）資本習性預測法

資本習性是指資本的變動與產銷量（業務量）的變動之間的依存關係。按照資本習性可將資本分為不變資本、變動資本和半變動資本（如表3-3所示）。

表3-3 資本習性

	特　徵	形　態
不變資本	在一定的產銷量範圍內，不受銷量變動的影響而保持固定不變的那部分資本	①為維持營業而占用的最低數額的現金；②原材料的保險儲備；③必要的成品儲備；④固定資產占用的資本
變動資本	隨產銷量的變動而呈同比例變動的那部分資本	①直接構成產品實體的原材料、外購件等占用的資本；②在最低儲備以外的庫存現金、存貨、應收帳款
半變動資本	受產銷量變動的影響，但不呈同比例變動的資本	一些輔助材料占用的資本

不變資本：用 a 表示。如果用 y 表示資本占用，則不變資本可用 $y=a$ 表示。

變動資本：變動資本總額隨著產銷量（業務量）的變動呈同向變動。如果用 b 表示單位變動資本，x 表示產銷量，則變動資本可用 $y=bx$ 表示。

半變動資本：半變動資本可以採用一定的方法劃分為不變資本和變動資本。

總資本習性模型：$y=a+bx$ （3.6）

式中：y——資本占用量；

　　　a——不變資本；

　　　b——單位變動資本；

　　　x——產銷量。

通過資本習性模型我們可以看出，只要已知 a、b，根據預測期的產銷量 x，即可得出資本占用量。根據確定 a、b 的方法不同，資本習性預測法又分為迴歸直線法和高低點法。本節主要講解迴歸直線法。

迴歸直線法是假定資本需要量與產銷量（業務量）之間存在線性關係並建立數學模型，根據歷史資料，運用最小平方法計算不變資本和單位銷售額變動資本的一種資本習性分析方法。

其模型為：$y=a+bx$

$$\begin{cases} a = \dfrac{\sum x_i^2 \sum y_i - \sum x_i \sum x_i y_i}{n\sum x_i^2 - (\sum x_i)^2} \\ b = \dfrac{n\sum x_i y_i - \sum x_i \sum y_i}{n\sum x_i^2 - (\sum x_i)^2} \text{ 或 } b = \dfrac{\sum y_i - na}{\sum x_i} \end{cases}$$ （3.7）

式中：y_i——第 i 期的資本占用量；

x_i——第 i 期的產銷量。

此公式的缺點是計算比較繁瑣。

若有 n 期的產銷量與資本占用量的資料，對公式 $y=a+bx$ 兩邊累計求和得：

$$\sum y = na + b\sum x \tag{3.8}$$

將 $y=a+bx$ 左右兩邊同乘以 x，再按上述方法求和得：

$$\sum xy = a\sum x + b\sum x^2 \tag{3.9}$$

將 $\begin{cases} \sum y = na + b\sum x \\ \sum xy = a\sum x + b\sum x^2 \end{cases}$ 聯立求解可得出 a、b，即可預測各種產銷量下的籌資需要量。

【例 3-2】A 公司 2015—2019 年的產銷量和資本需要量如表 3-4 所示。若預測 2020 年的預計產銷量為 6 萬單位，試建立資本的迴歸直線方程，並預測 2020 年的資本需要量。

表 3-4　某企業產銷量與資本需要量表

年度	產銷量（x）（萬單位）	資本需要量（y）（萬元）
2015	2.5	50
2016	3	47.5
2017	4	55
2018	4.5	60
2019	5.5	75
合計	$\sum x = 19.5$	$\sum y = 287.5$

【答案】

表 3-5　迴歸直線方程數據計算表

年度	產銷量（x）（萬單位）	資本需要量（y）（萬元）	xy	y^2
2015	2.5	50	125	6.25
2016	3	47.5	142.5	9
2017	4	55	220	16
2018	4.5	60	270	20.25
2019	5.5	75	412.5	30.25
合計	$\sum x = 19.5$	$\sum y = 287.5$	$\sum xy = 1,170$	$\sum x^2 = 81.75$

代入聯立方程組：

$$\begin{cases} \sum y = na + b\sum x \\ \sum xy = a\sum x + b\sum x^2 \end{cases}$$

得：$\begin{cases} 287.5 = 5a + 19.5b \\ 1,170 = 19.5a + 81.75b \end{cases}$

解方程得：$a \approx 24.12$（萬元）；$b \approx 8.56$（萬元/單位）

所以：$y = 24.12 + 8.56x$

2020年的資本需要量 = $24.12 + 8.56 \times 6 = 75.48$（萬元）

第三節　權益資本的籌集

導入案例

李先生的問題還在不斷地出現。他在成功地確定了企業下一期所需增加投入的資本量後，財務經理就立即提醒他，增投資本的來源問題需要同時解決。

財務經理具體建議，這一增投資本雖然既可以以借債的方式解決，也可以以吸收投資者入股的方式來解決，但是財務經理給出的意見是偏向後者。李先生現在關注的問題是，若以吸收投資者入股的方式來解決的話，這一方式的關鍵是什麼？有什麼優越性，又有什麼缺陷或瑕疵呢？

一、吸收直接投資

吸收直接投資是指企業按照「共同投資，共同經營，風險共擔，利潤共享」的原則，以協議或者合同的形式吸收國家、其他企業、個人和外商等直接投入資金，形成企業資本金的一種籌資方式。

(一) 吸收直接投資按資金來源的分類

吸收直接投資按資金來源，分為吸收國家投資、吸收其他企業投資、吸收個人投資、吸收外商直接投資。

1. 吸收國家投資

國家投資是指有權代表國家投資的政府部門或者政府機構以國有資產投入企業所形成的資本。吸收國家投資是國有企業吸收自有資金的主要方式。它包括國家以撥款方式投入企業的資金、用利潤總額歸還貸款後所形成的國家資金、財政專項撥款和減免稅所形成的資金。

2. 吸收其他企業投資

其他企業有多餘的可供支配的資產也可投入企業，形成其他企業的投資。

3. 吸收個人投資

吸收個人投資是指社會個人或本企業內部職工以個人合法財產投入企業，由此形成的資本。

4. 吸收外商直接投資

吸收外商直接投資是指外國投資者和中國港、澳、臺地區投資者投入企業的資本。

（二） 吸收直接投資按出資形式的分類

吸收直接投資按出資形式，分為吸收現金形態資本、吸收實物形態資本、吸收無形資產資本。

1. 吸收現金形態資本

現金是以貨幣形式存在的資源，是一種純粹的價值，也是流動性最強的資源。現金是投資和融資活動中最常見的形態，也是交易費用最低的形態，還是企業最樂意接受的方式。按照公司法的有關規定，投資者對現金投資占資本總額的比例一般都是有規定的，投資各方在投資總量中，按照規定協商確定現金的具體比例。

2. 吸收實物形態資本

實物出資是指投資者以廠房、建築物、設備等固定資產或原材料、半成品等物資進行的投資。一般來說，企業吸收的實物投資應能為企業生產經營所用，技術性能完好。吸收所有實物形態資本，都必須經過資產評估程序，對投資價值加以確定。

3. 吸收無形資產資本

以無形資產出資是指企業以專利權、商標權等工業產權進行的投資。投入的資產應能有助於企業研發新產品、進行生產經營活動。同理，以無形資產形態融資，也必須經過資產評估程序，從而公平、合理地進行價格確定。

（三） 吸收直接投資的優缺點

1. 吸收直接投資的優點

（1） 增強企業信譽和借款能力。

吸收直接投資籌集的是自有資金。有了較多的自有資金，就可以為債權人提供較大的保障，因而可以提高公司的信用價值，同時也為使用更多的債務資金提供了強有力的支持。

（2） 能盡快形成生產能力。

吸收直接投資不僅能籌集資金，還可以直接獲取投資者的先進技術和設備，有助於盡快形成生產能力。

（3） 有利於降低財務風險

吸收直接投資籌集的是權益資金，權益資金不存在還本付息的壓力，經營狀況好，可以多支付股息；經營狀況不好，可以少支付股息，甚至不支付股息，因此，財務風險小。

（4） 限制條件少。

利用債務籌資，通常有許多限制，這些限制往往會影響公司經營的靈活性，而利用吸收直接投資則沒有這種限制。

2. 吸收直接投資的缺點

（1） 資金成本高。

債務資金的使用費是稅前列支，能夠抵減企業應繳的所得稅，從而使得實際承擔

的數額低於開支的數額;而權益資金的使用費要從稅後列支,支出的數額等於實際承擔的數額,因此,一般而言,權益性籌資的資金成本高。

(2) 容易分散控制權。

吸收直接投資,由於引進了新的股東,就容易導致企業控制權的分散。

二、發行普通股

(一) 股權的性質

股權是基於向公司投入資源,投資者從公司取得的權益。這種權益具體包括:投資者對公司具有管理權,還對公司的經營活動過程具有監督權,尤其是還有權參與公司盈餘的分配和剩餘財產的分配。公司的股權,按照其權、責、利的配置形式,可以劃分為普通股和優先股。普通股是一種在自然狀態(沒有社會主體的意志干預)下責任權益實現對稱的一種股份。

(二) 股票的分類

1. 按股東權利和義務的不同,股票可分為普通股票和優先股票

普通股是股份有限公司發行的具有管理權、股利不固定的股票。普通股具有股票最一般的特性,是股份公司資本的最基本部分。在通常情況下,股份有限公司只發行普通股。優先股票即優先股,是股份公司發行的相對於普通股而言有一定優先權的股票。這種優先權主要體現在股利分配和剩餘財產權利上,優先股是企業自有資金的一部分,不承擔法定的還款義務。

2. 按股票票面是否記名,股票可分為記名股票和無記名股票

記名股票是在股票上載有股東姓名或名稱,並將其記入公司股東名冊的一種股票。記名股票要同時附有股權手冊。只有同時具備股票和股權手冊,才能領取股息和紅利。記名股票的轉讓和繼承都有嚴格的法律程序,要辦理過戶手續。無記名股票是在股票上不記載股東姓名或名稱的股票。無記名股票的持有者就是公司的股東。無記名股票的轉讓、繼承無須辦理過戶手續,只要將股票交給受讓人就可以發生轉讓效力。公司向發起人、國家授權投資的機構和法人發行的股票,應當為記名股票。向社會公眾發行的股票,可以為記名股票,也可以為無記名股票。

3. 按投資主體的不同,股票可分為國家股、法人股、個人股等

國家股是有權代表國家進行投資的部門和機構以國有資產向公司投資形成的股份;法人股是企業法人依法以其可支配的財產向公司投資而形成的股份;個人股是社會個人或公司內部職工以個人合法財產投入公司而形成的股份。

4. 按發行對象和上市地區,股票可分為 A 股、B 股、H 股和 N 股等

在中國國內上市交易的股票主要有 A 股、B 股。A 股是以人民幣標明票面金額並以人民幣認購和交易的股票;B 股是以人民幣標明票面金額,以外幣交易和認購的股票;B 股是在上海、深圳上市的股票;H 股是在中國香港上市的股票;N 股是在美國紐約上市的股票。

（三）普通股股東的權利

普通股股票的持有人叫普通股股東。普通股股東一般具有以下權利：

1. 參與經營管理權

股東參與公司的經營管理權不是直接的，而是在股東大會上行使的表決權。公司股東可出席或委託代理人出席股東大會，並依公司章程規定行使表決權。這是普通股股東參與公司經營管理的基本方式。

2. 分享盈餘權

這也是普通股股東的一項基本權利。盈餘分配方案由股東大會決定，會計年度末，董事會根據企業盈利狀況和財務狀況決定股利分配方案並交經股東大會批准通過。

3. 出讓股份權

這也是普通股股東的一項基本權利。它表明了普通股投資的流動性，是對投資的一種保護。

4. 優先認股權

當公司增發普通股股票時，原有股東有權按持有公司股票的比例，優先認購新發行的股票。這是為了現有股東保持其在公司股份中的比例不變，以此來保證他們的控制權。

5. 剩餘財產要求權

當公司解散、清算時，普通股股東對剩餘財產有要求權。但公司破產清算時，財產的變價收入在用於清償債務、支付優先股股東後才分配給普通股股東。所以，雖然普通股股東有剩餘財產要求權但實際很少能分得剩餘財產。

（四）股票發行

企業發行股票的目的在於籌集企業所需的資金。新設股份公司和擴大經營規模時企業需要籌集資金，而發行股票是主要的方法之一。

中國股份公司發行股票必須符合《中華人民共和國證券法》（以下簡稱《證券法》）和《上市公司債券發行管理辦法》規定的發行條件。股票的發行方式有公募發行和私募發行，公募發行有自銷方式和承銷方式，承銷方式具體分為包銷和代銷。

（五）股票上市

股票上市是指股份有限公司公開發行的股票，符合規定條件，經過申請審核後，在證券交易所掛牌交易。

股票上市的意義：

1. 提高公司知名度，吸引更多顧客

股票上市以後，公司為社會所知，並得到認可，給公司帶來良好聲譽，這樣會吸引更多的顧客，有利於擴大銷售。

2. 利用股票收購其他公司

一些企業更願意用出讓股票的方式收購其他企業，而被收購企業也樂於接受上市公司的股票，因其具有良好的流通性，很容易出售變現。

3. 利用股價確定公司價值

股票上市之後，公司可以根據該公司股票的市場價格來確定公司的價值，有利於促進公司財富最大化。

4. 利用股票激勵職員

股票上市後，公開市場提供了對股票的評價，確定了其價值。上市公司可利用股票作為激勵公司高層管理人員的手段，職工可參股，也可將股票兌現。

5. 有助於改善財務狀況

股票籌資是權益性籌資，籌集到的是企業自有資金，能改善企業財務狀況，還能提高公司的貸款能力。

但是股票上市也有其不利影響，使公司失去隱私權，各種「公開」的要求可能會暴露企業的商業機密，同時會限制經理人員操作的自由度，而且公開上市需要很多的費用。

（六）普通股籌資的優缺點

1. 普通股籌資的優點

（1）沒有固定利息負擔。

股利是否支付和支付多少，要視公司盈利情況和經營政策來定。當公司盈餘較少，或雖有盈餘但存在更有利的投資機會，就可以少支付或不支付股利。

（2）沒有固定到期日，不用償還。

發行普通股籌措資本具有永久性、無到期日的特點，除非公司清算，否則不需償還。

這對保證公司對資本的最低需求、維持公司長期穩定發展極為有益。

（3）籌資風險小。

由於普通股沒有固定到期日，不用支付固定股利，不存在還本付息的風險，同時資本使用上沒有特別的限制，因此其籌資風險小。

（4）能增加公司的信譽。

普通股和留存收益構成企業的自有資金，可以提高企業的借款能力。較多的自由資金可以為債權人提供損失保障，因而，普通股籌資既可以提高公司的信用價值，也可以為使用更多的債務資金提供保障。

（5）籌資限制較少。

通過優先股或者債務籌資往往有許多限制，這些限制會影響到公司經營的靈活性，而利用普通股籌資就沒有這樣的限制。

2. 普通股籌資的缺點

（1）資金成本較高。

與債務籌資相比，普通股的發行費用高出許多；普通股的股利用稅後利潤支付，不能享受抵稅的優惠，而債務籌資的利息可以在稅前扣除；普通股投資風險較大，對應較高的風險，投資者所要求的報酬率就越高。

（2）容易分散控制權。

當公司出售新股，引進了新的股東後，會削弱原有股東的控制權。

三、發行優先股

優先股是其權益責任在人為刪減的基礎上實現對稱的股權形式。與普通股相比，優先股具有某些優先權，使得優先股具有相對較小的風險。同時，其權益又在一些程度上被限制和削弱。在收益分配方面，優先股具有債券的某些特徵，而在經濟性質方面，又具有普通股的性質特徵，即優先股是企業權益資金的一部分，屬於權益性資金。所以，通常也稱為優先股為混合性資本。

（一）優先股的特徵

優先股類似普通股的特徵：

（1）優先股所籌集資本屬於權益資本，多數情況下沒有到期日；

（2）沒有固定支付股利的義務，當公司沒有足夠盈餘支付股利時，可以不支付，以減少破產風險；

（3）股息從稅後利潤中支付，沒有節稅作用；

（4）優先股股東也是以其出資額為限，對公司債務承擔有限責任。

優先股類似債券的特徵：

（1）通常情況下股利是固定的，不受公司經營狀況和盈利水準的影響；

（2）優先股一般不享有公司經營管理權；

（3）當公司章程規定有贖回條件時，優先股具有還本特徵。

（二）優先股的權利

發行優先股股票籌集的資金稱為優先股股本。優先股與普通股相比，在股利支付和公司破產清算時剩餘財產的索取方面具有優先權。相對於普通股股東，優先股的優先權主要表現在以下幾個方面：

1. 優先分配股利權

優先股的股利是按照面值和固定的股利支付率支付的，受公司經營狀況和盈利水準的影響較小；且優先股的股利分配順序排在普通股之前，公司要先支付了優先股股利之後，才支付普通股股利。

2. 優先分配剩餘財產權

當公司破產清算時，對於出售資產所得的收入，優先股的求償權排在債權人之後、普通股股東之前。其償付的金額僅限於優先股的票面價值和累計未支付的股利。

3. 優先股特殊表決權

一般情況下，優先股股東沒有表決權。但是，當公司研究與優先股有關的問題時，其有權參加表決，例如討論如何推遲優先股股利支付等問題時就有表決權。

（三）優先股籌資的優缺點

優先股籌資的優點是：沒有固定到期日，不用償還本金；股利支付既固定又有一定的彈性；優先股股利固定，具有財務槓桿的作用；優先股的可贖回性和可轉換性使其具有調節資本結構的功能。

優先股的缺點是：籌資成本高，限制條件多，財務負擔重。

四、留存收益籌資

留存收益籌資也稱為內部籌資。企業在生產經營過程中獲得的稅後利潤，一部分分配給股東，另一部分留存在企業內部，形成企業經營活動的資本。

1. 留存收益籌資的渠道

留存收益來源渠道有盈餘公積和未分配利潤。

盈餘公積是指有指定用途的留存在企業的淨利潤，它是按照《中華人民共和國公司法》（以下簡稱《公司法》）的規定從淨利潤中提取的累積資金，包括法定盈餘公積金和任意盈餘公積金。

未分配利潤是指未限定用途的留存淨利潤。

2. 留存收益籌資的優缺點

留存收益籌資的優點主要有：①資金成本較普通股低；②能保持普通股股東的控制權；③可以增強公司的信譽。

留存收益籌資的缺點主要有：①籌資數額有限制；②資金使用受制約。

第四節　債務資本的籌集

導入案例

MT公司的總經理王先生又被資金的問題給困住了。因為有近40%的銷售收入未能收到現金，而公司又面臨原材料的採購需要支付大筆現金。財務經理明確向王先生提出，解決這一次資金短缺的最佳方案是向銀行借款。王先生想知道，雖然發行股票是肯定解決不了這次的資金緊急短缺的，但是，還有沒有其他的方式來解決這次面臨的問題呢？

一、長期負債籌資

（一）長期借款

長期借款是指企業向銀行或非銀行金融機構借入的借款時間超過一年的款項。長期借款主要是用於構建固定資產和滿足長期流動資金占用的需要。

1. 長期借款的種類

長期借款按照不同的標準可分為不同的種類，企業可以根據具體情況加以選擇。

（1）長期借款按用途，可以分為固定資產投資借款、更新改造借款和新產品研發借款等。

（2）長期借款按有無擔保，可以分為信用貸款和抵押貸款。信用貸款是指不需要提供抵押品、僅憑企業信用或擔保人信譽而發放的貸款。而抵押貸款則要求企業提供抵押品作為擔保。長期借款的抵押品一般是房屋、機器設備、股票、債券等。

（3）長期借款按提供貸款的機構，可以分為政策性銀行借款和商業銀行借款等。

2. 長期借款的發行條件

中國金融機構對企業發放貸款的原則是：按計劃發放，擇優扶持，有物資保障，按期歸還。

企業申請長期借款一般應符合以下條件：

（1）獨立核算，自負盈虧，有法人資格；

（2）經營方向和業務範圍符合國家產業政策，借款用途屬於銀行貸款辦法規定的範圍；

（3）借款企業有一定的物資和財產保證，擔保單位具有一定的經濟實力；

（4）具有借款償還能力；

（5）財務管理和經濟核算健全，資金使用企業經濟效益良好；

（6）取得銀行借款的企業要在銀行設有帳戶，辦理結算。

3. 長期借款的發行程序

（1）企業提出借款申請。企業要從銀行或者非銀行金融機構取得借款，應先提出申請，填寫借款申請書，陳述借款金額、借款用途、償還能力及還款方式等，並提供相關資料。

（2）接受審批。企業提出申請都應接受銀行或非銀行金融機構對企業的財務狀況、信用情況、盈利的穩定性、發展前景、借款投資項目的可行性等進行審查。

（3）簽訂借款合同。經審查合格後借款企業應與銀行或非銀行金融機構進一步協商借款的具體條件，明確借款的種類、用途、金額、利率、期限和一些限制性條款。

（4）企業取得借款。借款合同生效之後，企業可根據借款的指標範圍和用款情況分次或一次取得借款。

（5）企業償還借款。企業應按照合同規定按期還本付息。企業償還借款通常有三種方式：①到期一次償還；②定期等額償還；③分批償還。如果企業不能按期還本付息，應在借款到期之前，向銀行或非銀行金融機構申請展期，但是否展期，由貸款銀行根據具體情況決定。

4. 長期借款的保護性條款

（1）一般性限制條款，包括對企業流動資金保持量的規定、對企業支付現金股利的限制、對企業資本性支出規模的限制、對企業借入其他長期負債的限制等。

（2）例行性限制條款，包括企業定期向貸款機構報送財務報表、企業不允許在正常情況下出售大量資產、企業要及時償付到期債務、禁止企業貼現應收票據或轉讓應收帳款、禁止以資產做其他承諾的擔保或抵押等。

（3）特殊性限制條款，包括貸款專款專用、要求企業主要領導購買人身保險、要求企業主要領導在合同有效期內擔任領導職務等。

5. 長期借款的優缺點

長期借款籌資的優點主要有：

（1）籌資速度快。企業利用長期借款籌資，一般所需時間較短，程序比較簡單，可以快速獲得貨幣資金。而通過發行股票、債券籌集資金的還有發行準備工作，以及發行也需要時間。

（2）借款彈性較大。借款時企業可以就借款的時間、數額和利率等與銀行進行協

商，在用款期間，若企業的財務狀況發生變化，企業也可和銀行商議變更借款數量及還款期限等。因此，長期借款具有較大的靈活性。

（3）借款成本較低。企業利用借款籌資，其利息可以在所得稅前支出，有抵稅的功能，故可以減少企業實際負擔的成本，這就比股票籌資的成本低很多。同時，借款利率一般比債券利率低，而且不需要支付大量的發行費用。

長期借款籌資的缺點主要有：

（1）借款風險較高。企業的長期借款，必須定期還本付息，在經營不善的情況下，可能會產生不能償付的風險，甚至會導致破產。

（2）限制性條款比較多。在企業與銀行簽訂的合同中，一般都有一些限制條款，如定期報送有關的財務報表、不允許變更借款用途等，這些條款可能會限制企業的經營活動。

（3）籌資數量有限。銀行一般不願意出借數量巨大的長期借款，因此，利用銀行借款籌資都有一定的上限，不如股票、債券那樣可以一次籌集到大筆資金。

（二）發行債券

債券是債務人為籌集資金而向社會公眾發行的、約定在一定期限內向債權人還本付息的有價證券。發行債券是企業籌集資金的一種重要方式。

1. 債券的分類

（1）按債券是否記名，我們可將債券分為記名債券和無記名債券。

記名債券是指載明債券持有人的姓名或者名稱的債券。發行企業對記名債券上的記名人償付本息，持有人憑藉印鑒支取利息。記名債券的轉讓，由記名人以背書方式或者法律、行政法規規定的其他方式轉讓，並由發行企業將受讓人的姓名或者名稱及住所記載於公司債券存根簿。

（2）按債券能否轉換為公司股票，我們可將債券分為可轉換債券和不可轉換債券。

若公司債券在一定條件下能轉換為股票，為可轉換債券；反之，則為不可轉換債券。一般來說，可轉換公司債券的利率要低於不可轉換公司債券的利率。

（3）按有無特定的財產擔保，我們可將債券分為信用債券和抵押債券。

信用債券又稱無抵押債券，是指發行公司沒有抵押品擔保，完全憑信用發行的債券。這種債券通常由信用良好的公司發行，利率一般略高於抵押債券。

2. 債券的發行

中國發行公司債券，必須符合《中華人民共和國公司法》《中華人民共和國證券法》規定的有關條件。債券發行的基本程序如下：①做出發行債券的決議；②提出發行債券的申請；③公告債券募集辦法；④委託證券機構發售；⑤交付債券，收繳債款，登記債券存根簿。

3. 債券的發行價格

債券發行有平價發行、折價發行和溢價發行三種方式。平價發行是指企業債券按票面價值發行，溢價發行是指發行價格高於票面價值，折價發行是指發行價格低於票面價值。

大多數情況下債券的面值就是其價格，但是受市場利率、資金供求關係等的影響，

使債券的價格偏離其面值，從而出現了溢價發行、折價發行的情況。

對於債券估計的基本模型，也就是票面利率固定，每年年末計算並支付當年利息、到期償還本金的債券估價模型。它的原理是在考慮資金時間價值的情況下，將債券未來產生的現金流入折現，從而得到債券的發行價格。其基本公式為：

$$P = \sum_{t=1}^{n} \frac{I_t}{(1+i)^t} + \frac{M}{(1+i)^n} \qquad (3.10)$$

式中：P 是債券價值；I_t 是第 t 年的利息；i 是折現率（可以用當時的市場利率或者投資者要求的必要報酬率替代）；M 是債券面值；i 是票面利率；n 是債券償還年數。

【例 3-3】某種債券面值 1,000 元，票面利率為 10%，期限 5 年。甲公司準備對這種債券進行投資，已知市場利率為 10%，每年支付一次利息。要求計算債券的價格。

【解答】根據債券估價基本模型：

$$P = \sum_{t=1}^{5} \frac{1,000 \times 10\%}{(1+10\%)^t} + \frac{1,000}{(1+10\%)^5}$$

$= 100 \times (P/A, 10\%, 5) + 1,000 \times (P/F, 10\%, 5)$

$= 100 \times 3.790,8 + 1,000 \times 0.620,9$

$= 999.98(元)$

【例 3-4】承上例，若市場利率為 8%，其他條件不變，計算債券的價格。

【解答】根據債券估價基本模型：

$$P = \sum_{t=1}^{5} \frac{1,000 \times 10\%}{(1+8\%)^t} + \frac{1,000}{(1+8\%)^5}$$

$= 100 \times (P/A, 8\%, 5) + 1,000 \times (P/F, 8\%, 5)$

$= 100 \times 3.992,7 + 1,000 \times 0.680,6$

$= 1,079.87(元)$

當市場利率低於票面利率時，發行價格高於面值，為溢價發行。

【例 3-5】承上例，若市場利率為 12%，其他條件不變，計算債券的價格。

【解答】根據債券估價基本模型：

$$P = \sum_{t=1}^{5} \frac{1,000 \times 10\%}{(1+12\%)^t} + \frac{1,000}{(1+12\%)^5}$$

$= 100 \times (P/A, 12\%, 5) + 1,000 \times (P/F, 12\%, 5)$

$= 100 \times 3.604,8 + 1,000 \times 0.567,4$

$= 927.88(元)$

當市場利率高於票面利率時，發行價格低於面值，為折價發行。

4. 債券的還本付息

(1) 債券的償還。

債券償還按其實際發生的時間與規定的到期日之間的關係，分為到期償還、提前償還與滯後償還三類。

①到期償還。到期償還是指債券到期時履行債券所載明的義務，包括分批償還和一次償還兩種。

②提前償還。提前償還又稱為提前贖回或收回，是指在債券尚未到期之前就予以

償還。只有在企業發行債券的契約中明確規定了有關允許提前償還的條款，企業才可以進行此項操作。

③滯後償還。債券在到期之日後償還叫滯後償還。滯後償還還有轉期和轉換兩種形式。轉期是指將較早到期的債券轉換成到期日較晚的債券，實際上是將債務的期限延長。常用的辦法有兩種：直接以新債券兌換舊債券；用發行新債券得到的資金來贖回舊債券。轉換是指股份有限公司發行的債券可以按一定的條件轉換成該公司的股票。

(2) 債券的付息。

債券的付息主要表現在利息率、付息頻率和付息方式三個方面（如表3-6所示）。

表 3-6　債券的付息

內容	說　明
利息率	固定利率和浮動利率
付息的頻率	五種：按年、半年、季、月、一次性付息
付息方式	現金、支票與匯款；息票債券（指債券上附有息票，息票上標有利息額、支付利息的期限和債券號碼等內容，投資者可從債券上剪下息票，並憑息票領取利息）

5. 債券籌資的優缺點

債券籌資的優點：

(1) 資金成本較低。與股票股利相比，債券的利息允許稅前抵扣，發行公司可取得節稅利益，因此公司負擔的債券成本一般低於股票成本。

(2) 保證控制權。債券持有人無權參與發行公司的經營管理決策，因此，公司發行債券不會像增發新股那樣可能會分散股東對公司的控制權。

(3) 可以發揮財務槓桿的作用。無論發行公司的盈利有多少，債券持有人一般只收取固定的利息，而更多的收益可用於分配給股東或留存於公司經營，從而增加股東和公司財富。

債券籌資的缺點：

(1) 籌資風險高。債券有固定到期日，需要定期支付利息，發行公司必須承擔按期還本和付息的義務。即使在公司經營不景氣的時候，也需向債權人還本付息，這就會給公司帶來更大的財務困難，有時甚至導致公司破產。

(2) 限制條件多。發行債券的限制條件與長期借款相比較多且更為嚴格。

(3) 籌資額有限。公司利用債券籌資一般有一定限額。《公司法》規定，發行公司流通在外的債券累計總額不得超過公司淨資產的40%。

(三) 融資租賃

1. 融資租賃的含義和形式

融資租賃又稱為財務租賃，是由租賃公司或者辦理融資租賃業務的其他金融機構（銀行等金融機構）按照承租企業的要求先融通資金再購買設備，並在合同規定的較長期限內提供給承租企業使用的使用性業務。

融資租賃包括售後租回、直接租賃和槓桿租賃三種形式。

(1) 售後租回。該種租賃是指承租人先將某資產賣給出租人，再將該資產租回的

一種租賃形式。在這種形式下，一方面承租人通過出售資產獲得了現金，另一方面又通過租賃滿足了對資產的需要，而租金卻可以分期支付。

（2）直接租賃。該種租賃是指承租人直接向出租人租入所需要的資產，並付出資金。

（3）槓桿租賃。槓桿租賃要涉及承租人、出租人和資金出借者三方當事人。從承租人的角度來看，這種租賃與其他租賃形式並無區別，同樣是按合同的規定，在基本租賃期內定期支付定額租金，取得資產的使用權。但對出租人不同，出租人只出購買資產所需的部分資金作為自己的投資，另外以該資產作為擔保向資金出借者借入其餘資金。因此，它既是出租人又是借款人；同時擁有對資產的所有權，既收取租金又要償付債務。如果出租人不能按期償還借款，資產的所有權就要轉歸資金的出借者。

2. 融資租賃的程序

融資租賃的程序是：①做出租賃決策，選定租賃物；②選擇租賃公司，辦理租賃委託；③簽訂租賃合同；④辦理驗貨與投保；⑤支付租金；⑥處理租賃期滿的設備。

3. 融資租賃的租金確定

在融資租賃方式下，承租人應按照合同約定向出租人支付租金，租金的數額和支付形式會對承租企業租賃期間的財務狀況產生影響。

融資租賃租金包括設備價款和租息兩部分，租息又可分為租賃公司的融資成本、租賃手續費等。其中：①設備價款是購買設備需支付的相關金額，包括賣價、運雜費、保險費等；②融資成本是指租賃公司為購買租賃設備所籌資金的成本，即設備租賃期間的利息；③租賃手續費包括租賃公司承辦租賃設備的業務費用和一定的盈利。

融資租賃資金的支付形式通常採用分次支付的方式，具體類型有：

（1）按支付間隔期的長短，可以分為年付、半年付、季付和月付等方式。

（2）按支付時期的先後，可以分為先付租金和後付租金兩種。

（3）按每期支付的金額，可以分為等額支付和不等額支付兩種。

融資租賃租金的計算方法有很多，本書主要講解年金法。年金法又叫成本收回法，是租金計算中比較科學、合理、通用的計算方法。它是運用年金現值的計算原理計算每期應付租金的方法，其中又分為後付租金的計算和先付租金的計算。

（1）後付租金的計算。根據普通年金的現值計算公式，可得出後付租金方式下每年年末支付租金數額的計算公式：

$$P = A \times (P/A, i, n) \tag{3.11}$$

$$A = P/(P/A, i, n) \tag{3.12}$$

公式中的 P 是指租金構成中的設備價款，而融資成本和手續費是通過折現率 i 來實現的。

（2）先付租金的計算。根據即付年金的現值公式，可得出先付等額租金的計算公式：

第一種方法：

$$A = P/[(P/A, i, n-1) + 1] \tag{3.13}$$

第二種方法：

$$P = A \times (P/A, i, n) \times (1+i) \tag{3.14}$$

$$A = P / [(P/A, i, n) \times (1+i)] \tag{3.15}$$

【例3-6】某企業採用融資租賃方式於2018年1月1日從某租賃公司租入一臺設備，設備價款為40,000元，租期為5年，到期後，設備歸企業所有。雙方商定採用15%的折現率，試計算該企業每年年末應支付的等額租金。

【解答】$A = 40,000 / (P/A, 15\%, 5) = 40,000 / 3.352,2 = 11,932.46$（元）

假如上例採用先付等額租金方式，則每年年初應支付的租金為多少？

$40,000 = A \times (P/A, 15\%, 5) \times (1+15\%)$

解得 $A = 10,376.05$（元）

4. 融資租賃與經營租賃的區別（如表3-7所示）

表3-7 融資租賃與經營租賃的區別

項目	融資租賃	經營租賃
租賃程序	由承租人向出租人提出正式申請，由出租人融通資金引進承租人所需設備，然後再租給出租人使用	承租人可隨時向出租人提出租賃資產要求
租賃期限	租賃期一般為租賃資產壽命的一半以上	租賃期短，不涉及長期而固定的義務
合同約束	租賃合同穩定，在租賃期內，承租人必須連續支付租金，非經雙方同意，中途不得退租	租賃合同靈活，在合理限制條件範圍內，可以解除租賃契約
租賃期滿的資產處置	租賃期滿後，租賃資產的處置有三種方法可供選擇：將設備作價轉讓給承租人；由出租人收回；延長租期續租	租賃期滿後，租賃資產一般要歸還給出租人
租賃資產的維修保養	租賃期內，出租人一般不提供維修和保養設備方面的服務	租賃期內，出租人提供設備保養、維修、保險等服務

5. 融資租賃籌資的優缺點

融資租賃籌資的優點主要有：①迅速獲得所需資產；②限制條款少；③設備淘汰風險小；④財務風險小；⑤稅收負擔輕。

融資租賃籌資的主要缺點是資金成本較高。一般來說，其租金要比舉借銀行借款或發行債券所負擔的利息高得多。在企業財務困難時會加重企業的負擔。

二、短期負債籌資

(一) 短期借款

短期借款是指企業向銀行和其他非銀行金融機構借入的期限在一年以內的借款。短期借款可以隨企業的需要安排，便於靈活使用，且取得較為方便。

1. 短期借款的程序和種類

企業舉借短期借款，必須首先提出申請，經審查同意後借貸雙方簽訂借款合同，註明借款的用途、金額、利率、期限、還款方式、違約責任等，然後企業根據借款合同辦理借款手續，借款手續完畢後企業便可取得借款。

短期借款主要有生產週轉借款、臨時借款、結算借款等。短期借款還可依據償還方式的不同，分為一次性償還借款和分期償還借款；依據利息支付方法的不同，分為

收款法借款、貼現法借款和加息法借款；依據有無擔保，分為抵押借款和信用借款。

2. 短期借款的信用條件

（1）信貸額度。信用額度亦即貸款限額，是借款人與銀行在協議中規定的允許借款人借款的最高限額。一般來說，企業在批准的信貸額度內可隨時使用銀行借款。但是，銀行不承擔必須提供全部信貸額度的義務。

（2）週轉信貸協定。週轉信貸協定是指銀行從法律上承諾向企業提供不超過某一最高限額的貸款的協定。在協定的有效期內，只要企業的借款總額未超過最高限額，銀行必須滿足企業任何時候提出的借款要求。企業利用週轉信貸協定，通常要就貸款限額的未使用部分付給銀行一筆承諾費。

（3）補償性餘額。補償性餘額是指銀行要求借款人在銀行中保持按貸款限額或名義借款額的一定百分比計算的最低存款餘額。從銀行角度來說，補償性餘額可降低貸款的風險，補償可能遭受的貸款損失。從企業角度來說，補償性餘額提高了借款的實際利率。補償性餘額貸款實際利率的計算公式為：

$$補償性餘額貸款實際利率 = \frac{利息}{實際可借貸款額} \qquad (3.16)$$

$$= \frac{借款額 \times 名義利率}{借款額 - 借款額 \times 補償性餘額比例}$$

$$= \frac{名義利率}{1 - 補償性餘額比例} \times 100\%$$

3. 借款利息的支付方式

（1）收款法。收款法是指借款到期時向銀行支付利息的方法。中國銀行向工商企業貸款大都採用這種方法。使用這種方法借款的名義利率等於其實際利率。

（2）貼現法。貼現法是指銀行向企業發放貸款時，先從本金中扣除利息部分，在貸款到期時借款企業再償還全部本金的一種計息方法。採用這種方法，企業可利用的貸款額只有本金減利息後的餘額，因此貸款的實際利率高於名義利率。貼現法的實際貸款利率的計算公式為：

$$貼現貸款實際利率 = \frac{利息}{貸款金額 - 利息} \times 100\% \qquad (3.17)$$

4. 短期借款籌資的優缺點

短期借款籌資的優點主要有：①籌資速度快；②籌資彈性大。

短期借款籌資的缺點主要有：①籌資風險大；②與其他短期籌資方式相比，資金成本較高，尤其是存在補償性餘額和附加利率情況時，實際利率通常高於名義利率。

（二）商業信用

商業信用是指在商品交易中由延期付款或預收貨款所形成的企業間的借貸關係。它是短期資金的主要來源之一。

商業信用的基本形式有兩種：先提貨後付款；先付款後提貨。企業利用商業信用籌資的具體形式通常有應付帳款、應付票據和預收帳款。

1. 商業信用的條件

商業信用的條件是指銷貨人對付款時間和現金折扣所做的具體規定，主要有以下幾種：預收貨款；延期付款，但不涉及現金折扣；延期付款，但早付款可享受現金折扣。

（1）預付貨款是買方在賣方發出貨物之前支付貸款。在這種信用條件下，銷貨單位可以得到暫時的資金來源，購貨單位不但不能獲得資金來源，還要預先墊支一筆資金。

（2）延期付款，但不涉及現金折扣。在這種信用條件下，賣方允許企業在交易發生後一定時期內按發票金額支付貨款的形式，如「net30」，是指在30天內按發票金額付款。在這種情況下，買賣雙方存在商業信用，買方可以因延期付款而取得資金來源。

（3）延期付款，但早付款可享受現金折扣。在這種條件下，買方若提前付款，賣方可給予一定的現金折扣；如買方不享受現金折扣，則必須在一定期限內付清帳款，如「2/10，n/30」便屬於此種信用條件。現金折扣一般為發票金額的1%~5%。

2. 現金折扣成本的計算

如果購買方放棄現金折扣，就可能承擔較大的機會成本。其計算公式為：

$$放棄現金折扣的機會成本 = \frac{折扣百分比}{1-折扣百分比} \times \frac{360}{信用期-折扣期} \qquad (3.18)$$

3. 商業信用籌資的優缺點

採用商業信用籌資非常方便，因為商業信用與商品買賣同時進行，無須辦理正式的籌資手續。而且籌資成本相對較低，限制條件較少。但是商業信用籌資的期限一般較短，如果企業取得現金折扣則時間更短。

第四章 企業資本結構決策

> **■導入話語**
>
> 在企業經營活動的實踐中，一個現象長期地困擾著人們——同一經營行業、總投入資本完全一樣的企業，獲得的最終收益卻大相徑庭。這種現象意味著什麼呢？難道金額相同的資本，質量可以不同——從而其產出水準不同？如果真是如此，那麼表達資本質量水準的指標是什麼呢？

第一節　資本成本

導入案例

　　AB 公司總經理張先生基於公司的基本經營活動對利潤目標做了嚴格的預算，確定該公司來年的淨利潤為 120 萬元。但是財務經理提醒他，這個張先生自認為精準的利潤目標其實並不精確。張先生詢問緣故，財務經理指出，因為你僅僅只是考慮生產過程的產品成本，而並未對資本性成本費用進行考量。而公司總資本中的 450 萬元債務性資本，需要支付 54 萬元的利息。即使來年嚴格執行張先生所擬計劃，結果也只能得到 66 萬元的淨利潤。

　　此外，公司的財務顧問還提出了這樣的見解，其實公司的資本性費用遠不止 54 萬元。除開債務資本的權益性資本，同樣需要支付類似於利息的費用。這樣，公司的最終利潤目標還要大打折扣。

一、資本成本概述

（一）資本成本的概念

　　資本成本是指企業因為籌集和使用資本而付出的代價。

就成本費用的作用而言，資本成本包括籌資成本和用資成本兩個基本部分。籌資成本是為了獲取資本使用權而發生的成本。用資成本則是為資本使用價值的發揮而支付的成本。例如，企業通過向銀行借款或發行債券籌集債務資本，必須支付銀行利息和債券的債息，同時必須支付手續費或發行費；通過發行普通股和優先股籌集和使用權益資本，需要給投資者相應的股利，也必須支付發行費。股利、利息等就是資本的使用成本，而各種手續費和發行費用，則是典型的籌資成本。

就資本成本的相關性而言，資本成本還可以劃分為權益資本成本和債務資本成本。這一劃分的意義在於，在現行的稅收管理制度下、在會計損益確定順序上，債務資本成本屬於所得稅前抵扣項目，而權益性資本成本則是所得稅後抵扣項目，從而只有債務資本成本可以獲得所得稅抵扣效應。

資本成本的範疇表明，在市場經濟條件下，企業不能無償使用資本。無論何種資本，一經企業使用，均須向資本提供者支付相應的報酬。企業使用資本就要付出代價，所以企業必須節約使用資本。

從籌資角度看，資本成本是指企業籌措資本所支付的代價；從投資角度看，資本成本則是資本供給者（股東與債權人）獲得的投資收益。

資本成本是財務管理的一個非常重要的概念。首先，企業要實現企業價值最大化，必須使所有投入最小化，從而使得資本成本相應最小化。因此，正確預測並控制資本成本水準，是制定籌措策略的基礎。其次，公司的投資決策必須建立在資本成本的基礎上，任何投資項目的投資收益率都必須高於資本成本。

(二) 影響資本成本高低的因素

在市場經濟環境中，多方面因素的綜合作用決定著企業資本成本的高低，其中主要有總體經濟環境、證券市場條件、企業內部的經營和融資狀況、融資規模及結構。

1. 總體經濟環境

總體經濟環境決定了整個經濟中資本的供給和需求以及預期通貨膨脹的水準。總體經濟環境變化的影響，反應在無風險報酬率上。顯然，如果整個社會經濟中的資金需求和供給發生變動，或者通貨膨脹水準發生變化，投資者也會相應改變其所要求的收益率。具體來說，如果貨幣需求增加，而供給沒有相應增加，投資人便會提高其投資收益率，企業的資本成本就會上升；相反，則降低其要求的投資收益率，使資本成本下降。如果預期通貨水準上升，貨幣購買力下降，投資者也會提出更高的收益率來補償預期的投資損失，從而導致企業資本成本上升。

2. 證券市場條件

證券市場條件影響證券投資的風險。證券市場條件包括證券的市場流動難易程度和價格波動程度。如果某證券的市場流動性不好，投資者想買進或賣出證券相對困難，變現風險加大，要求的收益率就會提高；或者雖然存在對某證券的需求，但變現風險加大，要求的收益率就會提高；或者雖然存在對某證券的需求，但其價格波動較大，投資的風險大，要求的收益率也會提高。

3. 企業內部的經營和融資狀況

企業內部的經營和融資狀況是指經營風險和財務風險的大小。經營風險是企業投

資決策的結果，表現在資產收益率的變動上；財務風險是企業籌措決策的結果，表現在普通股收益率的變動上。如果企業的經營風險和財務風險大，投資者便會有較高的收益率要求。

4. 融資規模及結構

融資規模及結構是影響企業資本成本的另一個因素。企業的融資規模大，資本成本較高。比如，企業發行的證券金額很大，資金籌集費和資金占用費都會上升，而且證券發行規模的增大還會降低其發行價格，由此也會增加企業的資本成本。同時，總資本中各類別資本的比重也是影響企業資本成本水準的因素。資本成本水準高的資本，在總資本中的比重越大，則企業總體的資本成本水準就越高，反之亦相反。

（三）資本成本的作用

資本成本在許多方面都可以加以應用，如籌資決策和投資決策。

1. 在籌資決策中的作用

資本成本是企業選擇資金來源、擬訂籌資方案的依據。不同的資金來源，具有不同的成本。為了以較少的支出獲得企業所需資金，就必須分析各種資本成本的高低，並加以合理配置。資本成本對企業籌資決策的影響主要有以下幾個方面：

（1）資本成本是影響企業籌資總額的重要因素。隨著籌資數額的增加，資本成本不斷變化。當企業籌資數額很大、資本的邊際成本超過企業承受能力時，企業便不能再增加籌資數額。因此，資本成本是限制企業籌資數額的一個重要因素。

（2）資本成本是企業選擇資金來源的基本依據。企業的資金可以從許多方面來籌集，就長期借款來說，可以向商業銀行借款，也可以向保險公司或其他金融機構借款，還可以向政府申請借款。企業究竟選用哪種資金來源，首先要考慮的因素就是資本成本的高低。

（3）資本成本是企業選用籌資方式的參考標準。企業可以利用的籌資方式是多種多樣的，在選用籌資方式時，需要考慮的因素很多，但必須考慮資本成本這一經濟標準。

（4）資本成本是確定最優資本結構的主要參數。不同的資本結構，會給企業帶來不同的風險和成本，從而引起股票價格的變動。在確定最優資本結構時，考慮的因素主要有資本成本和財務風險。

資本成本作為一項重要的因素，直接關係到企業的經濟利益，是籌資決策需要考慮的首要問題。

2. 在投資決策中的作用

資本成本在企業評價投資項目的可行性、選擇投資方案時也有重要作用。

（1）計算投資評價指標淨現值時，常以資本成本率做折現率。當淨現值為正時，投資項目可行；反之，如果淨現值為負，則該項目不可行。因此，採用淨現值指標評價投資項目時，離不開資本成本。

（2）利用內部收益率指標進行項目可行性評價時，一般以資本成本率作為基準收益率。只有當投資項目的內部收益率高於資本成本率時，投資項目才可行；反之，當投資項目的內部收益率低於資本成本率時，投資項目不可行。因此，國際上通常將資

本成本率作為投資項目的「最低收效率」或是否採用投資項目的取捨率,是比較選擇投資方案的主要標準。

二、資本成本(率)的計算

資本成本包括用資成本和籌資成本兩部分。

用資成本是指企業在生產經營、投資過程中因使用資本而支付的代價。該成本一般會均勻連續地發生於用資過程中,如向債權人支付的利息、向股東支付的股利等。這是資本成本的主要部分。

籌資成本是指企業在籌措資本過程中支付的一些費用,通常是在籌措資本時一次性支付的,在用資過程中不再發生。如向銀行支付的借款手續費、發行股票和債券支付的發行費等。

通常我們將籌資成本視為籌資額的抵減項目,用資成本視為資本成本。資本成本用絕對數表示時即為用資成本。但我們一般用相對數表示,相對數表示為用資成本與實際籌得資本(籌資額扣除籌資成本後的差額)的比率。資本成本的計量形式有兩種:絕對數和相對數。資本成本通常以相對數的形式表示,稱為資本成本率,簡稱資本成本。其通用計算公式如下:

$$資本成本(率) = \frac{年使用費用}{(籌資數額 - 籌資費用)} \quad (4.1)$$

資本成本有多種表現形式,主要分為個別資本成本、綜合資本成本和邊際資本成本。

(一) 個別資本成本

個別資本成本是指各種資本來源的成本,包括債務成本、優先股成本、留存收益成本和普通股成本等。

1. 債務成本

(1) 長期借款的資本成本。

長期借款資本成本包括借款時發生的籌資費用和以後要支付的借款利息兩部分。由於長期借款利息一般計入財務費用,可以抵減企業所得稅,因此計算時,實際借款成本應從利息中扣除所得稅,其計算公式為:

$$K_L = \frac{I_t(1-T)}{L(1-F_L)} \quad (4.2)$$

其中:K_L——稅後借款資本成本;

I_t——每年利息;

T——所得稅率;

L——長期借款數額;

F_L——借款費用率。

【例4-1】某企業取得長期借款400萬元,年利率11%,期限為5年,每年付息一次,到期一次還本,籌措借款的費用率為0.5%,企業所得稅稅率為25%,計算其資金成本:

$$K_L = \frac{I_t(1-T)}{L(1-F_L)} = \frac{400 \times 11\% \times (1-25\%)}{400(1-0.5\%)} = 8.29\%$$

（2）債券資本成本。

長期債券的資本成本主要是指債券利息和籌資費。債券的籌資費用一般較高，包括申請發行債券的手續費、註冊費、印刷費、上市費及推銷費等。由於債券利息計入稅前成本費用，可以起到抵稅的作用。

債券資本成本計算公式：

$$K_B = \frac{I_t(1-T)}{B(1-F_B)} \tag{4.3}$$

其中：K_B——稅後債券資本成本；

I_t——每年支付的利息；

T——所得稅稅率；

B——債券籌集額/發行價格；

F_B——籌資費用率。

【例4—2】某企業發行面值600萬元的債券，票面利率12%，期限為5年，每年付息一次，發行費用率為5%，企業所得稅稅率為25%，債券按面值發行，計算其資本成本：

$$K_B = \frac{I_t(1-T)}{B(1-F_B)} = \frac{600 \times 12\% \times (1-25\%)}{600(1-5\%)} = 9.47\%$$

思考：由於債券發行時有平價、溢價和折價三種情況，如果該債券溢價或折價發行，其資本成本會有何影響？

2. 優先股成本

優先股最大的特點是定期支付固定股利，無到期日，股利從稅後利潤中支付，而且每年支付金額都相同，所以是一項永續年金。優先股的資本成本公式：

$$K_P = \frac{D_P}{P_P(1-F_P)} \tag{4.4}$$

其中：K_P——優先股的資本成本；

D_P——每年支付的優先股股利；

P_P——優先股的籌資額；

F_P——優先股的籌資費用率。

優先股成本屬於權益成本。其成本主要是發行優先股支付的發行費用和優先股股利。由於優先股是稅後支付，所以不具有減稅的作用。

【例4—3】某公司發行優先股總面額為200萬元，總價為220萬元，籌資費率為6%，每年支付12%的股利，則優先股的成本為：

$$K_P = 200 \times 12\% \times \frac{1}{220 \times (1-6\%)} = 11.61\%$$

為簡化起見，在本章以下的討論中均不考慮優先股部分。

3. 普通股成本

由於普通股的股利是不固定的，即未來現金流出是不確定的，因此企業很難準確

估計出普通股的資本成本。常用的普通股資本成本估計的方法有：股利折現模型、資本資產定價模型和債券收益率加風險報酬率。

（1）股利折現模型法。股利折現模型法就是按照資本成本的基本概念來計算普通股資本成本的，即將企業發行股票所收到資金淨額現值與預計未來資金流出現值相等的貼現率作為普通股資本成本。其中預計未來資金流出包括支付的股利和回收股票所支付的現金。因為一般情況下企業不得回購已發行的股票，所以運用股利折現模型法計算普通股資本成本時只考慮股利支付。因為普通股按股利支付方式的不同可以分為零成長股票、固定成長股票和非固定成長股票等，相應的資本成本計算也有所不同。具體如下：

①零成長股票。零成長股票是指各年支付的股利相等，股利的增長率為0。根據其估價模型可以得到其資本成本計算公式為：

$$K_c = K_e = \frac{D}{P_e \cdot (1 - F_e)} \tag{4.5}$$

其中：K_c——普通股的資本成本；

D_e——每年支付的普通股股利；

P_e——普通股的籌資額；

F_e——普通股的籌資費用率。

②固定成長股票。固定成長股票是指每年的股利按固定的比例 g 增長。根據其估價模型得到的股票資本成本計算公式為：

$$K_s = \frac{D_0(1+g)}{P_0(1-f)} + g = \frac{D_1}{P_0(1-f)} + g \tag{4.6}$$

使用該模型的關鍵是股利增長率 g 的確定。實際上，要做到這一點有兩種方法：

①利用歷史增長率。

②利用分析人員對未來增長率的預測。分析人員的預測可從許多不同的渠道取得。自然，不同渠道的估計也不一樣，因此方法之一是取得多個估計值，然後求出它們的平均值。

【例4-4】某公司普通股每股發行價為10元，籌資費率為4%，預計下期每股股利為2元，以後每年的股利增長率為2%，則該公司的普通股成本為：

$$K_s = \frac{2}{10 \times (1 - 4\%)} + 2\% = 22.83\%$$

（2）資本資產定價模型法。在市場均衡的條件下，投資者要求的報酬率與籌資者的資本成本是相等的，因此可以按照確定普通股預期報酬率的方法來計算普通股的資本成本。資本資產定價模型是計算普通預期報酬率的基本方法。

$$K_s = R_f + \beta(R_m - R_f) \tag{4.7}$$

在該模型下股權的資本成本是由公司的系統風險所決定的，投資者要求的報酬率包含無風險報酬率和風險報酬率兩部分。

式中：R_f——無風險報酬率；

β——股票的貝塔係數；

R_m——平均風險股票必要報酬率。

無風險收益率 Rf=資金時間價值（純利率）+通貨膨脹補償率
一般採用短期國債收益率來作為市場無風險收益率。

【例 4-5】某期間市場無風險報酬率為 8%，平均風險股票必要報酬率為 12%，某公司普通股 β 值為 1.3，則該公司的留存收益成本為：

$K_s = 81.3 \times 128 = 13.20$

（3）債券收益率加風險報酬率。公司必須給普通股股東提供比同一公司的債券持有人更高的期望收益率，因為股東承擔了更多的風險。因此可以在長期債券利率的基礎上加上股票的風險溢價來計算普通股資本成本。用公式表示為：

$$\text{普通股資本成本}(K_C) = \text{長期債券收益率}(K_{dt}) + \text{風險溢價}(RP_c) \quad (4.8)$$

由於在此要計算的是股票的資本成本，而股利是稅後支付，沒有抵稅作用，因此這裡是長期債券收益率而不是債券資本成本構成了普通股成本的基礎。風險溢價可以根據歷史數據進行估計。在美國，股票相對於債券的風險溢價為 4%～6%。由於長期債券收益率能較準確地計算出來，在此基礎上加上普通股風險溢價作為普通股資本成本的估計值還是有一定科學性的，而且計算比較簡單。

【例 4-6】某企業的長期債券收益率為 9%，則其留存收益成本為多少？

$K_C = 9\% + 4\% = 13\%$

4. 留存收益成本

留存收益是由公司稅後淨利潤形成的。從表面上看，如果公司使用留存收益似乎沒有什麼成本，其實不然，留存收益資本成本是一種機會成本。留存收益屬於股東對企業的追加投資，股東放棄一定的現金股利，意味著將來獲得更多的股利，即要求與直接購買同一公司股票的股東取得同樣的收益，也就是說公司留存收益的報酬率至少等於股東將股利進行再投資所能獲得的收益率。因此企業使用這部分資金的最低成本應該與普通股資本成本相同，唯一的差別就是留存收益沒有籌資費用。

（二）加權平均資本成本

由於受多種因素的制約，企業不可能只是用某種單一的籌資方式，往往需要通過多種方式籌集所需資本。為了正確進行籌資和投資決策，企業必須計算確定企業全部長期資金的加權平均資本成本。加權平均資本成本一般是分別以各種資本成本為基礎、以各種資金所占全部資金的比重為權數計算出來的綜合資金成本。其計算公式為：

$$K_W = \sum_{j=1}^{n} K_j W_j \quad (4.8)$$

式中：K_W——加權平均資本成本；

K_j——第 j 種個別資本成本；

W_j——第 j 種個別資本占全部資本的比重。

【例 4-7】某企業帳面總資本為 1,000 萬元，其中長期借款為 200 萬元，應付長期債券為 100 萬元，普通股為 500 萬元，保留盈餘為 200 萬元。其成本分別為 7%、9%、12%、11%。則該企業的加權平均資本成本為：

$K_W = 7\% \times 200/1,000 + 9\% \times 100/1,000 + 12\% \times 500/1,000 + 11\% \times 200/1,000$
$\quad = 10.5\%$

平均資本成本率的計算存在權數價值的選擇問題，即各項個別資本按什麼權數確定所占的資本比重。通常，可供選擇價值形式有帳面價值、市場價值和目標價值。

1. 帳面價值權數

帳面價值權數即以各項個別資本的會計報表帳面價值為基礎來計算資本權數，確定各類資本占總資本的比重。其優點是資料容易取得，可以直接從資產負債表中得到，而且計算結果比較穩定。其缺點是，當債券和股票的市價與帳面價值差距較大時，導致按帳面價值計算出來的資本成本，不能反應目前從資本市場上籌集資本的現時機會成本，不適合評價現時的資本結構。

2. 市場價值權數

市場價值權數即以各項個別資本的現行市價為基礎來計算資本權數，確定各類資本占總資本的比重。其優點是能夠反應現時的資本成本水準，有利於進行資本結構決策。但現行市價處於經常變動之中，不容易取得，而且現行市價反應的只是現時的資本結構，不適用未來的籌資決策。

3. 目標價值權數

目標價值權數即以各項個別資本預計的未來價值為基礎來確定資本權數，確定各類資本占總資本的比重。目標價值是目標資本結構要求下的產物，是公司籌措和使用資金對資本結構的一種要求。對於公司籌措新資金，需要反應期望的資本結構來說，目標價值是有益的，適用於未來的籌資決策，但目標價值的確定難免具有主觀性。

第二節　企業經濟槓桿

導入案例

李先生投入5,000萬元新建一個企業。在公司的發展模式討論上，最重要問題就是發展模式的確定。而公司的發展模式體現在營運模式上主要是決定公司採用的技術是資金密集型還是勞動密集型的模式。而這兩種模式的資產結構顯然是不一樣的。資產結構的不同就具有不同的產出率，從而還具有不同的風險；公司發展模式還在財務方面具有特定的表現，主要是融資模式問題上，是採用高負債比例的模式還是相反。這種負債比例不同的模式，同樣會產生不同的風險，也將給權益投資者帶來不同水準的收益率。

財務顧問提醒李先生，這裡存在基於不同模式而形成的不同經濟槓桿效應。

一、經營槓桿概述

(一) 經營風險

1. 經營風險的概念

經營風險是指企業在沒有負債的情況下未來經營利潤或息稅前利潤的不確定性，是企業經營的內在風險。經營風險不僅僅各行業不同，而且同行業的不同企業也有差別，並隨時間而變化。經營風險影響著企業的籌資能力，是決定企業籌資投資決策的

一個非常重要的因素。

2. 經營風險的影響因素

影響企業經營風險的因素很多，主要有：

(1) 產品需求。

在其他因素保持不變時，市場對企業產品的需求越穩定，經營風險就越小；反之，經營風險就越大。

(2) 產品售價。

一個企業的產品在市場上的銷售價格越穩定，經營風險就越小。

(3) 產品成本。

產品成本是收入的抵減，成本不穩定會導致利潤不穩定，所以產品成本變動越大的，經營風險就越大；反之，經營風險就越小。

(4) 調整產品售價的能力。

當企業的投入成本提高時，有些產品能較方便地在市場上提高銷售價格，以彌補因投入價格的提高帶來的損失，當其他因素保持不變時，企業的這種調整能力越強，經營風險就越低。

(5) 固定成本的比重。

在企業全部成本中，固定成本所占比重較大時，單位產品分攤的固定成本額就多。若產品量發生變動，單位產品分攤的固定成本會隨之變動，最後會使利潤更大幅度地變動，導致經營風險越大；反之，經營風險就越小。

(二) 經營槓桿

1. 經營槓桿的概念

企業的經營成本通常包括固定成本和變動成本兩部分。固定成本在銷售收入中的比重大小，對企業風險有重要影響。在其他條件不變的情況下，產銷量的增加雖然不會改變固定成本總額，但會降低單位固定成本，從而提高單位利潤，使息稅前利潤的增長率大於產銷量的增長率；反之，產銷量的減少會提高單位固定成本，降低單位利潤，使息稅前利潤下降率也大於產銷量下降率。如果不存在固定成本，所有成本都是變動的，那麼邊際貢獻就是息稅前利潤，這時息稅前利潤變動率就同產銷量變動率完全一致。這種在某一固定成本比重的作用下，銷售量變動對息稅前利潤產生的作用，稱為經營槓桿。經營槓桿實際是一種成本結構，具有放大企業風險的作用。

2. 經營槓桿系數

一般用經營槓桿系數來表示經營槓桿的大小，它等於息稅前利潤變動率對銷售量變動率的倍數。經營槓桿系數越大，表明經營槓桿的作用越大，經營風險也就越大；反之，經營槓桿系數越小，表明經營槓桿的作用越小，經營風險也就越小。理論計算公式為：

$$\text{DOL} = \frac{\dfrac{\Delta \text{EBIT}_0}{\text{EBIT}}}{\dfrac{\Delta Q}{Q_0}} \tag{4.9}$$

其中：ΔEBIT——息稅前利潤變動額；

ΔQ——產銷業務量變動值；

EBIT₀——基期息稅前利潤；

Q₀——基期產銷業務量。

又因 EBIT = S - V - F = (P - VC)Q - F = M - F

其中：EBIT——息稅前利潤；S——銷售額；V——變動經營成本；F——固定經營成本；Q——產銷業務量；P——銷售單價；VC——單位變動成本；M——邊際貢獻

假定企業固定成本、單位可變成本和銷售價格不變時，經過計算整理，經營槓桿系數可簡化為：

$$DOL = \frac{Q_0(P - V_c)}{Q_0(P - V_c) - F} = \frac{M_0}{M_0 - F} = \frac{M_0}{EBIT_0} = \frac{EBIT_0 + F}{EBIT_0} \quad (4.10)$$

具體簡化過程如下：

$\Delta EBIT = EBIT - EBIT_0 = [(P - VC)Q - F] - [(P - VC)Q_0 - F]$
$= (P - VC)\Delta Q$

$$\frac{\Delta EBIT}{EBIT} = \frac{(P - VC)\Delta Q}{(P - VC)Q_0 - F}$$

$$DOL = \frac{\dfrac{(P - VC)\Delta Q}{(P - VC)Q_0 - F}}{\dfrac{\Delta Q}{Q_0}} = \frac{(P - VC)Q_0}{(P - VC)Q_0 - F}$$

$$= \frac{M_0}{M - F} = \frac{M_0}{EBIT_0} = \frac{EBIT_0 + F}{EBIT_0}$$

【例4-8】某企業生產 A 產品，固定成本為 80 萬元，變動成本率為 60%。當企業的銷售額分別為 600 萬元、400 萬元、200 萬元時，試計算該企業的經營槓桿系數。

$$DOL_1 = \frac{600 - 600 \times 60\%}{600 - 600 \times 60\% - 80} = 1.5$$

$$DOL_2 = \frac{400 - 400 \times 60\%}{400 - 400 \times 60\% - 80} = 2$$

$$DOL_3 = \frac{200 - 200 \times 60\%}{200 - 200 \times 60\% - 80} \rightarrow \infty$$

從上例可分析得出：

（1）在固定成本不變時，銷售額越大，經營槓桿系數越小，經營風險也就越小；反之，銷售額越小，經營槓桿系數越大，經營風險也就越大。

（2）在固定成本不變時，經營槓桿系數說明了銷售額增長（減少）所引起利潤增長（減少）的幅度。

企業一般可通過增加銷售額、降低產品單位成本、降低固定成本比重等措施使經營槓桿系數下降，從而降低經營風險。

【例4-9】某企業產銷 A 商品，固定成本 500 萬元，變動成本率 70%。年產銷額 5,000 萬元時，變動成本 3,500 萬元，固定成本 500 萬元，息稅前利潤 1,000 萬元；年銷售額 7,000 萬元時，變動成本 4,900 萬元，固定成本仍為 500 萬元，息稅前利潤

1,600 萬元，則該企業經營槓桿系數為：

$$DOL = \frac{EBIT_0 + F}{EBIT_0} = \frac{1,000 + 500}{1,000} = 1.5(倍)$$

二、財務槓桿概述

(一) 財務風險

1. 財務風險的概念

企業通過債券和優先股籌資會給企業帶來風險，全部資本中債務資本比率的變化帶來的風險就是財務風險。

2. 財務風險的影響因素

(1) 利率水準的變動。

如果市場利率波動較大，企業的財務風險就會增加。這是因為市場利率水準較低有利於降低企業的財務費用；而利率水準較高會使企業的負擔加重，利潤就會下降。

(2) 資金供求的變化。

如果市場上資金供應比較充裕，企業可以隨時籌到資金；反之，企業不僅面臨市場利率升高的風險，而且還會遇到籌不到資金的可能。

(3) 獲利能力的變化。

如果企業經營狀況比較穩定，獲得的息稅前利潤完全能支付債務利息，其財務風險相對較小；反之，如果銷售狀況不穩定，加之有較大的經營槓桿，有可能息稅前利潤不能支付債務利息，則其財務風險較大。

(4) 財務槓桿。

當債務資本比率較高時，投資者負擔較多的債務成本，並承受負債對收益變動的衝擊，從而加大財務風險；反之，當債務資本比率較低時，財務風險較小。

其中，財務槓桿對財務風險的影響最為綜合，投資者欲獲得財務槓桿利潤，需要承擔由此引起的財務風險。因此，必須在這種利益和風險之間進行合理的權衡。

(二) 財務槓桿

1. 財務槓桿的概念

企業負債經營，不論利潤多少，債務利息通常都是不變的。當利潤增大時，每1元利潤所負擔的利息就會相對減少，這能給投資者帶來更多的收益；反之，當利潤減少時，每1元利潤所負擔的利息就會相對增加，從而使投資者收益大幅減少。這種債務對投資者收益的影響稱為財務槓桿。

2. 財務槓桿系數

與經營槓桿作用的表示方式類似，財務槓桿作用的大小通常用財務槓桿系數來表示。財務槓桿系數等於普通股每股收益變動率對息稅前利潤變動率的倍數。財務槓桿系數越大，表明財務槓桿的作用越大，財務風險也就越大；反之，財務槓桿系數越小，表明財務槓桿的作用越小，財務風險也就越小。理論計算公式為：

$$DFL = \frac{\frac{\Delta EPS}{EPS}}{\frac{\Delta EBIT}{EBIT}}$$

$$DFL = \frac{EBIT_0}{EBIT_0 - I - \frac{D_p}{1-\tau}} = \frac{EBIT_0}{EBIT_0 - I} \qquad (4.12)$$

具體簡化過程如下：

$$EPS_0 = \frac{(EBIT_0 - I)(1-T) - D}{N}$$

$$EPS_1 = \frac{(EBIT_1 - I)(1-T) - D}{N}$$

$$\Delta EPS = \frac{(EBIT_1 - EBIT_0)(1-T)}{N}$$

因此，$\dfrac{\Delta EPS}{EPS_0} = \dfrac{(EBIT_1 - EBIT_0)(1-T)}{(EBIT_0 - I)(1-T) - D}$

又 $\dfrac{\Delta EBIT}{EBIT_0} = \dfrac{EBIT_1 - EBIT_0}{EBIT_0}$

所以

$$DFL = \frac{EBIT_0}{EBIT_0 - I - \frac{D}{1-T}}$$

若 $D = 0$，則：$DFL = \dfrac{EBIT_0}{EBIT_0 - I}$

從公式還可分析得出：

（1）財務槓桿系數表明的是息稅前利潤增長所引起的每股收益的增長幅度。

（2）在資本總額、息稅前利潤相同的情況下，負債比率越高，財務槓桿系數越大，財務風險越大，但預期每股收益也會相應較高。

（3）當資本結構、利率、息稅前收益等因素發生變動時，財務槓桿也會變動，從而表現出不同程度的財務槓桿利益和財務風險。

【例4-10】某企業總資產為40萬元，負債比率為50%，債務利率為12%，銷售額為40萬元，變動成本率為60%，固定成本為8萬元。試求該企業的財務槓桿。

$$DFL = \frac{EBIT}{EBIT - I} = \frac{40 - 40 \times 60\% - 8}{40 - 40 \times 60\% - 8 - (40 \times 50\% \times 12\%)} = 1.43$$

計算結果表明，息稅前利潤每增加1倍普通股每股收益將增加1.43倍；同樣，息稅前利潤每下降1倍普通股每股收益將下降1.43倍。

三、複合槓桿概述

從以上介紹可知，經營槓桿通過擴大銷售影響息稅前利潤，而財務槓桿通過擴大

息稅前利潤影響收益。如果兩種槓桿共同起作用，那麼銷售稍有變動就會使每股收益產生更大的變動。通常把這兩種槓桿的連鎖作用稱為總槓桿作用。

總槓桿作用的程度，可用總槓桿系數 DTL 表示。它是經營槓桿系數和財務槓桿系數的乘積，表示銷售變化如何影響普通股每股收益。理論計算公式為：

$$DTL = \frac{\Delta EPS/EPS_0}{\Delta Q/Q_0} \tag{4.13}$$

不考慮優先股情況下，簡化計算公式：DTL = DOL × DFL

$$DTL = \frac{M_0}{EBIT_0 - I - \frac{D}{1-T}} = \frac{M_0}{EBIT_0 - I} = \frac{EBIT + F}{EBIT - I}$$

$$= \frac{Q(P-V)}{Q(P-V) - F - I}$$

$$= \frac{S - VC}{S - VC - F - I} \tag{4.14}$$

【例 4-11】某公司的經營槓桿系數為 1.5，財務槓桿系數為 2，求其總槓桿系數。
DTL = DOL × DFL = 1.5 × 2 = 3

從公式分析可得出：

（1）總槓桿系數能夠估計出銷售變動對每股收益造成的影響。

（2）為達到某一總槓桿系數，經營槓桿和財務槓桿可以有很多不同的組合。在實際中，企業對經營槓桿和財務槓桿的運用，必須考慮未來一段時期內外界環境如何影響企業的銷售，從而決定採用何種有用的槓桿組合。即使兩種組合的經營槓桿和財務槓桿並不一樣，但能產生相同的組合槓桿的結果，決策者通過選擇不同的槓桿組合形式，有助於做出正確決策。

例如，經營槓桿系數較高的公司可以在較低的程度上使用財務槓桿；經營槓桿系數較低的公司可以在較高的程度上使用財務槓桿。高科技企業或資本密集型企業由於投入的固定資產比較多，所以其經營槓桿相對較高。當預計外部經營環境發生惡化時，這些企業應控制負債比率，以免形成過高的總槓桿，避免因銷售下滑給企業造成較大的損失；相反，當外部環境對企業發展有利時，財務槓桿的適當增大，對每股收益會帶來較大的好處；而經營槓桿較低的企業，財務槓桿的大小，對每股收益的變化影響則相對較小些。

第三節　企業資本結構選擇

導入案例

AB 公司擬投資一項目，該項目需資本 1,000 萬元。怎樣才能獲得這一投資項目所需資本呢？該公司的財務總監王先生提出由 AB 公司出資 600 萬元、再以 AB 公司名義發行公司債 300 萬元、最後再向商業銀行借入 100 萬元的融資方案。公司總經理要求財務總監王先生給出這一融資方案的收益水準和風險程度的綜合評估。

董事會的成員此時最希望弄清楚的事就是：不同方式融資，究竟對企業有何種影響？

一、資本結構的概念及其影響因素

(一) 資本結構的含義

資本結構是指企業各種資本在總資本中的占比關係和重要程度。

它是由企業採用不同籌資方式而形成的。各種籌資方式及其不同組合類型決定了企業的資本結構及其變化。

一般情況下，企業的資本結構具有如下幾種形式：

首先是法權形式的資本結構。這一形式是債務資本和權益資本在全部資本中各自的占比和重要程度。這一結構形式主要揭示資本法權性質對特定資本結構的風險和收益水準的決定性作用。

其次是時間形式的資本結構。這一形式是指長期資本和短期資本各自在總資本中的占比和重要程度。這一結構形式主要揭示資本流動性質對特定資本結構的風險和收益水準的決定性作用。

最後，還可以僅僅只以長期資本進行資本結構確定的資本結構概念。這一結構概念是指長期債務資本和長期權益資本各自在長期資本中的占比和重要程度。

(二) 影響資本結構的因素

1. 企業的資產結構

資產結構會以多種方式影響企業的資本結構。

(1) 有大量固定資產的企業主要通過長期負債和發行股票籌集資金；

(2) 擁有較多流動資產的企業，更多依賴流動負債來籌集資金；

(3) 資產適用於抵押貸款舉債額較多的公司，如房地產公司的抵押貸款就相當多；

(4) 以技術研究開發為主的公司則負債很少。

2. 所得稅稅率

債務的利息可以免稅，而股票的股利是在稅後利潤中支付的，因此，企業所得稅稅率越高，舉債經營的好處就越大。在其他情況較好的情況下，所得稅稅率越高，企業就越偏好舉債，可以達到提高企業的效益。

3. 所有者和管理人員的態度

企業所有者和管理人員的態度對資本結構也有重要影響，因為企業資本結構的決策最終是由他們做出的。

一個企業的股票如果被眾多投資者所持有，誰也沒有絕對的控制權，這個企業可能會更多地採用發行股票的方式來籌集資金；反之，如企業被少數股東所控制，這些股東為了保證其控制權，一般盡量避免普通股籌資，而是採用優先股或負債方式籌集資金。

喜歡冒險的財務管理人員，可能會安排比較高的負債比例；反之，一些持穩健態度的財務管理人員則會使用較少的債務。

4. 債權人對企業的態度

除了所有者和管理人員外，債權人的態度對企業的資本結構也有很大影響。大部分債權人都不希望企業的負債比例過大，如果公司堅持使用過多債務，則債權人可能拒絕貸款。通常，企業進行重大籌資決策時，都要同主要債權人商討資本結構，並尊重債權人的意見。

二、資本結構的理論

（一）淨收益理論

該理論認為負債可以降低企業的資本成本，負債程度越高，企業的價值越大。無論負債程度多高，債務利息和權益資本成本均不受財務槓桿的影響，即債務資本成本和權益資本成本都不會變化。所以，只要債務成本低於權益成本，那麼負債越多，企業的加權平均資本成本就越低，企業的淨收益或稅後利潤就越多，企業的價值就越大。當負債比率達100%時，企業加權平均資本最低，企業價值將達到最大值。

（二）營業收益理論

該理論認為不論財務槓桿如何變化，企業加權平均資本成本都是固定的，因而企業的總價值也是固定不變的。這是因為企業利用財務槓桿時，即使債務成本本身不變，但加大了權益的風險，也會使權益成本上升，於是加權平均成本不會因為負債比率的提高而降低，而是維持不變的，因此資本結構與企業價值無關，決定企業價值的是營業收益。按照這種理論推論，不存在最佳資本結構，籌資決策也就無關緊要。

（三）傳統理論

這是一種介於淨收益理論和營業收益理論之間的理論。該理論認為，企業利用財務槓桿儘管會導致權益成本的上升，但在一定程度內不會完全抵銷利用成本率低的債務所獲得的好處，因此會使加權平均資本成本下降，企業總價值上升。但超過一定程度地利用財務槓桿，權益成本的上升就不再能為債務的成本所抵銷，加權平均資本成本會上升。之後，債務成本也會上升，它和權益成本的上升共同作用，使加權平均資本成本上升加快。加權平均資本成本從下降變為上升的轉折點，是加權平均資本成本的最低點，這時的負債比率就是企業的最佳資本結構。

（四）權衡理論

權衡理論是指將由於負債的增加給企業帶來的抵減稅收的利益與同時產生的其他成本之間進行適當權衡來確定企業價值的理論。該理論是在早期MM理論的基礎上發展起來的。MM理論知識單方面考慮了負債給公司帶來的減稅利益，而沒有考慮負債可能給企業帶來的其他成本，如財務破產成本等。

該理論說明了以下幾點：

（1）負債可以為企業帶來避稅利益。不考慮破產成本時，按MM理論企業價值會隨著債務的增加而增加。

（2）MM 理論的假設在現實中是不存在的，事實是各種債務成本隨著負債比率的增大而上升。當負債比率達到某一程度時，息稅前利潤會下降，同時企業負擔破產成本的概率會增加。

（3）由於上述幾個因素的綜合，剛開始破產成本明顯；當負債比率達到某一定點時，破產成本開始變得重要，負債避稅利益開始被破產成本所抵消；當負債比率更高時，負債避稅利益恰好與邊際破產成本相等，企業價值最大，達到最佳資本結構。當負債比率又繼續加大後，破產成本大於負債避稅利益，導致企業價值下降。

三、最佳資本結構的確定

從上述分析可知，利用負債資本具有雙重作用，適當利用負債，可以降低企業資本成本；但當企業負債比率太高時，會帶來較大的財務風險。因此，企業必須權衡財務風險和資本成本的關係，確定最優資本結構。最優資本結構是指在一定條件下使企業加權平均資本成本最低、企業價值最大的資本結構。

確定最優資本結構的方法有每股收益無差別點法、資本成本比較法、企業價值分析法。

（一）每股收益無差別點法

每股收益無差別點法，又稱息稅前利潤—每股收益分析法（EBIT — EPS 分析法），這種方法假定能提高每股收益的資本結構是合理的。這種方法確定的最佳資本結構為每股收益最大時的資本結構。

當企業採用兩種不同財務槓桿的籌資方法時，產生相同每股收益時的 EBIT 值稱為每股收益無差別點。從每股收益的角度看，在此點上企業的兩種籌資方案是等價的。如果 EBIT 高於無差別點，則財務槓桿高的籌資方案能夠帶來較高的每股收益；如果 EBIT 低於無差別點，則財務槓桿低的籌資方案為好。

這種方法的不足之處在於沒有考慮風險因素。從根本上講，企業財務管理的目標在於追求企業價值最大化（股價最大化）。然而，只有在風險不變的情況下，每股收益的增長才會直接導致股價的上升，實際上經常是隨著每股收益的增長，風險也加大。如果每股收益的增長不足以補償風險增加所需的報酬，儘管每股收益增加，股價仍然會下降。

每股收益無差別點可以通過計算得出：

首先，$$EPS = \frac{(EBIT-I)(1-T)}{N}$$

式中：EBIT——息稅前利潤；

I——債務利息；

T——所得稅稅率；

N——普通股股數。

其次，若以 EPS_1 代表籌資方式 1，EPS_2 代表籌資方式 2，有：

$$EPS_1 = EPS_2，即 \frac{(EBIT_1-I_1)(1-T)}{N_1} = \frac{(EBIT_2-I_2)(1-T)}{N_2}$$

在每股收益無差別點上，

EBIT$_1$ = EBIT$_2$，即 $\dfrac{(EBIT-I_1)(1-T)}{N_1} = \dfrac{(EBIT-I_2)(1-T)}{N_2}$ (4.15)

能使上述條件公式成立的息稅前利潤（EBIT）為每股收益無差別點的息稅前利潤。

【例4-12】某公司原有資本 700 萬元，其中債務資本 200 萬元，債務利率 12%，普通資本 500 萬元（總股數 10 萬股，每股面值 50 元）。由於擴大業務，需追加籌資 300 萬元。其籌資方式有以下兩種：一是全部發行普通股，增發 6 萬股，每股面值 50 元；二是全部籌措長期債券，債務利率為 12%。該企業適用的所得稅稅率為 25%。

依據題意可得：

$$\dfrac{(EBIT-200\times12\%)(1-25\%)}{10+6} = \dfrac{(EBIT-200\times12\%-300\times12\%)(1-25\%)}{10}$$

EBIT = 120（萬元）

此時的 EPS = $\dfrac{(120-200\times12\%)(1-25\%)}{10+6}$ = 4.5（元）

其實，除了用息稅前利潤 EBIT 來分析外，還可用銷售額和銷售收入等指標來進行同樣分析。

（二）資本成本比較法

資本成本比較法是通過計算各方案的加權平均資本成本，並根據加權平均資本成本的高低來確定資本結構的方法。這種方法確定的最佳資本結構為加權平均成本最低的資本結構。其計算公式為：

加權平均資本成本（K_W）= 稅前債務資本成本×債務額占總資本比重×（1-所得稅率）+ 權益資本成本 × 股票額占總資本比重

$$= \sum_j K_j W_j \quad (4.16)$$

這種方法易理解，計算過程也較簡單，是常用的一種方法。但因所擬訂的方案數量有限，故有把最優方案漏掉的可能。

【例4-13】某公司原來的資本結構為債務資本 800 萬元，債務利率 10%，權益資本 800 萬元（每股面值 1 元，發行價 10 元，共 800 萬股），總資本為 1,600 萬元。目前市場價格為 10 元，今年期望股利為每股 1 元，預計年股利增長率為 5%。假設該企業所得稅稅率為 25%，發行的各證券均無籌資費。該公司現因擴大生產規模增資 400 萬元，有以下三個方案可供選擇：

方案 1：發行債券 400 萬元，因負債增加，投資人風險加大，此次發行利率為 12%，預計普通股股利不變，但由於風險加大，普通股市價降至每股 8 元。

方案 2：發行債券 200 萬元，債券利率為 10%，發行普通股 20 萬股，每股發行價 10 元，預計普通股股利不變。

方案 3：發行股票 36.36 萬元，普通股市價增至每股 11 元。

試確定上述哪個方案最好。

根據題意解題如下：

1. 計算公司年初的加權平均資本成本

K_{W0} = 800/1,600×10%×(1-25%) + 800/1,600×(1/10 + 5%)

= 11.25%

2. 計算方案 1 的加權平均資本成本

K_{W1} = 800/2,000×10%×(1-25%)+400/2,000×12%×(1-25%)

+800/2,000×(1/8+5%)

= 11.80%

3. 計算方案 2 的加權平均資本成本

K_{W2} = 1,000/2,000×10%×(1-25%)+1,200/2,000×(1/11+5%)

= 11.45%

從以上結果可以看出，方案 2 的加權平均資本成本最低，為 11.80%，故應選擇方案 2。

(三) 企業價值分析法

企業價值分析法是指通過計算和比較各種資本結構下企業的市場總價值進而確定最佳資本結構的方法。這種方法確定的最佳資本結構為企業價值最大時的資本結構。該方法可以克服以上兩種分析方法的缺點，其出發點是財務管理的目標在於追求企業價值的最大化。在企業總價值最大的資本結構下，其資本成本也是最低的。

企業的市場總價值等於其股票的總價值與債券的總價值之和，即：

$$V = S + B \tag{4.17}$$

式中：V——企業的市場總價值；

S——股票的總價值；

B——債券的總價值。

為簡化，假設債券的市場價值等於其面值，企業持續盈利經營，股東和債權人的投入及要求的回報不變，股票的市場 S 可以通過如下公式計算：

$$S = \frac{(EBIT-I)(1-T)}{K_S} \tag{4.18}$$

式中：EBIT——息稅前利潤；

I——年利息額；

T——所得稅率；

K_S——權益資本成本。

而股票的資本成本 K_S 可以採用資本資產成本定價模型來計算：

$$K_S = R_F + \beta(R_M - R_F) \tag{4.19}$$

式中：R_F——無風險報酬率；

β——股票的貝塔系數；

R_M——平均風險股票必要報酬率。

企業的資本成本，則可通過加權平均資本成本計算如下：

$$K_W = K_b(B/V)(1-T) + K_S(S/V) \tag{4.20}$$

式中：K_b——稅前的債務資本成本。

【例4-13】 某公司息稅前利潤為40萬元,目前全為普通股資本且帳面價值為200萬元,假設所得稅稅率為25%。該公司準備用發行債券購回部分股票的方法來調整資本結構。

不同債務水準下對公司的債務成本和普通股權益成本的影響如表4-1所示。

表4-1

債券的市場價值 B(萬元)	稅前債務資本成本 K_b(%)	β 值	無風險報酬率 R_F(%)	平均風險股票必要報酬率 R_M(%)	權益資本成本 K_S(%)
0	—	1.5	6	10	12.0
20	8.0	1.55	6	10	12.2
40	8.3	1.65	6	10	12.6
60	9.0	1.80	6	10	13.2
80	10.0	2.0	6	10	14.0
100	12.0	2.3	6	10	15.2
120	15.0	2.7	6	10	16.8

根據上表資料可以計算出在不同債務比率下該公司的價值和資本成本。如表4-2所示。

表4-2

債券的市場價值 B(萬元)	股票的總價值 S(萬元)	公司的總價值 V(萬元)	稅前債務資本成本 K_b(%)	權益資本成本 K_S(%)	加權平均資本成本 K_W(%)
0	200	200	—	12.0	12.0
20	236.1	256.1	8.0	12.2	11.72
40	218.3	258.3	8.3	12.6	11.61
60	196.6	256.6	9.0	13.2	11.69
80	171.4	251.4	10.0	14.0	11.93
100	138.2	238.2	12.0	15.2	12.60
120	38.2	158.2	15.0	16.8	12.59

從表4-2可以看出,當公司負債為40萬元時,加權平均資本成本最低為11.61%,市場總價值最大為258.3萬元,因此為該公司的最佳資本結構。此時的資產負債率大約為15.49%,該公司可以按該比率來確定其當前的目標資本結構。

第五章 項目投資和評價

> **■導入話語**
>
> 基於公司發展戰略，HX 機械製造公司董事會決定公司在未來的十年內，一方面堅持按照現有的產品經營，另一方面開始進行戰略轉移。這一戰略轉移的具體步驟是：從現在起開始涉足一些富含技術的項目；待機會成熟就完全實現產品經營方向的轉移。這一決策就涉及關於經濟項目投資的一系列問題，尤其是其中的經濟可行性，包括對經濟項目的構造、經濟數據指標的測算、經濟項目的損益的確定方式。

第一節　項目投資的經濟內容

導入案例

HX 公司眼下就有一個西部山區水電投資項目。市場開發部向董事會和經理人員做了這個項目的一般介紹、總會計師則做了該項目的損益預測說明。其中，項目每年利潤為 120 萬元的結論引起總經理的高度關注。但是，財務顧問則提醒說，不能僅僅只看會計提供的每年利潤這一指標。財務顧問提出，除了利潤，更為重要的是要清楚地把握這一項目的投資金額和回收金額，以及這些回收金額是在何時得以實現的。

一、項目投資的內涵與外延

廣義的投資是指為了實現特定目標，而對所持有或控制的資源進行特定的安排。

這種安排必須以後續使用為依據。投資的基本內容就是將所獲取的資源配置為特定可以運行的系統，並具體對系統進行運行，以最終實現投資目標。

（一）投資的分類

投資活動按照不同標準可以有如下分類：

（1）按照投入資本被完全回收的時間長短劃分，投資被劃分為長期投資和短期投資。

（2）按照投資行為所形成的結果形式不同，投資被劃分為生產經營能力投資和金融資產投資。生產經營能力投資是指投資者能夠直接持有投資所形成的生產經營能力，諸如企業實體或可以運作的項目；金融資產投資則是投資者只能持有與生產經營能力相對應的虛擬資產，即相關的各種有價資本證券。典型的金融資產投資如企業或政府的債券、公司的股票等。

生產經營能力投資本質上是在創造生產經營能力，而日常的經營活動則是對這一能力的具體運用。

生產經營能力投資包括兩種形式：投資形成可經營的企業和投資形成可運行的項目。企業與項目是兩種資源組織形式不同的生產能力投資方式。這兩種投資方式的共同點是同屬於生產經營能力投資，投資活動都將形成特定形式的生產經營能力。這兩種投資形式的不同在於對投入資源的組織方式具有差異。

項目投資是指在預定的時間和空間範圍內，為實現預定目標而完成某項特定任務的投資活動。經濟項目投資的目的通常是為獲取經濟利益，而經濟利益的具體內容則可以是項目賺取的利潤，也可以是其他形式的經濟利益。

投資也是對資源有用性的消費——經濟的或生產性的消費，從而也是對特定有用性的發揮和實現。

（二）項目投資的特點

1. 獨立性

項目是為著一個明確的事件而存在的，與其他任何經濟活動並無邏輯關係。如果該相關事件所規定或要求的目標已經實現，則該項目失去存在和繼續運行的價值。

2. 規模穩定不變

從資源投入形成一定經濟規模時起，其整個運行壽命週期中規模一直維持不變。規模不變，就是說中途並不需要追加投入新的資源量。這實際上是經濟學上所描述的簡單再生產過程。如果一個項目在其預定壽命週期內追加了投資，那麼這個項目事實上已經結束其壽命，而另一個項目的壽命週期則開始了。規模不變，就意味著在項目壽命週期內各個期間的經濟財務指標數值水準不變。因此，項目所獲取的利潤和折舊所導致的現金，不需要再追加至下一生產經營週期中，從而屬於自由現金流量。

3. 時間的有限性

從資源投入、運行並結束項目的整個過程，通常有明確的起始時間和項目的結束時間。這也就是說，適用於企業的持續經營假設，並不適用於項目。

項目投資投入資源所採用的形式包括：固定資產、無形資產、流動資產。固定資產、流動資產和無形資產是生產經營能力投資的必需要素。在具體投入某一特定項目時，基於項目本身的相關事件內容要求，可以是單純的固定資產投資，也可以是固定資產和流動資產的綜合投資，還可以是包含固定資產、流動資產和無形資產的完整生產經營能力投資。

(三) 項目投資的程序

項目投資的程序主要包括以下步驟：

(1) 提出投資領域和投資對象。在明確了投資目的的基礎上，投資者應根據各種具體的標準來對投資的領域和對象加以確定。

(2) 擬訂相關方案。投資者按照投資對象的條件約束和投資者自身能力條件擬訂出若干個具體的投資方案。這些方案應反應出投資者的投資目的，以及達到投資目的的具體途徑、各個方案的利弊等因素。

(3) 評價投資方案的可行性。在對各擬訂的方案進行分析和評價時，一方面需要進行特定投資方案的技術可行性，另一方面需要經濟與財務可行性的分析評價。這一分析評價主要是在對各投資方案進行比較與選擇上實現的。

(4) 投資方案的抉擇。在分析評價的基礎上，必須確定一個對於特定投資者而言的最佳投資方案並付諸執行。

(5) 投資方案的再評價。當投資項目完成或投資項目在執行的過程中時，要按照科學的方法，對投資的效果進行分析評價。並且通過分析和評價，可以總結經驗，為以後的投資提供依據。同時，還可以根據評價的結果，調整原有的投資對象、投資方案，以趨利除弊，更好地實現投資的目的。

二、投資決策應遵循的原則

(一) 系統全面原則

在分析評價項目方案時，要考慮所有相關因素：包括收集資料要全面，方案的擬訂要多樣化，風險考慮不能遺漏等。

(二) 可操作性原則

對項目的實施方案的設計，不但要在理論上正確，更要在實際操作中具有可操作性。

(三) 實事求是原則

在項目方案的擬訂和執行過程中，必須要結合實際情況進行。

(四) 科學性原則

擬訂和執行計劃時，必須以社會學、經濟學、管理學的基本原理為指導。

第二節　項目投資現金流量的分析

導入案例

前述 XH 公司的財務顧問特別提醒董事會和經理人員，強調對項目的各時點所發生

的投出資源和回收的資源量。財務顧問繼續強調說，項目各時點的投資和投資回收就是項目的現金流量。而現金流量的狀況決定著這個項目的狀況。因此，現金流量是最重要的財務經濟指標。這就是現金為主的觀念。

一、項目投資的現金流量的概念

現金流量是指基於投資和運行一個項目而產生的資源投入和收回的資源量。這些資源量從邏輯上說都是貨幣形態，所以通常將其稱為現金流量。

現金流量包括現金流出量、現金流入量和淨現金流量三個具體概念，它們各自具有不同的內容。

（一）現金流出量

一個投資方案的現金流出量是指在投資和運行該方案所引起的貨幣形式的資源支出數額。現金流出量通常包括：投放在固定資產上的資金；項目建成投產後為開展正常經營活動而需投放在流動資產（原材料、在產品、產成品和應收帳款等）上的營運資金；在項目運行過程中為製造和銷售產品所發生的各種付現成本。

（二）現金流入量

一個投資方案的現金流入量是指在運行該方案過程中所獲得的貨幣形式的資源回收量。現金流入量通常包括：項目投產後每年的現金營業收入（或付現成本降低的金額）；項目報廢時的殘值收入或中途轉讓時的變價收入；項目結束或合同期滿時，收回原來投放在各種流動資產上的營運資金。

（三）淨現金流量

一個投資方案的現金淨流量是指該方案某一時點的現金流入量扣除同一時點的現金流出量後的金額（實務中，時點通常被變通為一個期間，比如一年）。淨現金流量其實就是某一時點的現金存量。在同一時點的基礎上，淨現金流量有如下計算形式：

$$現金淨流量 = 現金流入量 - 現金流出量 \tag{5.1}$$

一個項目的壽命週期全過程，通常被邏輯地劃分為初始階段、營運階段和終結階段。由於不同階段的現金流量內容具有不同的特徵，由此，各階段的現金淨流量計算形式也就不同。

項目的初始階段，主要經濟內容是投入資源形成可運行的項目實體。因此，在項目的初始階段，其現金流量主要表現為現金流出。在更新型的項目中，也具有因為變賣舊項目資源而產生的現金流入量。但初始階段的現金流量就是現金流出，因而其淨現金流量表現為負值，其數額剛好就是現金流出量即投資額。

$$項目的初始階段淨現金流量 = 現金流入量 - 現金流出量 = 0 - 投資額 = -投資額 = -（長期資產投資+營運資金投資） \tag{5.2}$$

如果總的投資額是分成若干次投入，則上式中的投資額則要分成若干次分次計算若干個時點的淨投資額。

【例5-1】某公司投資一項目，除購買3,000萬元已建好的廠房外，還要購置1,000

萬元的設備進行生產，另需要運輸及安裝調試費用 60 萬元。為使項目正常運轉，初期投入原材料等流動資金 700 萬元。

項目的初始階段淨現金流量 = 3,000+1,000+60+700 = 4,760（萬元）

項目的營運階段，主要經濟內容是營運活動的進行。在營運活動中，既產生現金流入，如營業收入將導致收到現金，也要產生營運成本。營運成本的典型特徵是付現性，所以，通常也將營運成本稱為付現成本。凡是邏輯上要在發生的當期以現金支付的成本，就是付現成本。如當期一個購買材料而支付的採購成本、當期要支付的人工工資等。而以營運階段的某一期間（年）的現金流入扣除該期間的現金流出，即得該期間的淨現金流量。而由於項目具有各個期間規模不變的經濟特徵，決定了項目某一年營運結果指標可以表達一般情況，而不必逐期計算全營運過程情況。

在不考慮所得稅的情況下，項目的正常營運時期某一期的淨現金流量為：

營業現金淨流量 = 現金流入量-現金流出量
$$= 營業收入-付現成本-所得稅費用 \quad (5.3)$$

其中，付現成本 = 成本-折舊，則以上公式可做如下變形：

營業現金淨流量 = 營業收入-付現成本-所得稅費用
$$= 營業收入-（成本-折舊）-所得稅費用$$
$$= 淨利潤+折舊（所有長期性項目在本期的折舊攤銷） \quad (5.4)$$

如投資方案不能單獨計算盈虧，或該投資方案不增加銷售收入，但能使企業支付的付現成本減少。其現金淨流量可按下式計算：

$$現金淨流量 = 付現成本節約額（原付現成本-現付現成本） \quad (5.5)$$

【例 5-2】某公司項目投產後，每年增加營業收入 90 萬元，增加付現成本 62 萬元，每年折舊額 5 萬元，當年所得稅稅率 25%，經營期內每年的現金淨流量為多少？

項目經營期內每年的現金淨流量 = [90-（62+5）] × (1-25%) + 5 = 22.25（萬元）

項目終結階段，主要經濟內容是清算項目並收回那些尚未收回的剩餘投資資源。投入項目中的長期性資產，在項目的每一個營運期間都以折舊攤銷的方式，得以收回。因此，在項目終結階段上，長期資產僅僅只剩餘殘值，並被以變現價格的方式收回。而投入項目中的流動性資產，雖然每一營運期都變現至少一次，但是必須在下一期又重新完全地被再次投入。顯然，投入的流動資產在項目營運階段上是反覆地投入又收回，如此循環往復，形成流動資產的週轉運動而不能離開營運過程。因此，流動資產是在項目終結階段上，才能被一次全額（理論上是如此）地得以回收。由此有終結階段上的淨現金流量的計算如下：

終結期淨現金流量 = 現金流入量-現金流出量
$$=（長期資產殘變淨值+流動資產全值）-0 \quad (5.6)$$

【例 5-3】某公司投資項目結束時，預計廠房變價淨收入 300 萬元，設備變價淨收入為 200 萬元。同時收回占用流動資金 600 萬元。

終結期淨現金流量 = 300+200+600 = 1,100（萬元）

【例 5-4】某項目需要投資 1,250 萬元，其中固定資產 1,000 萬元，開辦費 50 萬元，流動資產 200 萬元。建設期為 2 年。固定資產和開辦費於建設起點投入，流動資金

於完工時投入。該項目的壽命期為 10 年。固定資產直線法折舊，殘值為 100 萬元；開辦費從投產後 5 年平均攤銷；流動資金項目終結時一次收回。投產後各年的收入如表 5-1 所示。

表 5-1　　　　　　　　　　　　　　　　　　　　　　　　　單位：萬元

年限	第一年	第二年	第三年	第四年	第五年	第六年	第七年	第八年	第九年	第十年
收入	300	650	750	950	1,150	1,225	1,425	1,625	1,725	1,825

付現成本率為 60%。所得稅稅率為 25%。計算項目各年淨現金流量。

$NCF_0 = -(1,000+50) = -1,050$（萬元）；

$NCF_1 = 0$（萬元）；

$NCF_2 = -200$（萬元）；

$T_3 = [300 - (300 \times 60\%) - 90 - 10] \times 25\% = 5$（萬元），$NCF_3 = 300 - 300 \times 60\% - T_3 = 115$（萬元）；

$T_4 = [650 - (650 \times 60\%) - 90 - 10] \times 25\% = 40$（萬元），$NCF_4 = 650 - 650 \times 60\% - T_4 = 220$（萬元）；

$NCF_5 = 250$（萬元），$NCF_6 = 310$（萬元），$NCF_7 = 370$（萬元），$NCF_8 = 390$（萬元）；

$NCF_9 = 450$（萬元），$NCF_{10} = 510$（萬元），$NCF_{11} = 540$（萬元），$NCF_{12} = 870$（萬元）

項目的現金流量是依據項目的計劃而確定的以貨幣形式表現出來的資源收支數額，是評價項目的基礎。對項目做基本的可行性評價時，就是將項目壽命週期全部現金流量在考慮時間價值上的基礎上，以結果來衡量項目是否可行。

二、項目的現金流量計算

（一）單純固定資產投資項目

$$\text{某年的淨現金流量} = \text{該年發生的固定資產投資額} \quad (5.7)$$

營運期某年所得稅前淨現金流量＝該年因使用該固定資產新增的息稅前利潤＋該年因使用該固定資產新增的折舊＋該年回收的固定資產淨殘值　　　　（5.8）

營運期某年所得稅後淨現金流量＝營運期某年所得稅前淨現金流量－該年因使用該固定資產新增的所得稅　　　　（5.9）

（二）完整工業投資項目

$$\text{建設期某年淨現金流量} = \text{該年原始投資額} \quad (5.10)$$

如果項目在營運期內不追加流動資金投資，則完整工業投資項目的營運期所得稅前淨現金流量可按以下簡化公式計算：

營運期某年所得稅前淨現金流量＝該年息稅前利潤＋該年折舊＋該年攤銷＋該年回收額－該年維持營運投資　　　　（5.11）

完整工業投資項目的營運期所得稅後淨現金流量可按以下簡化公式計算：

某年所得稅後淨現金流量（NCF_1）＝該年息稅前利潤×（1－所得稅稅率）＋該年折舊＋該年攤銷＋該年回收額－該年維持營運投資＝該年自由現金流量　　　(5.12)

營運期自由現金流量是指投資者可以作為償還借款利息和本金、分配利潤、對外投資等財務活動資金來源的淨現金流量。

如果不考慮維持營運投資，而且回收額為零，則營運期所得稅後淨現金流量又稱為經營淨現金流量。按照有關回收額均發生在終結點上的假設，營運期內回收額不為零時的所得稅後淨現金流量也稱為終結點所得稅後淨現金流量；顯然終結點所得稅後淨現金流量等於終結點那一年的經營淨現金流量與該期回收額之和減去維持營運投資。

（三）更新再造投資項目

某年淨現金流量＝該年發生的新固定資產投資－該年舊固定資產變價淨收入
　　　(5.13)

所得稅後淨現金流量的簡化公式為：

第一年所得稅後淨現金流量＝該年因更新改造而增加的息稅前利潤×（1－所得稅稅率）＋該年因更新改造而增加的折舊額＋因舊固定資產提前報廢發生淨損失而抵減的所得稅額　　　(5.14)

其他各年所得稅後淨現金流量＝該年因更新改造而增加的息稅前利潤×（1－所得稅稅率）＋該年因更新改造而增加的折舊額＋該年回收新固定資產淨殘值超過假定繼續使用的舊固定資產淨殘值之差額　　　(5.15)

第三節　項目投資的評價方法

導入案例

XH公司決定進行投資，現在有甲、乙兩個可選方案，兩個方案的初始總投資為100萬元，經濟壽命均為10年。如果按照甲方案，則60萬元作為長期性資產投入，而40萬元則以流動資產投入，並且前五年每年的利潤為15萬元，而後五年每年利潤為10萬元。如果按照乙方案，則流動資產和長期資產各投入50萬元，每年利潤為12萬元。

現在在決策者面前的問題集中表現為：做何種選擇才能使抉擇正確合理，所獲取的經濟效益最大？

顯然，這裡涉及的關鍵問題就是，要有一定的方法來解決問題。

投資決策評價指標雖然有很多種分類，但一般以是否考慮資金時間價值進行分類，主要分為靜態評價指標和動態評價指標兩類。靜態評價指標主要是投資回收期和投資收益率；動態評價指標則主要是淨現值、現值比率和內涵報酬率。

一、靜態評價指標

靜態評價指標主要是評價沒有考慮貨幣時間價值因素的影響。

(一) 投資回收期

投資回收期是指投資經營項目引起的現金淨流量累計總額抵償原始投資所需要的時間。

如果現金流入量的原始投資是分幾次投入的，則可以使下列等式成立的 n 為回收期。

$$\sum_{X=0}^{n} IX = \sum_{X=0}^{n} OX \tag{5.16}$$

如果原始投資一次性支付，每年現金淨流量相等。

$$投資回收期 = \frac{原始投資額}{每年現金淨流量} \tag{5.17}$$

(二) 年平均投資收益率

$$投資收益率 = \frac{每年平均利潤}{項目總投資} \tag{5.18}$$

靜態評價指標的優點是計算簡單，但由於沒有考慮資金時間價值的影響，可能會使投資決策失誤，所以只能用來做輔助參考指標。

具體地，投資回收期只考慮了回收期的時間段落，而回收期之外的貢獻經濟價值的項目時間的長短，則未能加以考慮。至於年平均投資收益率，則僅僅只考慮利潤而不是更為全面的現金流量。

【例5-5】某企業打算投資，現在有兩個可選方案，方案 A 和方案 B 都是初始投資為 10,000 元，方案 A 每年的現金淨流量為 6,000 元，每年利潤為 1,000 元；方案 B 每年的現金淨流量為 4,000 元，每年利潤為 1,200 元。請分別用兩種方法評價應該選用哪種方案。

方案 A：投資回收期 = 10,000÷6,000 ≈ 1.67 (年)
　　　　投資收益率 = 1,000÷10,000 = 10%
方案 B：投資回收期 = 10,000÷4,000 = 2.5 (年)
　　　　投資收益率 = 1,200÷10,000 = 12%

表 5-2　投資項目的有關資料　　　　　　　　　單位：萬元

時間（年）	0	1	2	3
方案 A：淨收益 　　　　淨現金流量	-10,000	1,000 6,000	1,000 6,000	
方案 B：淨收益 　　　　淨現金流量	-10,000	1,200 4,000	1,200 4,000	1,200 4,000

表 5-3　投資回收期的計算　　　　　　　　單位：萬元

	時間（年）	淨現金流量	回收額	未回收數	回收時間
方案 A	0	-10,000		10,000	
	1	6,000	6,000	4,000	1
	2	6,000	4,000		0.67
	合計回收時間（投資回收期）= 10,000÷6,000 ≈ 1.67（年）					
方案 B	0	-10,000		10,000	
	1	4,000	4,000	6,000	1
	2	4,000	4,000	2,000	1
	3	4,000	2,000		0.5
	合計回收時間（投資回收期）= 10,000÷4,000 = 2.5（年）					

二、動態評價指標

這類指標的共同特點是對所有的現金流量進行折現，將不同時點的現金流量折現到同一時點上進行計算，常用的指標有淨現值、現值比率和內含報酬率。

（一）淨現值（Net Preset Value，NPV）

淨現值是指投資特定項目所收到的淨現金流量按預定的貼現率折算的現值。其計算公式是：

$$淨現值 = \sum_{t=0}^{n}(第\,t\,年現金流入量 - 第\,t\,年現金流出量)/(1+i)^t$$

式中：n——項目的壽命期；
　　　i——預定的折現率。

淨現值是描述投資回收內容及其結果狀態的指標。當淨現值為正值時，首先，投資者原始投資得以安全完整地回收。其次，以所用折現率作為增值率的目標增值額，也得以實現。這就意味著投資者的目標得以實現。最後，項目還獲取到超過投資者目標的利益回收。通常將這一回收稱為超目標回收。而超目標回收額的現值，就是淨現值。如果項目的淨現值為零，則表示原始投資額與投資目標完整實現，但是沒有獲得超目標回收。如果淨現值為負值，則不僅投資目標未能實現，還有可能存在虧蝕原始投資的情況。

使用淨現值指標評價投資項目時，投資方案的淨現值為正時表明方案的內在報酬率大於所用的折現率，說明投資方案具有優良的投資經濟可行性。若投資方案的淨現值為零，投資方案也具有可行性。只有當投資方案的淨現值為負時，表明此方案的內在報酬率小於預定的折現率，因此方案不具有經濟可行性。

對於淨現值為正的互斥方案，企業應該選擇淨現值最大者。

下面，我們仍以上題為例說明淨現值的計算方法，以及如何利用淨現值指標進行長期投資決策分析。

【例 5-6】根據表 5-2 的資料，假設貼現率為 10%，請計算上述兩個方案的淨

現值。

解：根據淨現值計算公式分別計算方案 A 與方案 B 的淨現值：

淨現值（A）＝ 6,000×(P/A,10%,2)－10,000 ＝ 6,000×1.735,5－10,000 ＝ 413

淨現值（B）＝ 4,000×(P/A,10%,3)－10,000 ＝ 4,000×2.486,9－10,000 ＝ －52.4

方案 B 的淨現值小於零，說明該方案的報酬率小於預定報酬率 10%，如果項目要求的最低報酬率或資本成本率為 10%，則此方案無法給企業最終帶來效益，因此應該放棄該方案。方案 A 的淨現值大於零，表示此方案可行。

淨現值的特點：淨現值指標的優點是綜合考慮了資金時間價值、項目計算期內的全部淨現金流量和投資風險。其缺點是：無法從動態的角度直接反應投資項目的實際收益率水準，而且計算比較繁瑣。只有淨現值指標大於或等於零的投資項目才具有財務可行性。

（二）現值比率

現值比率是指投資項目的現金回收額的現值占原始投資額現值的比率，也叫投資報酬率。其計算公式如下：

$$現值比率 = \frac{現金流入現值}{原始投資總額的現值} \tag{5.20}$$

如果某方案的現值比率大於 1 時就能接受此方案，因為它的報酬率大於預定的貼現率，現金流入的現值大於現金流出的現值；反之，不宜接受該方案。

【例5-7】根據表 5-2 的資料，假設折現率為 10%，請計算上述兩個方案的現值比率。

解：方案 A 的現值比率 $= \dfrac{6,000\times(P/A,10\%,2)}{10,000} = \dfrac{6,000\times1.735,5}{10,000} = 1.04$

方案 B 的現值比率 $= \dfrac{4,000\times(P/A,10\%,3)}{10,000} = \dfrac{4,000\times2.486,9}{10,000} = 0.99$

方案 A 的獲利指數大於 1，表明其報酬率超過預定的貼現率，表明此方案可以接受；方案 B 的獲利指數小於 1，表明其報酬率沒有達到預定的貼現率，此方案不可取。

（三）內含報酬率（內部收益率）（Internal Rate of Return，IRR）

內含報酬率是項目投資實際可望達到的收益率，實質上是使項目的淨現值等於零的收益率。

內部收益率（IRR）的計算，IRR 滿足下列等式：

$$\sum_{t=0}^{n}\left[NCF_t \times (P/F, IRR, t) \right] = 0$$

確定內部收益率指標的方法具體有特殊方法、一般方法和插入函數法三種。

1. 內部收益率指標計算的特殊方法

本方法又稱為簡便算法，應用它的條件十分苛刻，只有當項目投產後的淨現金流量表現為普通年金的形式時才可以直接利用年金現值系數計算內部收益率。其計算公式為：

$$(P/A, \text{IRR}, n) = \frac{1}{\text{NCF}} \tag{5.21}$$

必要時還需要應用內插法。

2. 內部收益率指標計算的一般方法

本方法就是採用逐次測試逼近法結合應用內插法的方法。

3. 內部收益率指標計算的插入函數法

本方法是指運用 Windows 系統的 Excel 軟件，通過插入財務函數「IRR」，並根據計算機系統的提示正確地輸入已知的電子表格中的淨現金流量，來直接求得內部收益率指標的方法。

按插入函數法計算的結果不可能與其他方法計算的結果一致，也無法調整。

三、幾種指標的比較

（一）投資收益率

投資收益率指標的優點是簡單、明了、易於掌握，指標不受建設期的長短、投資的方式、回收額的有無以及淨現金流量的大小等條件的影響，能說明投資方案的收益水準。投資收益率指標的缺點：沒有考慮資金時間的價值因素，不能正確地反應建設期的長短及投資方式的不同對項目的影響；指標的分子、分母時間特徵不一致（分子時期指標，分母時點指標），因而在計算口徑上可比基礎較差；該指標的計算無法直接利用淨現金流量信息。

（二）投資回收期

投資回收期是一種簡稱，實際應稱作靜態投資回收期，又叫全部投資回收期。它是指以投資項目經營淨現金流量抵償原始總投資所需的全部時間。它主要表現在投資全部現金流量表的「累計淨現金流量」中。投資回收期的優點：可直接反應原始總投資的本金回收期限，便於理解，計算也不難。其缺點：沒有考慮資金時間的價值因素，又未考慮回收期滿後繼續發生的現金變化。

（三）淨現值

淨現值是指在項目計算期內，按行業基準收益率或其他設定折現率計算的各年限淨現金流量現值的代數和。

淨現值法的優點：①考慮了資金的時間價值，增強了投資的經濟性評價；②考慮了項目計算期內的全部淨現金流量，體現了流動性與收益性的統一；③考慮了投資風險性。

淨現值法的缺點：①不能從動態角度直接反應項目的實際收益率水準；②淨現金流量的測量和折現率的確定比較困難；③淨現值計算比較麻煩，且較難理解和掌握。

（四）內部收益率

內部收益率又叫內含報酬率，是指項目投資實際可望達到的報酬率。內部收益率

法的優點：非常注重資金的時間價值，能從動態的角度直接反應投資項目的實際收益水準，且不受行業基準收益率高低的影響，比較客觀。

(五) 現值比率

現值比率是一個相對數，因此解決了不同投資方案之間的淨現值缺乏可比性的問題，使不同投資項目之間可以直接用現值比率進行比較。其缺點：計算過程比較複雜，無法直接反應投資項目的直接收益率，計算口徑也不統一。

第四節　項目投資實務

導入案例

AB 公司現在面臨一個生產經營問題，原有一條生產線比較舊了，可以繼續使用，也可以淘汰舊生產線，購買新生產線。如果繼續使用舊生產線，還可以使用四年。如果購買新生產線，則將要支付一大筆現金，但是，產出水準將有所提高。且新生產線的使用壽命是十年。

對於上述問題，公司除了要使用前述項目投資評價方法外，還需要對投資評價方法的運用做出適當變通，才能更好地對實務中的投資方案做出準確評價。

一、固定資產更新決策

固定資產更新是對技術上或經濟上不宜繼續使用的舊資產進行同類資產更換或用高效率的新型設備更換。隨著科學技術的發展，固定資產更新週期大大縮短。儘管舊設備還能繼續使用，公司也要對固定資產進行更新。因此，固定資產更新決策便是公司長期投資決策的一項重要內容。

(一) 使用年限相等項目的更新決策

所謂使用年限相等項目，是指更新的新設備與舊設備可繼續使用的年限相等。因此，可採用差量分析法來計算不同方案之間現量的增減變動，並據此差量來做出是否需要更新的決策。

【例 5-5】A 公司有一臺舊設備，原始成本為 100,000 元，已使用 6 年，預計還可使用 4 年，採用直線法計提折舊，假設使用期滿後無殘值。使用舊設備每年銷售收入為 100,000 元，每年的付現成本為 80,000 元。該公司現在準備用一臺新設備來代替原有的舊設備，舊設備目前的市價為 30,000 元，新設備的購置成本 130,000 元，估計可使用 4 年，期滿殘值為 30,000 元。使用新設備後，每年銷售收入可達 150,000 元，每年付現成本為 90,000 元，假設資金成本為 10%，所得稅稅率為 25%，折舊的計提採用直線法。試問該公司是否應以新設備取代舊設備做出決策。

以新設備為標準，計算兩個方案的差量現金流量。

1. 計算初始投資與折舊現金流量的差量

初始投資 = 130,000−30,000

= 100,000（元）

年折舊額 =（130,000-30,000）/4-100,000/10

= 25,000-10,000

= 15,000（元）

表 5-4　計算兩個方案各年營業現金流量的差量　　　　　　　單位：元

項目 時間	1~4 年
銷售收入①	50,000
付現成本②	10,000
折舊額③	15,000
稅前利潤④=①-②-③	25,000
所得稅⑤=④×25%	6,250
稅後利潤⑥=④-⑤	18,750
營業現金流量⑦=⑥+③	33,750

表 5-5　計算兩個方案現金流量的差量　　　　　　　單位：元

項目 時間	0	1	2	3	4
初始投資	100,000				
營業現金流量		33,750	33,750	33,750	33,750
終結現金流量					30,000
現金流量合計	100,000	33,750	33,750	33,750	63,750

2. 計算兩方案淨現值的差量

NPV = 33,750×（P/A，10%，3）+63,750×（P/F，10%，3）-100,000

= 33,750×2.487+63,750×0.683-100,000

= 27,477.5（元）

計算結果表明，用新設備取代舊設備後，可以增加淨現值 27,477.5 元，故應當購買新設備。

(二) 使用年限不等項目的更新決策

大部分固定資產更新決策都涉及使用年限不相等的投資項目的選擇問題，因為一般情況下更換的新設備的使用年限往往比舊設備繼續使用年限長。使用年限不等，就不能直接用淨現值。而應該使用現值比率和內含報酬率來進行比較。為了使新舊設備的各項指標具有可比性，我們必須設法使兩個項目在相同的使用年限內進行比較。現舉例說明如下：

【例 5-6】B 公司為提高生產效率，計劃用新設備取代舊設備。舊設備原值 250,000 元，每年產生現金淨流量 50,000 元，尚可使用 2 年，2 年後無殘值且必須更新；若現在更換新設備，舊設備可出售 100,000 元，購置新設備需投資 300,000 元，每年產生現金淨流量 100,000 元，使用年限 6 年，6 年後無殘值且必須更新。假設資金成

本為10%，那麼該公司是否該進行設備更新？

如果直接按淨現值進行比較，新舊設備的淨現值可計算如下：

$NPV_{新} = 100,000 \times (P/A, 10\%, 6) - 300,000$

$\quad\quad = 100,000 \times 4.355 - 300,000$

$\quad\quad = 135,500$（元）

$NPV_{舊} = 50,000 \times (P/A, 10\%, 3) - 100,000$

$\quad\quad = 50,000 \times 2.487 - 100,000$

$\quad\quad = 24,350$（元）

結果表明，更新設備更能盈利。

（三）設備租賃或者購買的決策分析

設備租賃是一種契約協議，規定固定資產設備所有者在一定時期內，根據一定的條件，將設備交給使用者，承租人在規定的期限內，分期支付租金，並享有對資產的使用權。在租賃投資決策中，最常見的是租賃和購買的比較分析，兩者的區別在於：租賃投資時分期逐次支付的，而購買則是一次性支付的。

【例5-10】華起公司擬購置一條生產設備價值為100,000元、使用期限為5年，使用期中每年要支付維修費8,000元，5年後預計殘值收入10,000元，公司使用直線法計提折舊。如公司採用借款方式購置該設備，借款的資金成本為6%，每年等額償還本利；如公司採用租賃方式取得該設備，租賃期為5年，每年年初支付租金30,000元（包括承租人對設備的維修費用）。假設公司的所得稅稅率為25%。

根據上述資料，按以下步驟進行計算分析：

（1）計算租賃條件下的稅後現金流出量（見表5-6）。

（2）計算舉債購買設備的稅後現金流出量。

①計算借款的償還額和利息（見表5-7）。

②計算稅後現金流出量（見表5-8）。

（3）計算購買或租賃的現金流出量現值。

根據表5-6、表5-8匯總編製表5-9。

表5-6　租賃條件下的稅後現金流出量　　　　　　　　單位：元

年份	租金支出（1）	稅收抵免 （2）=（1）×25%	稅後現金流出量 （3）=（1）-（2）
0	30,000		30,000
1	30,000	7,500	22,500
2	30,000	7,500	22,500
3	30,000	7,500	22,500
4	30,000	7,500	22,500
5		7,500	-7,500

表 5-7　借款分期償還表　　　　　　　　　　　　　單位：元

年份	償還額（1）	償還利息 （2）=（4）×6%	償還本金 （3）=（1）-（2）	本金餘額 （4）=（4）-（3）
0				100,000
1	23,740	6,000	17,740	82,260
2	23,740	4,936	18,804	63,456
3	23,740	3,807	19,932	43,524
4	23,740	2,611	21,128	22,396
5	23,740	1,344	22,396	0

註：每年償還金額=1,000,000/（P/A, 6%, 5）=100,000/4.212,4=23,740

表 5-8　舉債購買設備的稅後現金流出量　　　　　　單位：元

年份	償還額（1）	利息費（2）	維修費（3）	折舊費（4）	稅收抵免（5）=[（2）+（3）+（4）]×25%	稅後殘值（6）	稅後現金流出量（7）=（1）+（3）-（5）-（6）
1	23,740	6,000	8,000	18,000	8,000	0	23,740
2	23,740	4,936	8,000	18,000	7,734		24,006
3	23,740	3,808	8,000	18,000	7,452		24,288
4	23,740	2,612	8,000	18,000	7,153		24,587
5	23,740	1,344	8,000	18,000	6,836	6,000	18,904

表 5-9　兩個方案淨現值的比較　　　　　　　　　　單位：元

年份	（P/F, 6%, n）（1）	舉債購買 稅後現金流出量（2）	現值（3）=（2）×（1）	租賃 稅後現金流出量（4）	現值（5）=（4）×（1）
0	1	0	0	30,000	30,000
1	0.943	23,740	22,387	22,500	21,218
2	0.890	24,006	21,365	22,500	20,025
3	0.840	24,288	20,402	22,500	18,900
4	0.792	24,587	19,473	22,500	17,820
5	0.747	18,904	14,121	-7,500	-5,603
現值合計			97,748		102,360

計算結果表明，舉債購買的現金流出量現值為 97,748 元，小於租賃設備的現金流出量現值 102,360 元，故公司應通過舉債購買取得所需設備。

二、擴充性投資方案的決策分析

擴充性投資方案是指一個企業需要投入新設備才能增加銷售的投資方案。擴充性投資方案通常包括為增加現有產品的產量或擴大現有的銷售渠道所做的投資決策，以

及為生產新產品或打入新市場所做的投資決策。下面舉例說明。

【例5-11】 新光公司打算新增加一套新設備，公司投資部對該項目進行可行性分析時估計的數據如下：

購買新設備所需投資5,000萬元，該生產線按稅法規定可使用5年，採用直線法折舊，殘值為0。在此會計政策下，預計第一年可產生500萬元的稅前利潤，以後每4年可產生600萬元的稅前利潤。已知公司的所得稅稅率為25%，公司預期的最低報酬率為10%。

公司董事會正在研討該投資項目的可行性問題。

公司董事長認為，按照投資部和財務部提供的經濟數據，該投資項目屬於微利項目。其原因是，該新設備的使用在5年的壽命期內只能創造2,900萬元的稅前利潤，扣除25%的所得稅，稅後利潤約為2,175萬元，根本不能收回最初的投資額5,000萬元，更不要說實現10%的期望最低報酬率。

管理層的經理則認為，從該設備同行業企業的使用情況來看，使用壽命達不到5年，一般只是用4年；如果該生產線4年後淘汰，該項目的報酬率可能達不到公司要求的最低投資報酬率。

要求：根據上述材料計算分析，回答下列問題：

(1) 公司董事長的分析為什麼是錯誤的？
(2) 如果該設備能使用5年，折現率為10%，請按淨現值法評價該項目是否可行。
(3) 如果該生產線只能使用4年，假設折舊方法和稅前利潤都不變，請通過計算回答經理的擔憂是否有道理。

解：(1) 公司董事長的分析以利潤為依據，這是錯誤的。

因為利潤已經扣除了固定資產折舊，而折舊也是投資的回收，應該以投資項目的現金流量作為評價的主要依據。

如果該生產線能使用5年，本項目每年的折舊額為1,000萬元，如果該生產線使用壽命為4年，本項目每年的折舊額為1,250萬元，其經濟活動的稅前利潤第一年為1,500萬元，以後各年為1,600萬元。

(2) 如果該生產線能使用5年，則淨現值為：

NPV(5) = [500×(1-25%)+1,000]×(P/F,10%,1)+[600×(1-25%)+1,000]×(P/A,10%,4)×(P/F,10%,1)-5,000

= [500×(1-25%)+1,000]×0.909,1+[600×(1-25%)+1,000]×3.169,9×0.909,1-5,000

= 428.56(萬元)

淨現值大於零，說明該項目可行。

(3) 如果該生產線能使用4年，折現率為10%，則淨現值為：

NPV(4) = [500×(1-25%)+1,250]×(P/F,10%,1)+[600×(1-25%)+1,250]×(P/A,10%,3)×(P/F,10%,1)-5,000

= [500×(1-25%)+1,250]×0.909,1+[600×(1-25%)+1,250]×2.486,9×0.909,1-5,000

= 320.72(萬元)

淨現值大於零，說明該項目可行。

第六章

金融資產投資

■導入話語

　　一個實體企業，在其運行過程中，會出現資金多餘或短缺的現象。這主要是由於市場是波動的而企業的投入資金具有固定性。當市場擴大而允許企業佔有更大的市場份額時，企業為適應此種情況，就必須追加投入；相反，當市場萎縮時，企業會出現暫時多餘的資本。無論哪一種情況，都要求企業有更加靈活的投融資手段。而進行金融資產投資，就是這樣的一種方法。當企業出現暫時多餘的資本時，其應該將其投資於金融資產上；而當企業出現資本短缺時，則其應出售這種金融資產，以獲得經營活動所需要的資本。

第一節　金融資產投資概述

導入案例：

　　在 HX 公司的戰略投資討論會上，財務顧問面臨一個問題，有管理人員提出諮詢，要求財務顧問將金融資產為何物、有何特點，企業持有這樣的資產有何價值一系列問題給出說明。財務顧問對此做了如下簡要說明：①金融資產主要表現形式為各種可投資的有價證券；②這種資產並非一個實體企業必須具有的；③實體企業持有這種資產，可以給企業帶來經濟利益、可以給企業資本管理上起到調劑餘缺的作用。

一、金融資產投資的含義和目的

（一）金融資產投資的含義

　　金融資產是指能夠在未來給投資者帶來收益的資本證券。常見的金融資產包括股票、債券、基金以及衍生金融產品。金融資產通常是相對於實體性資產而言的。金融

資產投資是指投資者將貨幣資金投資於金融資產，從而獲取收益的一種投資行為。

(二) 金融資產投資的目的

1. 暫時存放閒置資金

金融資產投資在多數情況下都是出於預防的動機，以替代較大量的非營利性的現金餘額。

2. 與籌集長期資金相結合

處於長期經營或擴張期的公司一般每隔一段時間就會發行長期證券，所獲得的資金往往不會一次用完，企業可將暫時閒置的資金投資於金融資產，以獲取一定的收益。

3. 滿足未來的財務需求

企業根據未來對資金的需求，可以將現金投資於期限和流動性較為恰當的證券，在滿足未來需求的同時獲得金融資產投資帶來的收益。

4. 滿足季節性經營對現金的需求

從事季節性經營的公司在資金有剩餘的月份可以投資金融資產，而在資金短缺的季節將金融資產變現。

5. 獲得對相關企業的控制權

通過購入相關企業的股票可以實現對企業的控制。

二、金融資產投資的種類

金融資產投資的分類要以金融資產的分類為基礎，按不同標準可以進行以下不同的分類。

(一) 按金融資產的發行主體分類

按發行主體不同，金融資產可以分為政府債券、金融證券和公司證券。政府債券的發行主體是中央政府和地方政府；金融證券的發行主體是銀行或其他金融機構；公司證券又稱企業證券，其發行主體是實體性的工商企業。一般而言，這些證券中，政府債券的風險較小，金融證券次之，公司證券的風險視企業的規模、財務情況和其他情況而定。

(二) 按金融資產的期限分類

按期限長短不同，金融資產可以分為短期金融資產和長期金融資產。短期金融資產是指期限短於一年(含一年)的證券，如短期國債、商業票據、銀行承兌匯票等。長期金融資產是指期限長於一年的金融資產，如股票、債券等。一般來說，短期金融資產的風險小，變現能力強，但收益相對較低；而長期金融資產的收益一般較高，但時間長、風險大。

(三) 按金融資產的收益狀況分類

按收益狀況不同，金融資產可以分為固定收益金融資產和變動收益金融資產。固定收益金融資產是指某些金融資產的票面上規定有固定的收益率，如債券和優先股，

票面上規定了固定的利息和股息率。變動收益金融資產是指金融資產的票面上沒有標明固定的收益率，其收益情況隨企業經營狀況的變動而變動，普通股股票是最典型的變動收益金融資產。一般來說，固定收益金融資產的風險比較小，收益不高；而變動收益金融資產的風險大，但收益較高。

金融資產具有多樣性。與此相對應，金融資產投資的種類也是多種多樣的。按不同標準，也可以對金融資產投資進行不同的分類。本章將根據金融資產的投資對象，按照債券投資、股票投資和其他金融資產投資進行討論。

三、金融資產投資的特點

金融資產投資是近些年來投資市場比較流行的一種方式。相對於實物投資而言，它具有如下特點：

(一) 流動性強

由於金融資產是一種貨幣性資產，這種資產的變化不受實物體運動規律的約束。所以，相對於實體資產而言，其表現出明顯的高流動性特徵。

(二) 價格不穩定

由於金融資產的價格形成受人為因素的影響較大，因而其價格更易於波動，並且還因此具有較大的投資風險。

(三) 交易成本低

金融資產的交易一般是在金融市場上完成的。金融市場是一個遠較實體商品市場充分的市場。同時，在金融市場上交易金融商品，通常都是標準化合約的交易形式。金融市場的這些特徵導致金融資產交易過程快速、簡捷，因而也就使得其交易成本較低。

四、金融資產投資的基本程序

(一) 選擇投資對象

一般來講，如果企業進行金融資產投資的目的是尋求未來的最大化收益。那麼，應該選擇哪些證券作為投資對象才能滿足投資者的預期，就成為一個關鍵的問題。通常，收益水準高的證券，風險也就相應高一些；反之，收益水準低的證券，風險當然就相對較低。投資者進行金融資產投資必須要在收益水準和風險這兩個經濟性質相反的因素上權衡。如果是為了分散投資風險，投資者就應該在行業選擇的基礎上選擇適合自身情況的證券作為投資對象。如果企業的抗風險能力較強，又擁有專業的投資人才，則可以適當地選擇某些盈利能力較強的股票或等級較低的公司債作為投資對象。如20世紀80年代，一些美國的投資者就因為投資於低等級、高風險、高收益的「垃圾債券」而獲得了較高的收益。

(二) 開戶與委託

金融資產投資必須通過那些有資格進入證券交易所進行交易的證券商（作為經紀人）代為進行。這樣，金融資產投資者就面臨著一個選擇恰當的證券商作為自己的經紀人的問題。選定經紀人後，投資者要在經紀人處開立戶頭，從而確立委託買賣關係。投資者開立的戶頭分為現金帳戶和保證金帳戶兩種。其中：現金帳戶要求投資者在購入金融資產時必須支付所需的全部資金；保證金帳戶的開立者在購入金融資產時只要支付一定數量的資金即可，不足部分可由證券商代為支付，過後再由投資者歸還給經紀人。

投資者開戶後，就可以向經紀人下委託指令，進行金融資產投資了。委託指令大致可以分為市價委託、限價委託、停機委託幾種。投資者向經紀人發出委託指令有多種方式，最常見的有書面委託、電話委託和電腦委託等形式。

(三) 交割與清算

金融資產交易成功後，買賣雙方要互相交付價款和金融資產。比如某投資者買入一筆股票，買賣成立後，他要向股票的賣方交付價款、收取股票；而賣方則要向他交付股票、收取價款，這一過程，即為金融資產的交割。

(四) 過戶

對於不記名的金融資產，投資者辦完交割手續後，交易程序即告結束。如果投資者買的是記名的金融資產，則還需要辦理過戶手續。投資者只有辦理了過戶的手續，才能享有金融資產所有權的權益。

第二節　債券投資決策

導入案例：

HX 公司的董事會和經理層人員在公司的投資發展研討會上，詢問了財務顧問一個問題：為什麼一個公司發行公司債券時，要清楚地印上票面價，而在具體出售債券時，又不能按照票面價而只能隨行就市地出售。對此，財務顧問做了如下解釋：債券票面價是公司單方面的法律性承諾，而公司發行債券，則是在金融市場中的市場行為，任何市場行為都涉及交易雙方，因而，交易的規則應該由交易雙方來共同確定。作為市場活動的關鍵——交易價格，當然更應由交易雙方來共同確定。債券的發行價格就是債券的市場交易價格。

一、債券投資的定義、目的和相關概念

(一) 債券投資的定義

債券是由企業、金融機構或政府發行的，表明發行人（債務人）對其承擔還本付

息義務的一種有價證券。企業以自有資金購買債券稱為債券投資。

債券投資行為是企業通過購入債券成為債券發行單位的債權人並獲得債券利息的一種投資行為。這種投資行為可以在一級市場（發行市場）上進行，也可以在二級市場（交易市場）上進行；既可以進行長期投資，又可以進行短期投資。

（二）債券投資的目的

企業債券投資的目的主要是與投資的期限有關係。企業進行短期債券投資的目的主要是合理利用暫時閒置資金，調節現金餘額，獲取收益。當企業現金餘額太多時，便投資於債券，使現金餘額減少；反之，當現金餘額太少時，則出售原來投資的債券，收回現金，使現金餘額增加。企業進行長期債券投資的目的主要是獲得穩定的收益。

（三）債券投資的相關概念

與債券投資相關的概念如下：

1. 票面價值

票面價值即債券票面上註明的價值，簡稱為面值。一般而言，面值是發行公司對債券的市場價值的一個預估或期盼。債券面值是發行公司對投資者的法律承諾，在債券到期時，保證向投資者歸還面值金額。同時，債券面值還是確定投資者的票面形式收益水準的基礎。

2. 置存期

置存期是指債券作為一項債務在法律上存續的時間長度。這一時間長度包括從債券發行日至到期日之間的整個時間過程。在實務中，通常還要把這一時間過程平均地劃分為若干時間段落，每一時間段落應該完成一次計息。最常見的時間段落就是一個日曆年度。

3. 票面利息率

票面利息率是指發行者對投資者所做的投資報酬的名義水準的法律性承諾。發行人需按契約規定的時點支付按照票面利息率所規定的利息額。顯然，票面利息率對投資者而言，決定了其投資收益的名義水準，而對於發行者而言，則是其必須支付的名義資本成本率。

從技術上來看，票面利息率是以年支付的票面利息除以面值而形成的指標。例如，某公司的每張債券面值為 1,000 元，每年支付利息 90 元，其票面利息率為 90÷1,000 ＝9%。

4. 新發行的債券與發行在外的債券

剛剛發行的債券是新發行債券，而在市場上流通了一定時期的債券歸為發行在外的債券。

新發行的債券一般按其面值出售，但發行在外的並非如此，它取決於當前的經濟條件。

債券的市場價格在很大程度上是靠其票面利息率確定的。也就是說，票面利息率越高，在其他條件不變的情況下，債券的市場價格就越高。

在債券發行時，通常按照使債券的市價等於面值的折現率來確定票面利息率。如

果確定了一個較低的票面利息率，投資者將不願意以面值購買債券；如果確定了一個較高的票面利息率，債券又會以高於面值的價格出售。一般而言，債券的發行者能夠相當精確地確定按面值出售的票面利息率。

二、債券估價模型及影響因素分析

(一) 債券估價模型

購入債券作為一種金融資產投資，現金流出是其購買價格，現金流入是利息和歸還的本金或者出售時得到的現金。債券未來現金流入的現值，稱為債券價值。當債券發行以後便在二級市場上交易，報酬率發生變化時，債券價格也將發生變化。對於投資者而言，一般只有當債券的價值大於購買價格時，才值得投資。

1. 債券投資計算的基本模型

一般情況下的債券價值計算模型是指按複利方式計算債券價值的方式。其計算公式為：

$$P = \sum_{t=1}^{n} \frac{I}{(1+K)^t} + \frac{F}{(1+K)^n}$$
$$= I \times (P/A, K, n) + F \times (P/A, K, n) \tag{6.1}$$

式中：P——債券價值；

　　　I——每年利息；

　　　F——債券面值；

　　　K——貼現率，即市場利率（投資者要求的必要投資率）；

　　　n——債券到期前的年數。

【例 6-1】某種債券面值為 100 元，期限為 3 年，票面利率為 8%。現有某投資者想要投資這種債券，目前市場利率為 10%，則當債券價格為多少時該投資者才能進行投資？

根據公式（6.1）得：

$P = 100 \times 8\% \times (P/A, 10\%, 3) + 100 \times (P/F, 10\%, 2)$
$\quad = 8 \times 2.486,9 + 100 \times 0.751,3$
$\quad = 95.03$（元）

即該投資者如果能以低於 95.03 元的價格買到這種債券，對他來說是一項正淨現值的投資，債券的價值比他支付的價格要高。如果他必須支付高於 95.03 元的價格，它就是一項負淨現值的投資。當然，價格剛好是 95.03 元，它是一項公平投資，淨現值為零。

2. 利隨本清債券價值的計算

中國大多數債券採取利隨本清即一次還本付息方式。其價值的計算公式為：

$$P = \frac{F+I}{(1+K)^n}$$
$$= (F+F \times i \times n) \times (P/F, K, n) \tag{6.2}$$

【例 6-2】某投資者準備投資一家公司發行的利隨本清的公司債券，該債券面值

1,000元，期限3年，票面利率為8%，不計複利。目前市場利率為6%，則該債券價格為多少時，投資者才能購買？

根據公式（6.2）得：

$P = (1,000+1,000 \times 8\% \times 3) \times (P/F, 6\%, 3)$

$= 1,240 \times 0.839,6$

$= 1,037.76（元）$

即當該債券價格低於1,037.76元時，投資者買入可以獲得正的淨現值。

3. 零息債券價值的計算

零息債券又稱純貼現債券，它是以貼現方式發行的債券，一般都沒有票面利率，只支付終值，即到期按面值償還。其價值的計算公式為：

$$P = \frac{F}{(1+K)^n}$$

$$= F \times (P/A, k, n) \tag{6.3}$$

【例6-3】某種零息債券面值為1,000元，期限5年。現有某投資者想要投資這種債券，目前市場利率為10%，則當債券價格為多少時該投資者才能進行投資？

根據公式（6.3）得：

$P = 1,000 \times (P/F, 10\%, 5)$

$= 1,000 \times 0.620,9$

$= 620.9（元）$

即當該債券價格低於620.9元時，投資者買入比較有利。

(二) 影響債券價值的因素分析

1. 債券價值與市場利率的關係

債券定價的基本原則是：市場利率等於債券票面利率時，債券的市場價值就是其面值；市場利率高於債券票面利率時，債券的市場價值就低於其面值；如果市場利率低於債券票面利率，債券的市場價值就高於其面值。所有類型債券的估價都遵循這一原則。

2. 債券價值與債券到期時間的關係

債券價值不僅受到必要報酬率的影響，而且受到債券到期時間的影響。債券到期時間是指當前日至債券到期日之間的時間間隔。隨著時間的延續，債券的到期時間逐漸縮短，至到期日時為零。不論市場利率高於或低於票面利率，只要市場利率保持不變，債券價值都會隨到期時間的縮短逐漸向債券面值靠近，至債券到期日，債券價值等於債券面值。

3. 債券價值與利息支付頻率的關係

不同的利息支付頻率也會對債券價值產生影響。純貼現債券在到期日前購買不能得到任何現金支付，因此也稱為零息債券。零息債券沒有明確的利息計算規則，通常採用按年計息的複利計算規則。平息債券是指利息在到期日內平均支付的債券，其支付頻率可能是一年一次、半年一次或者每季度一次等。永久公債是指沒有到期日、永不停止定期支付利息的債券。

4. 已流通債券價值與付息日的關係

流通債券是指已經發行並且在二級市場上流通的債券。流通債券不同於新發行債券，已經在市場上流通了一段時間，在估價時需要考慮當前至下一次利息支付的時間因素。流通債券的特點是：到期時間短於債券發行在外的時間；估價的時點不在發行日，可以是任何時點。流通債券的估價方法有兩種：一種是以現在為折算時間點，歷年現金流量按非整數計息期折現；另一種是以最近一次付息時間為折算時間點，計算歷次現金流量的現值，然後將其折算到當前時點。流通債券的價值會在兩個付息日之間呈週期性波動。對於折價發行債券，其發行後價值逐漸升高，在付息日由於支付利息而價值下降，然後又逐漸上升，總的趨勢是波動上升，越臨近付息日，利息的現值越大，債券的價值有可能超過面值，付息日後債券的價值下降。因此，流通債券估價必須注意付息日，分別對每期利息和最後的本金折現。

三、債券投資到期收益率的計算

在實踐中，債券的期望報酬率是用到期收益率來估計的。

債券到期收益率是指債券市場價格等於其約定未來現金流量現值的年利率。

債券價值計算的基本模型為：

$$P = I \times (P/A, i, n) + F \times (P/F, i, n) \tag{6.4}$$

由於我們無法直接計算收益率，所以必須先用試誤法測算出收益率的範圍，再用內插法求出收益率。

【例6-4】某公司於2012年5月10日以912.5元購入當天發行的面值為1,000元的公司債券，其票面利率為6%，期限為6年，每年5月1日計算並支付利息。則該公司到期收益率是多少？

根據債券價值計算的基本模型得：

$912.50 = 1,000 \times 6\% \times (P/A, K, 6) + 1,000 \times (P/F, K, 6)$

（1）先用試誤法測試。

當 $K = 7\%$ 時：

$P = 1,000 \times 6\% \times (P/A, 7\%, 6) + 1,000 \times (P/F, 7\%, 6)$

$= 60 \times 4.766,5 + 1,000 \times 0.666,3$

$= 952.29$（元）

由於952.29元大於912.50元，說明收益率應大於7%。

再用 $K = 8\%$ 試算：

$P = 60 \times (P/A, 8\%, 6) + 1,000 \times (P/F, 8\%, 6)$

$= 60 \times 4.622,9 + 1,000 \times 0.630,2$

$= 907.57$（元）

由於907.57元小於912.50元，說明收益率應小於8%，即應在7%~8%。

（2）用內插法計算收益率。

$$\frac{7\% - K}{7\% - 8\%} = \frac{925.29 - 912.50}{925.29 - 907.57}$$

$K = 7\% + 0.89\%$

$$= 7.89\%$$

由於試誤法計算比較麻煩，為了簡化計算，我們還可以採用下面的方法求得收益率的近似值。

$$K = \frac{I+(F-P)/n}{(F+P)/2} \qquad (6.5)$$

將上列數據代入公式（6.5）得：

$$K = \frac{60+(1,000-912.50)/6}{(1,000+912.50)/2}$$

$$= 7.79\%$$

到期收益率是指導選購債券的標準，它反應債券投資按複利計算的真實收益率。一般情況下，當其高於投資者要求的報酬率時，就可以買進，否則就應該放棄。

四、債券投資的優缺點

（一）債券投資的優點

1. 本金安全

與股票相比，債券投資風險比較小。政府發行的債券有國家財力做後盾，其本金的安全性非常高，通常視為無風險的金融資產。企業債券的持有者擁有優先求償權，即當企業破產時，債權人優先於股東分得企業資產，因此，其損失的可能性較小。

2. 收入穩定

債券票面一般都有固定利息率，債券的發行人有按時支付利息的法定義務。因此，在正常情況下，投資於債券都可以獲得比較穩定的收入。

3. 流動性好

大部分債券都具有較好的流動性。政府及大企業發行的債券都可以在金融市場上迅速出售，流動性好。

（二）債券投資的缺點

1. 購買力風險較大

債券的面值和利率在發行時就已經確定，如果投資期間通貨膨脹率比較高，則本金和利息的購買力將不同程度地受到侵蝕。在通貨膨脹率非常高時，投資者雖然名義上有收益，但實際上可能有損失。

2. 沒有經營管理權

投資於債券只是債權人獲得收益的一種手段，債權人無權對債券發行單位施以影響和控制。

第三節　股票投資決策

導入案例

YX 證券公司的客戶經理李先生在接待客戶被問及一個問題：股票既不能吃，又不能穿，為什麼卻可以對其進行買賣？李先生回答道，是的，股票不能吃也不能穿，但是，股票可能給投資持有者帶來利益。僅僅只是這一點，股票就可以買賣。

李先生的領導聽到這一解釋，認為李先生回答得非常巧妙，但同時又追問了一句：股票為什麼可以給持有者帶來收益呢？

一、股票投資的概念

(一) 股票投資的定義

股票是股份公司為籌集自有資金而發行的有價證券，是持股人擁有被投資公司股份的基本憑證，股票持有者擁有對股份公司的重大決策權、盈利分配要求權、剩餘財產求索權和股份轉讓權。企業購買其他企業發行的股票，稱為股票投資。

(二) 股票投資的目的

企業進行股票投資的目的：一是獲利；二是控股。獲利是企業進行股票投資的短期目的，企業購買股票後可定期獲得股利，並在未來出售股票獲取資本利得（股票買賣差價）。控股是企業股票投資的長期目的，通過購買某一企業的一定數量股票控制該企業。

二、股票投資的種類

股票有兩種基本類型，即普通股和優先股。普通股代表股東在公司裡的剩餘所有者權益。也就是說，普通股股東是公司的所有者，他們選舉公司的董事。遇到公司清理時，按比例優先分配滿足優先股股東和在法律上也具有優先權的其他權益人（如政府得到拖欠的稅款），之後普通股股東取得剩餘財產。

普通股股東獲得的股利，是從公司支付利息後的盈利中支付的。但支付股利不是公司的合同義務。如果公司沒有盈利，某些情況下法律可能禁止發放股利。因此，普通股股東比優先股股東承擔了更大的風險。他們將要得到的支付更加不確定。實際上，普通股沒有明確規定未來的支付。當然，我們期望公司至少在未來的某些時候能向普通股股東發放現金股利。

優先股有比普通股高但比公司債券低的優先要求權。它有一個設定的現金股利率，就像設定債券利率一樣。但是如果公司不能發放股利，優先股股東不能強迫公司破產。與普通股股東相比，優先股股東只有非常有限地參與公司事務的權力。

因此，優先股是「混合證券」，它在金融證券的法律優先等級上介於債券和普通股之間。優先股的風險也介於公司普通股和公司債券之間。當然，既有優先股又想保持

良好財務聲譽的公司會想方設法履行其優先股義務。因此，優先股支付義務看起來很像債券義務。所以，在公司會滿足優先股支付義務的假設條件下，債券價值計算模型也可以用於優先股估值。

這裡僅介紹普通股的投資問題。

三、股票股價模型

股票評價的主要方法是計算價值，並將它與股票市價比較，根據它是低於、高於或等於其市價，再決定是否買入、賣出或繼續持有。

(一) 股票價值計算的基本模型

股票帶給投資者的現金流入包括：股利收入和出售時由價格的上漲（或下跌）形成的資本利得。股票的價值就等於一系列股利和將來出售股票時售價的現值之和。

如果股東永久持有股票，則他就只獲得一個永續的現金流入，即股利收入。這時，股利收入的現值就是股票的價值。其計算公式為：

$$P = \frac{D_1}{(1+K)^1} + \frac{D_2}{(1+K)^2} + \cdots + \frac{D_t}{(1+K)^t} \cdots$$

即：
$$P = \sum_{t=1}^{\infty} \frac{D_t}{(1+K)^t} \tag{6.6}$$

式中：P——股票現在的價值；

　　　D_t——第 t 期的預計估價；

　　　K——貼現率，即投資者要求的必要報酬率。

該公式是股票價值計算的基本模型。它用股票期望未來現金股利流量表來表達。該公式沒有假設未來現金股利的任何特定形式，以及何時出售這一股票。但在實際應用時，必須確定如何預計未來每年的股利，以及如何確定貼現率。由於該模型要求無限期地預計歷年的股利實際上不可能做到，因而應用的模型都是採用簡化方式，如假定每年股利相同或按固定比率增長等。

貼現率應當是投資者所要求的收益率。因為投資者要求的收益率一般不低於市場利率，這也是投資者投資於股票的機會成本，所以通常可以將市場利率作為貼現率。

(二) 短期持有且未來有準備出售的股票價值的計算

在一般情況下，投資者投資於股票，不僅希望得到股利收入，還希望在未來出售股票時從股票價格的上漲中獲得收益。對於這種短期持有且未來準備出售的股票價值，其計算公式為：

$$P = \sum_{t=1}^{n} \frac{D_t}{(1+K)^t} + \frac{P_n}{(1+K)^n} \tag{6.7}$$

式中：P——股票現在的價值；

　　　D_t——第 t 期的預計股價；

　　　P_n——未來出售時預計的股票價格；

　　　n——預計持有股票的期數。

【例6-5】某投資者準備購入某一公司股票，該股票預計最近三年的股利分別為每股 2 元、2.5 元和 2.8 元，三年後該股票的市價預計可達 20 元，目前市場利率為 8%。則當該股票的現行市價為多少時，該投資者才能購買？

$$P = \sum_{t=1}^{n} \frac{D_t}{(1+K)^t} + \frac{P_n}{(1+K)^n}$$

$$= \frac{2}{(1+8\%)^1} + \frac{2.5}{(1+8\%)^2} + \frac{2.8}{(1+8\%)^3} + \frac{20}{(1+8\%)^3}$$

$$= 2 \times (P/F, 8\%, 1) + 2.5 \times (P/F, 8\%, 2) + 2.8 \times (P/F, 8\%, 3) + 20 \times (P/F, 8\%, 3)$$

$$= 2 \times 0.925,9 + 2.5 \times 0.857,3 + 2.8 \times 0.793,8 + 20 \times 0.793,8$$

$$= 22.09 \text{（元）}$$

即當該股票在每股 22.09 元以下時，投資者購買比較有利。

（三）零增長股票價值的計算

所謂零增長股票是指在未來股利穩定不變的股票。這種股票股利的支付過程類似一個永續年金的支付。其計算公式為：

$$P = D/K \tag{6.8}$$

【例6-6】假設 A 公司未來永續每年支付普通股股利每股 5 元。該公司普通股的必要報酬率是 12%，則該股票價值是多少？

$P = D/K$

$= 5/12\%$

$= 41.67$（元）

即該股票的價值每股 41.67 元。

（四）固定成長股票價值的計算

由於投資公司把公司（即其股票）看成財務增長的源泉，因此他們對公司的基礎增長率及其對股票價格的影響非常感興趣。

假設將來永遠是每期到下期的現金股利支付變化率為 g，第 t 期的股利 D_t 可以表示為上期股利 D_{t-1} 乘以 $(1+g)$。這樣，D_t 就可以表示成從現在到第 t 期任何一期股利的函數，即：

$$D_t = (1+g)D_{t-1} = (1+g)^2 D_{t-2} = \cdots = (1+g)^{t-1} D_1 = (1+g)^t D_0$$

假定這種關係對所有未來股利支付都成立，則每一未來股利支付就可以表示為下期股利的函數。即：

$$D_t = D_1 (1+g)^{t-1} \tag{6.9}$$

如果每期未來股利都用這種方式表示，則股票現實價格也可以寫成按必要報酬率貼現後的增長股利之和，即：

$$P = \frac{D_1}{(1+K)} + \frac{D_1(1+g)}{(1+K)^2} + \frac{D_1(1+g)^2}{(1+K)^3} + \cdots$$

$$= D_1 \sum_{t=0}^{\infty} \frac{(1+g)^t}{(1+K)^{t+1}}$$

式中，股利 D_1 是一個增長型永續年金。增長型永續年金公式和永續年金現值公式很相似，不過分母要減去成長率，即永續增長年金現值系數為 $1/(K-g)$。由此股票價值的公式可以寫成：

$$P = \frac{D_1}{K-g} \tag{6.10}$$

假定用未來買主的觀點來確定任何時點股票的價格，只要能預期從 D_{t+1} 期起的股利，及預計 g 從 $t+1$ 期開始是穩定的，則 P_t 就可以寫成：

$$\begin{aligned}P_t &= \frac{D_{t+1}}{K-g} \\ &= \frac{D_t(1+g)}{K-g} \\ &= P_{t-1}(1+g)\end{aligned} \tag{6.11}$$

由此可見，當股利從第 $t+1$ 期起按 g 增長，股票的價格將會從第 t 期起以 g 的速度增長。從邏輯上說，股利增長越多，股票價值越高。

【例6-7】假定某公司明年普通股每股股利預計為 3 元，必要報酬率為 10%，預計股利以每年 2% 的速度永續增長，則該公司股票的價格應該是多少？

$$\begin{aligned}P &= \frac{D_1}{K-g} \\ &= \frac{3}{10\%-2\%} \\ &= 37.5 \text{（元）}\end{aligned}$$

即該公司股票的價格應該是 37.5 元。

四、股票投資收益率

企業進行股票投資，每年獲得的股利是經常變動的，當售出股票時，也可以收回一定資金。可以根據股票價值的計算公式倒求股票投資收益率。其計算公式為：

$$P = \sum_{t=1}^{n} \frac{D_t}{(1+K)^t} + \frac{P_n}{(1+K)^n} \tag{6.12}$$

【例6-8】某公司投資 500 萬元購買某一公司股票 100 萬股，連續三年每股分得現金股利分別為 0.2 元、0.4 元和 0.5 元，並於第三年後以每股 7 元的價格將股票全部售出，則該項股票投資的投資收益率是多少？

現採用試誤法和內插法計算。

當 $K=20\%$ 時，該股票價格為：

$$\begin{aligned}P &= \sum_{t=1}^{n} \frac{D_t}{(1+K)^t} + \frac{P_n}{(1+K)^n} \\ &= 20 \times (P/F, 20\%, 1) + 40 \times (P/F, 20\%, 2) + 50 \times (P/F, 20\%, 3) + 700 \times (P/F, 20\%, 3)\end{aligned}$$

$= 20 \times 0.833,3 + 40 \times 0.694,4 + 50 \times 0.578,7 + 700 \times 0.578,7$

$= 478.47(萬元)$

當 K=18%時，該股票價格為：

$$P = \sum_{t=1}^{n} \frac{D_t}{(1+K)^t} + \frac{P_n}{(1+K)^n}$$

$= 20 \times (P/F, 18\%, 1) + 40 \times (P/F, 18\%, 2) + 50 \times (P/F, 18\%, 3) + 700 \times (P/F, 18\%, 3)$

$= 20 \times 0.847,5 + 40 \times 0.718,2 + 50 \times 0.608,6 + 700 \times 0.608,6$

$= 502.13(萬元)$

因為478.47萬元<500萬元<502.13萬元，說明實際投資收益率應該高於18%，低於20%，即實際投資收益率應該在18%~20%，然後，用內插法計算。

$$\frac{18\%-K}{18\%-20\%} = \frac{502.13-500}{502.13-478.47}$$

$$K = 18\% + \frac{502.13-500}{502.13-478.47} \times (20\%-18\%)$$

$= 18.18\%$

五、股票投資的優缺點

(一) 股票投資的優點

1. 投資收益高

股票投資是一種最具挑戰性的投資，由於股票價格變動頻繁，因此，其投資風險較高，但只要選擇得當，股票投資的收益也是非常優厚的。

2. 擁有經營控制權

普通股股東是股份公司的所有者，他們有權監督和控制企業的生產經營情況，因此收購公司股票是對這家公司實施控制的常用的有效手段。

3. 降低購買力風險

由於普通的股利不固定，在通貨膨脹率比較高時，因物價普遍上漲，股份公司盈利增加，股利的支付也會隨之增加，因此，與固定收益證券相比，普通股能有效地降低購買力風險。

(二) 股票投資的缺點

1. 收入不穩定

普通股股利的多少，要視企業經營狀況和財務狀況而定，其股利有無、多寡均無法律上的保證，因此，其收入的風險遠大於固定收益證券。

2. 價格不穩定

普通股的價格受眾多因素的影響，如政治因素、經濟因素、企業的盈利情況、投資者心理因素等，這使得股票投資具有較高的風險。

3. 求償權居後

普通股對企業資產和盈利的求償權均居於最後。企業一旦破產，股東原來的投資就有可能得不到全額補償，甚至血本無歸。

第四節　其他金融資產投資決策

導入案例：

在 DM 證券公司的產品推介會上，推介人向大家介紹了基金和其他衍生金融商品。推介人介紹基金時，這樣說道：「為某一件大事所需要而準備的錢，就是基金。」而這一筆錢如果用來買賣股票等有價證券，那它就是證券投資基金。由於這筆錢已經具有特殊的意義——增值，所以基金還因此而成為一種可以買賣的商品。而其他的衍生金融商品，也是在前述的股票、債券、大額存單等各種傳統金融商品基礎上做出重新組合、延伸資金鏈條等各種處理，再創造出新的金融商品。

一、基金投資

（一）基金投資的概念及內容

基金投資是以投資基金為運作對象的投資方式。投資基金是資本市場特別是證券市場上的一種金融投資工具，它採用集中託管的運作方式，集合眾多小額投資者的資金進行規模性的專業投資。並利用投資組合原理分散投資，以達到在保證投資收益的前提下規避投資風險的目的。

投資基金是一種利益共享、風險共擔的集合投資方式，即通過發行基金股份或受益憑證等有價證券聚集眾多的不確定投資者的出資，交由專業投資機構經營運作，以規避投資風險並謀取投資收益的金融投資工具。

投資基金的稱謂各有不同，美國稱為共同基金或互惠基金，也稱為投資公司，英國和中國香港特別行政區稱為單位信託基金，日本和臺灣地區稱為證券投資信託基金。儘管稱謂各不相同，但投資基金的組建框架及操作過程基本上都是相同的。一般來說，投資基金的組織與運作包括如下幾個方面的內容：

（1）投資基金的發起人設計、組織各種類型的投資基金。他們通過向社會發行基金受益憑證或基金股份，將社會上眾多投資者的零散資金聚集成一定規模的數額，設立基金。

（2）基金的份額用「基金單位」來表達，基金單位也稱為受益權單位，它是確定投資者在某一投資基金中所持份額的尺度。將初次發行的基金總額分成若干等額的整數份，每一份即為一個基金單位，表明認購基金所要求達到的最低投資金額。例如，某基金發行時要求以 100 元的整倍數認購，表明該基金的單位是 100 元，投資 2,000 元即擁有 20 個基金單位。一個基金單位與股份公司一股的含義基本上是相同的。

（3）由指定的信託機構保管和處分基金資產，轉款存儲以防止基金資產被挪為他用。基金保管機構稱為基金保管公司，它接受基金管理人的指令，負責基金的投資操

作，處理基金投資的資金撥付、證券交割和過戶、利潤分配及本金償付等事項。

（4）由指定的基金經理公司（也稱為基金管理公司）負責基金的投資運作。基金經理公司負責設計基金品種，制訂基金投資計劃，確定基金的投資目標和投資策略，以基金的名義購買證券資產或其他資產，向基金保管人發出投資操作指令。

（二）投資基金的種類

1. 按基金的組織形式，可分為契約型基金和公司型基金

（1）契約型基金。

契約型基金又稱為單位信託基金，是指把受益人（投資者）、管理人（基金經理公司）、託管人（基金保管公司）三者作為基金的當事人，由管理人與託管人通過簽訂信託契約的形式發行受益憑證而設立的一種基金。通過信託契約來規範三方當事人的行為。基金管理人負責基金的管理操作；基金託管人作為基金資產的名義持有人，負責基金資產的保管和處置，對基金管理人的運作實施監督。契約型基金是基於一定的信託契約聯結起來的代理投資行為，是發展史上最為悠久的一種投資基金。

（2）公司型基金。

公司型基金是按照《中華人民共和國公司法》組建的公司，其業務活動是代理投資，公司型基金本身就是一個基金股份公司，通常稱其為投資公司。投資公司向社會發行基金股份，投資者通過購買股份成為股東，憑其擁有的基金份額依法享有投資收益。投資公司股東大會選出董事會，監督基金資產的運用，負責基金資產的安全與增值。從組織結構上來說，投資公司的設立程序類似於一般股份公司，投資公司本身依法註冊為法人，設有董事會和持有人大會，基金資產由公司所有，投資者是這家公司的股東，承擔風險並通過持有人大會行使權利。但不同於一般股份公司的是，投資公司並不是一個自身開展業務的經營實體，只是一種名義、一種機制、一種進行規模性專業投資的集合式間接投資機制。投資公司的主要職責是創辦基金並對基金資產的運作進行監督，除了董事會外，投資公司可以沒有其他工作人員，甚至沒有專門的辦公場所。

契約型基金與公司型基金的不同點有以下幾個方面：①資金的性質不同。契約型基金的資金是信託財產，公司型基金的資金是公司法人的資本。②投資者的地位不同。契約型基金的投資者購買受益憑證後成為基金契約的當事人之一，即受益人；公司型基金的投資者購買基金公司的股票後成為該公司的股東，以股息或紅利形式取得收益。因此，契約型基金的投資者沒有管理基金資產的權利，而公司型基金的投資者通過董事會和股東大會享有管理基金公司的權利。③基金的營運依據不同。契約型基金依據基金契約營運基金，公司型基金依據基金公司章程營運基金。

契約型基金的大眾化程度較高，公司型基金的經營比較穩定，兩種形式的基金各有優劣。各國的證券投資信託制度均以這兩種組織形式為基本模式，比如，英國的單位信託基金以契約型基金為主，美國的共同基金以公司型基金為主。中國的投資基金由於受香港特別行政區的影響，多屬於契約型基金。

2. 按基金發行的限制條件，分為封閉型基金和開放型基金

（1）封閉型基金。

封閉型基金（Close-end Fund）有基金發行總額和發行期限的限定，在募集期間結

束和達到基金發行限額後，基金即告成立並予以封閉，在封閉期內不再追加發行新的基金單位，也不可贖回原有的基金單位。基金單位的流通採取在交易所上市的辦法，投資者以後要買賣基金單位都必須經過證券經紀商，在二級市場上進行競價交易。可以說，封閉型基金類似於普通股票，交易價格受供求關係影響。另外，封閉型基金需要設立一個固定的基金經營期限，其期限是指基金的存續期，即基金從成立之日起到結束之日止的整個時間。中國國務院證券委員會頒布的《證券投資基金管理辦法》（1997年）規定，封閉型基金的存續年限不少於5年。

（2）開放型基金。

開放型基金（Open-end Fund）沒有基金發行總額和發行期限的限定，發行者可以連續追加發行新的基金單位，投資者也可以隨時將原有基金單位退還給基金經理公司。從基金退還角度看，基金經理公司可回購基金股份或受益憑證，贖回基金，投資者可退還基金、贖回現金，因此開放型基金也叫可贖回基金。在市場流通方面，開放型基金在國家規定的營業場所申購，通過基金經理公司的櫃臺交易贖回，其贖回價格由基金單位淨資產值決定。開放型基金的投資者由於隨時可以向基金經理人提出贖回要求，故無設定基金期限的必要。

封閉型基金與開放型基金的區別有：①期限不同。封閉型基金通常有固定的封閉期；而開放型基金沒有固定期限，投資者可隨時向基金管理人贖回。②基金單位的發行規模要求不同。封閉型基金在招募說明書中列明前期基金規模；而開放型基金沒有發行規模限制。③基金單位轉讓方式不同。封閉型基金的基金單位在封閉期限內不能要求基金公司贖回，只能尋求在證券交易場所出售或櫃臺市場上出售給第三者；而開放型基金的投資者則可以在首次發行結束一段時間（多為3個月）後，隨時向基金管理人或仲介機構提出購買或贖回申請。④基金單位的交易價格計算標準不同。封閉型基金的買賣價格受市場供求關係影響，並不一定反應公司的淨資產值；開放型基金的交易價格則取決於基金的每單位資產淨值的大小，其賣出價一般是基金單位資產淨值加5%左右的首次購買費，買入價即贖回價是基金券所代表的資產淨值減去一定的贖回費，基本不受市場供求關係影響。⑤投資策略不同。封閉型基金的基金單位數不變，資本不會減少，因此基金可進行長期投資，基金資產的投資組合能有效地在預定計劃內進行；開放型基金因基金單位可隨時贖回，為應付投資者隨時贖回兌現，基金資產不能全部用來投資，更不能把全部資本用來進行長線投資，必須保持基金資產的流動性，在投資組合上需保留一部分現金和可以隨時兌現的金融資產。

(三) 投資基金的優缺點

1. 基金投資的優點

基金投資的最大優點是在不承擔太大風險的情況下獲得較高收益。這是因為：①投資基金具有專家理財優勢。投資基金的管理人都是投資方面的專家，他們在投資前進行多種研究，能夠降低風險，提高收益。②投資基金具有資金規模優勢。中國的投資基金一般擁有資金20億元以上，西方大型投資基金一般擁有資金百億美元以上，這種資金優勢可以進行充分的投資組合，降低風險，提高收益。

2. 基金投資的缺點

①無法獲得很高的投資收益。投資基金進行投資組合過程中，在降低風險的同時，也喪失了獲得巨大投資收益的機會。②在大盤整體大幅度下跌的情況下，進行基金投資可能損失較多，這時投資人要承擔較大風險。

二、衍生金融資產投資

所謂衍生金融資產，顧名思義，它是衍生於金融資產、商品、指數的金融工具。將資金投資於這種金融工具就稱為衍生金融資產投資。衍生金融資產投資的種類很多，目前國際上最流行的衍生金融資產投資包括商品期貨、金融期貨、期權投資、認股權證、優先認股權、可轉換債券。

（一）商品期貨

1. 商品期貨的含義

商品期貨是標的物為實物商品的一種期貨合約，是關於買賣雙方在未來某個約定的日期以簽約時約定的價格買賣特定商品的標準化合同的交易方式。

商品期貨細分為三類：農產品期貨、能源期貨和金屬產品期貨。

2. 商品期貨投資的特點

（1）以小博大。投資商品期貨只需要交納5%～20%的履約保證金，就可以控制100%的虛擬資金。

（2）交易便利。由於期貨合約中主要因素如商品質量、交貨地點等都已標準化，合約的互換性和流通性較高。

（3）信息公開，交易效率高。期貨交易通過公開競價的方式使交易者在平等的條件下公平競爭。同時，期貨交易有固定的場所、程序和規則，交易行為高效。

（4）期貨交易可以雙向操作，簡便、靈活。交納保證金後即可買進或賣出期貨合約，且只需要少數幾個指令在數秒或數分鐘內即可達成交易。

（5）合約的履約有保證。期貨交易後，必須通過結算部門結算、確認，無須擔心交易的履約問題。

3. 商品期貨投資決策的步驟

（1）恰當選擇經紀公司和經紀人。作為非商品交易所會員的企業和個人，只需通過會員在交易所進行期貨交易。因此，要進行期貨投資，首先必須選擇一個適當的經紀公司和經紀人作為自己交易代理機構和代理人。

（2）選擇適當的交易商品。在期貨市場上買賣的商品種類很多，初入市者必須選擇恰當的商品期貨作為投資目標。

（3）設定止損點。止損點是期貨交易者為避免各大損失、保全已獲利潤、並使利潤不斷擴大而制定的買入或賣出的最高點或最低點。

（二）金融期貨

金融期貨是買賣雙方在有組織的交易所內以公開競價的方式達成協議，約定在未來某一特定的時間交割標準數量特定金額工具的交易方式。金融期貨一直在衍生金融

工具市場上佔有重要的地位，是投資者迴避風險的有力武器和獲取利潤的有效工具。金融期貨一般包括利率期貨、外匯期貨、股票期貨、股指期貨等。

投資金融期貨的目的一般是規避風險、追求較高投資回報。金融期貨投資可採取套期保值和套利等策略。

1. 套期保值

套期保值是金融期貨實現規避和轉移風險的主要手段，具體包括買入保值和賣出保值。買入保值是指交易者預計在未來將會購買一種資產，為了規避這個資產價格上升後帶來的經濟損失，而事先在期貨市場買入期貨的交易策略。賣出保值則是為了避免未來出售資產的價格下降而事先賣出期貨合約來達到保值的目的。在具體實務中，如果被套期的商品與用於套期的商品相同，屬於直接保值的形式；如果被套期的商品和用於套期的商品不同，但是價格聯動關係密切，則屬於交叉保值的形式。

2. 套利

由於供給與需求之間的暫時不平衡，或是由於市場對各種證券的反應存在時滯，從而導致在不同的市場之間或不同的證券之間出現暫時性的價格差異，一些敏銳的交易者能夠迅速地發現這種情況，並立即買入過低定價的金融工具或期貨合約，同時賣出過高定價的工具或期貨合約，從中獲取無風險的或幾乎無風險的利潤，這就是金融期貨投資的套利策略。套利一般包括跨期套利、跨品種套利、跨市場套利等形式。

(三) 期權投資

期權也稱選擇權，是期貨合約買賣選擇權的簡稱，是一種能在未來某特定時間以特定價格買入或賣出一定數量的某種特定商品的權利。按所賦予的權利不同，期權主要分為看漲期權（認購期權）和看跌期權（認沽期權）兩種類型。其中，購買看漲期權可以獲得在期權合約有效期內根據合約所確定的履約價格買進一種特定商品或資產的權利，購買看跌期權可以獲得在未來一定期限內根據合約所確定的價格賣出一種特定商品或資產的權利。

進行期權投資的方法有：①買入認購期權。投資者預期期權標的物價格將上升，從而通過買入認購期權多頭認購，在有效期內標的物價格如果與投資者預期一樣，則達到了其買入認購期權的保值和增值的目的。②買進認沽期權。投資者預期期權標的物價格將下跌時，可以通過買入認沽期權而建立認沽期權頭寸。如果在有限期內，標的物的價格將下降，則該認沽期權的價值得到體現。③買入認沽期權的同時買入標的物。即在投資者預期標的物價格將下跌的情況下建立的總和寸頭，如果價格果真下降，則認沽期權的收益將彌補標的物價格下跌的損失以達到保值的目的；如果價格反而上升，則可以通過標的物現貨的升值部分彌補認沽期權的損失。④買入認購期權的同時賣出一定量的期權標的物。⑤綜合多頭與綜合空頭。

(四) 認股權證

認股權證是由股份公司發行的、能夠按特定的價格、在特定的時間內購買一定數量該公司股票的選擇權憑證，其價值有理論價值與實際價值之分。認股權證的理論價值可用下式計算：

$$V = \max[(P-E) \times N, 0] \tag{6.12}$$

式中：V——認股證券理論價值；

　　　P——普通股市價；

　　　E——認購價格；

　　　N——每一認股權證可認購的普通股數。

影響認股權證理論價值的主要因素有換股比率、普通股市價、執行市價、剩餘有效期間等。認股權證的實際價值是由市場供求關係所決定的。由於套利行為的存在，認股權證的實際價值通常高於其理論價值。

（五）優先認股權

優先認股權是指當股份公司為增加公司資本而決定增加發行新的股票時，原普通股股東享有的按其持股比率、以低於市價的某一特定價格優先認購一定數量新發行股票的權利。優先認股權又稱股票先買權，是普通股股東的一種特權。在中國習慣上稱為配股權證。

優先認股權的價值應分別附權優先認股權、除權優先認股權兩種情況考慮。附權優先認股權通常在某一股權登記日前頒發，在此之前購買的股東享有優先認股權，或說此時的股票的市場價格含有分享新發行股票的優先權。除權優先認股權是在股權登記日以後的股票不再包含新發行股票的認購權，其優先認股權的價值也相應下降。

（六）可轉換債券

可轉換債券又稱可轉換公司債券，是指可以轉換為普通股的證券，賦予債券持有者按事先約定在一定時間內將其轉換為公司股票的選擇權。在轉換權行使之前債券持有者是發行公司的債權人，權利行使之後則成為公司的股東。

可轉換債券的價值估算可分為已上市的可轉換債券和非上市的可轉換債券。已上市的可轉換債券可以根據其市場價格適當調整後得到評估價值。非上市的可轉換債券價值等於普通債券價值加上轉股權價值。

可轉換債券的投資決策主要注意以下三個方面：①投資機會選擇。較好的投資時機一般包括：新的經濟增長週期啟動時；利率下調時；行業景氣回升時；轉股價調整時。②投資對象選擇。要求具有優良的債券品質是選擇可轉換債券品種的基本原則。③套利機會。可轉換債券的投資者可以在股價高漲時，通過轉股獲得收益，或者根據可轉換債券的理論價值和實際價格的差異套利。

與股票相比，可轉換債券的投資風險較小。但也應該考慮如下風險：股價波動風險、利率風險、提前贖回風險、公司信用風險、公司經營風險和強制轉換風險。

三、金融資產組合投資

（一）金融資產組合投資的含義和目的

金融資產組合投資並不是一種新的投資形式，而是將上述所說的金融資產投資組合起來使用。這種組合表面上看起來是多種金融資產投資的相加，但實際產生的效果

有很大的區別。這是因為組合投資的收益不低於單項投資的收益，同時組合投資的風險也並不會超過單項金融資產投資的風險。也就是說，金融資產組合投資的目的就是分散投資風險。

(二) 金融資產組合投資的策略

既然金融資產組合投資的目的是分散投資風險，那麼如何進行組合投資，或者說，採用什麼投資組合策略，才能實現既定收益下風險最小，或者既定風險下收益最大呢？在證券組合理論的發展過程中，形成了各種各樣的派別，從而也形成了不同的組合策略。下面介紹其中最常見的幾種。

1. 保守型策略

這種策略認為，最佳證券投資組合策略是要盡量模擬市場現狀，將盡可能多的證券包括進來，以便分散全部可分散的風險，得到與市場所有證券的平均收益同樣的收益。1976年美國先鋒基金公司創造的指數信託基金，便是這一策略的最典型代表。這種基金投資於標準普爾（Stand and Poor's）股票價格指數中所包含的全部500種股票，其投資比例與500家企業價值比重相同。這種投資組合有以下好處：①能分散掉全部可分散的風險；②不需要高深的證券投資的專業知識；③證券投資的管理費比較低。但這種組合獲得的收益不會高於證券市場上所有證券的平均收益。因此，此種策略屬於收益不高、風險不大的策略，故稱為保守型策略。

2. 冒險型策略

這種策略認為，與市場完全一樣的組合不是最佳組合，只要投資組合做得好，就能擊敗市場或超越市場，取得遠遠高於平均水準的收益。在這種組合中，一些成長型股票比較多，而那些低風險、低收益的證券不多。另外，其組合的隨意性強，變動頻繁。採用這種策略的人都認為，收益就在眼前，何必死守苦等。對於追隨市場的保守派，他們是不屑一顧的。這種策略收益高，風險大，稱冒險型策略。

3. 適中型策略

這種策略認為，證券的價格特別是股票的價格，是由特定企業的經營業績來決定的。市場上股票價格的一時沉浮並不重要，只要企業經營業績好，股票一定會上升到其本來的價值水準。採用這種策略的人一般都善於對證券進行分析，如行業分析、企業業績分析、財務分析等。通過分析，選擇高質量的股票和債券，組成投資組合。適中型策略如果做得好，可獲得較高的收益，而又不會承擔太大風險。但進行這種投資組合的人必須具備豐富的投資經驗，以及用於進行證券投資的各種專業知識。這種投資策略風險不太大，收益卻比較高，所以是一種最常見的投資組合策略。各種金融機構、投資基金和企事業單位在進行證券投資時一般都採用此種策略。

(三) 金融資產組合投資的方法

進行金融資產組合投資的具體方法很多，但最常見的方法通常有以下幾種：

1. 選擇足夠數量的證券進行組合

這是一種最簡單的證券投資組合方法。在採用這種方法時，不是進行有目的的組合，而是隨機選擇證券。隨著證券數量的增加，可分散風險會逐步減少，當數量足夠

時，大部分可分散風險都可分散掉。根據投資專家估計，在美國紐約證券市場上，隨機地購買 40 種股票，其大多數可分散風險都可能分散掉。為了有效地分散風險，每個投資者擁有股票的數量最好不少於 14 種。中國股票種類還不太多，同時投資 10 種股票就能達到分散風險的目的了。

2. 按證券的風險等級組合

這種組合方法又稱 1/3 法，是指把全部資金的 1/3 投資於風險大的證券，1/3 投資於風險中等的證券，1/3 投資於風險小的證券。一般而言，風險大的證券對經濟形勢的變化比較敏感。當經濟處於繁榮時期，風險大的證券可獲得高收益，但當經濟衰退時，風險大的證券會遭到巨額損失；相反，風險小的證券對經濟形勢的變化則不十分敏感，一般都能獲得穩定收益，而不至於遭受損失。因此，這種 1/3 的投資組合法，是一種進可攻、退可守的組合法，雖不會獲得太高的收益，但也不會承擔巨大風險，是一種常見的組合方法。

3. 把投資收益呈負相關的證券放在一起進行組合

一種股票的收益上升而另一種股票的收益下降的兩種股票，稱為負相關股票；把收益呈負相關的股票組合在一起，能有效地分散風險。例如，某企業同時持有一家汽車製造公司的股票和一家石油公司的股票，當石油價格大幅度上升時，這兩種股票價格便呈負相關。因為油價上升，石油公司的收益會增加；但油價的上升，會影響汽車的銷售，使汽車公司的收益降低。只要選擇得當，這樣的組合對降低風險有十分重要的意義。

第七章 短期資產管理

> **■導入話語**
>
> 任何現代企業的全部資產，總是由長期資產和短期資產兩部分內容所構成。這兩種資產具有不同的運動速度，從而具有不同的變現週期，這就決定了長期資產和短期資產比重不同的企業具有不同的資本運動特性，從而也就具有了不同的盈利能力和風險性。由此可見，短期資產即流動資產在企業資產中的重要性。基於此，企業必須對流動資產加強管理。

第一節 短期資產投資概述

導入案例

如果一家公司因預計銷售將快速增長而大量囤積存貨，但隨後市場沒有出現預計的銷售場面，這對公司意味著什麼？這就是計算機製造商 Gateway 2000 在 1997 年第二季度所面臨的問題。公司存貨劇增至 4.6 億美元，遠遠高於正常的 3 億美元。更糟糕的是，由於在計算機行業存貨過時很快，公司解決這一問題的時間有限，於是在第三季度的計劃中，公司準備將銷貨數量提升 30%，但由於採取削價銷售以減少存貨的政策，其利潤遠遠低於最初的預測。

顯然，任何公司幾乎每天都面臨這樣的問題：公司應該從哪裡籌集資金？公司的現金應該投向何方？公司因預計銷售將快速增長而大量囤積存貨，但隨後沒有出現這樣的銷售場面，這對公司意味著什麼？

一、營運資本的管理

（一）營運資本的概念和特點

營運資本是用以維持企業日常經營活動正常進行所需要的資金，是指在企業經營

活動中短期資產所占用的資金。營運資本的概念有廣義和狹義之分。廣義的營運資本的含義是指企業的流動資產總額；狹義的營運資本是指企業流動資產減去流動負債後的餘額，又稱為淨營運資本。營運資本一般具有如下特點：

1. 週轉速度快，回收期短，變現能力強

投資於短期資產的資金一般在一年或者超過一年的一個營業週期內收回。相對於長期資產其週轉速度較快，回收期短，具有較強的流動性。

2. 數量波動性較大

流動資產投資的數量並非一個常數，隨著企業經營活動的變化，其投資數量時高時低，起伏不定，從而導致淨營運資本的變化。

3. 投資的占用形態經常變化

在企業生產循環週轉過程中，經過供、產、銷三個階段，其占用形態不斷變化。即按現金→材料→在產品→產成品→現金順序轉化。

廣義的營運資本包括企業的流動資產總額，是由企業一定時期持有的現金和有價證券、應收帳款和各類存貨資產等構成的。這些短期資產的控制，持有狀況的管理，是企業日常財務管理中的重要部分，也是本章後面要闡述的重點。相對而言，狹義的營運資本只是企業一定時期的流動資產與流動負債之間的差額，並不特指某項資產。而該差額的確定完全要視企業一定時期的經營和財務狀況而定，它是判斷和分析企業資金運作狀況和財務風險程度的重要依據。

(二) 營運資本管理政策

企業的營運資本管理政策一般包括營運資本持有政策和營運資本融資政策。本章只對營運資本持有政策進行說明。

企業營運資本管理政策的制定和營運資本的日常管理，必須遵循以下原則：

1. 合理預測營運資本的持有量

企業一定時期營運資本持有量的高低，將會直接影響企業的收益水準和風險程度。如果企業持有較高的營運資本，就意味著企業的資產有較好的流動性、較小的償債風險，如果企業大量地置存短期資產，會使企業的資金週轉減慢和利用水準下降，進而降低企業的盈利能力。

2. 加速營運資本週轉，提高資金利用效果

在經營所需營運資本既定的情況下，企業應不斷強化有效資金運作，加速資金週轉，提高資金的利用水準。加速營運資本週轉的關鍵是加速現金週轉和盡可能地減少其持有量，盡可能縮減應收帳款週轉期和存貨週轉期。

3. 合理安排流動比率

企業在盡可能降低營運資本持有量的同時，必須確保必要的償債能力。判斷短期償債能力強弱的主要依據是營運資本絕對額、流動比率和流動資產各項目的流動性程度。流動資產中各項目變現能力的強弱順序大致為：貨幣資金>短期投資>應收票據>應收帳款>存貨。流動資產中各項目所占的比重不同，體現的流動資產總體變現能力也不一樣。

二、短期資產投資策略

基於營運資本的管理原則,企業制定短期資產投資策略時,必須充分考慮企業的獲利能力與風險之間的關係,才能確定出能使企業利潤最大而風險較低的短期資產投資額。

(一) 短期資產投資規模

企業不同的短期資產投資規模將導致企業不同的收益水準和風險程度。如果企業能有效地確定其最適中的短期資產持有量,公司就能在不增加風險的情況下獲得最好的收益水準。然而,由於公司的經營狀況是不斷變化的、公司不同時期的財務目標也存在差異,因此公司要確定最理想的短期投資規模是很困難的。在實務中,企業可能會採取較高或較低的短期資產投資規模,這樣就可以分為三種不同的短期資產投資策略。如圖7-1所示。

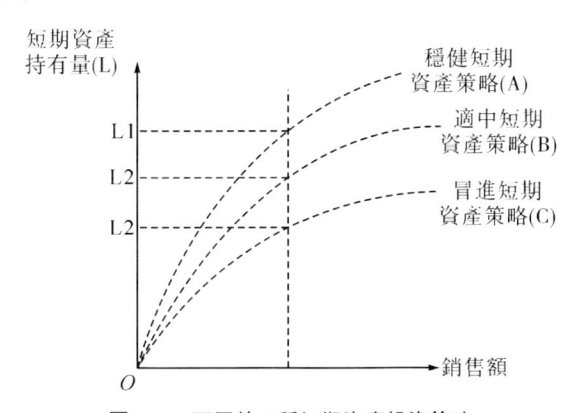

圖7-1　不同的三種短期資產投資策略

從圖7-1可以看出,隨著企業銷售額的增加,其短期資產投資額也會有相應的提高,但兩者並不一定成比例關係,而是一種非線性關係。短期資產投資額以遞減的比率隨著銷售額的增加而增加。原因之一是由於規模效應的作用,企業規模增大,短期資產投資比例可能會下降;原因之二是短期資產內部各項目之間相互調劑的可能性增大,導致短期資產使用效率提高,從而減少了短期資產需要量。

圖7-1中的三條曲線分別表示三種不同的短期資產投資策略。在財務管理中過於穩健和冒進的短期資產投資策略只注重收益或只注重風險,這並不是企業財務上追求的目標。因為其不符合財務管理中的收益與風險均衡原則。投資者追求的是適中的短期資產投資政策,但這也是最難把握的,其並沒有明確的標準,而是要求企業的財務管理人員根據企業的具體經營和財務狀況對投資規模做出合理的調整和控制。

1. 穩健(寬鬆)短期資產策略

如圖7-1中所示的A曲線,在這種投資策略下,短期資產的營利性低,企業的投資報酬率一般較低,但由於短期資產變現能力強,風險小,不願冒險,偏好安全的財務人員都喜歡採用此策略。

2. 冒進（激進）短期資產策略

如圖 7-1 中所示的 C 曲線，在採用冒進的短期資產投資策略時，由於短期資產的比重低，投資者的投資報酬率一般很高，但企業的整體資產變現能力偏弱，意味著企業財務風險較大。敢於冒險、偏好高報酬的企業財務人員很喜歡採用此策略。

3. 適中（中庸）短期資產策略

如圖 7-1 中所示的 B 曲線，這種投資策略是在保證企業正常需要量的前提下，適當地留有一定的安全保險儲備，以防止出現財務危機。採用適中的短期資產投資政策時，企業的投資報酬率一般，相應承擔的風險也一般。正常情況下企業願意採用這種策略。

（二）短期資產投資的資金配合策略

企業在確定了適當的短期資產投資規模、策略後，便應該考慮採用何種合理的資金來源與其相配合。一般企業的短期資產占用的資金主要來源於流動負債，偶爾也會用長期資金來解決。

從企業資產實際占用的情形看，長期資產是一種穩定性占用，而短期資產中一部分是穩定性占用，如安全儲備中的存貨和現金等；另一部分是隨著企業經營狀況變化而變化的波動性占用，比如企業銷售旺季增加的應收帳款和存貨等。短期資產投資的資金配合策略是指如何安排短期資產中穩定性占用和波動性占用的資金來源問題的政策。主要有三種資金配合策略類型：穩健型資金配合、冒進型資金配合、適中型資金配合。

1. 穩健型資金配合

其特點是短期融資只滿足一部分的波動性短期資產的資金需要，另一部分波動性短期資產和穩定性資產，則由長期資金（長期負債和所有者權益）作為資金來源。如圖 7-2 所示。

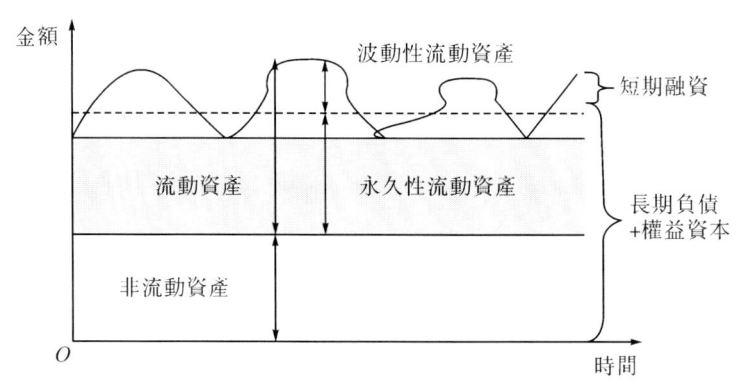

圖 7-2 穩健型資金配合

穩健型政策是一種低風險、低收益、高成本的策略，同時企業資金的利用水準較低，會導致收益的下降。

2. 冒進型資金配合

其特點是短期融資不但能滿足波動性短期資產的資金需要，還可以滿足部分穩定性資產的資金需求。如圖 7-3 所示。

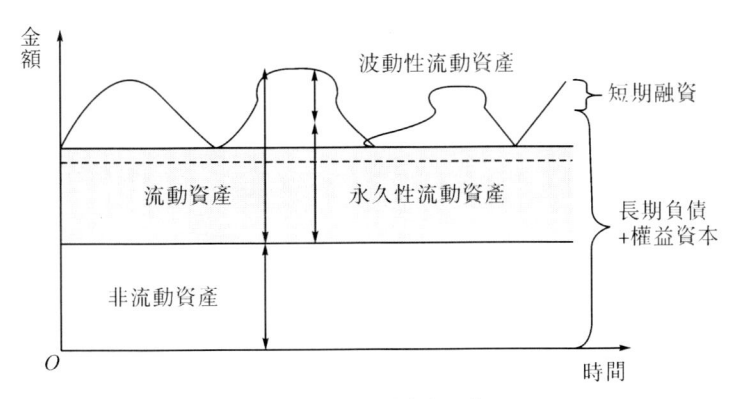

圖 7-3　冒進型資金配合

冒進型資金配合策略是一種高風險、低成本、高盈利的策略。圖7-3中的虛線越低，所冒風險越大。採用這種策略，一方面，降低了企業的流動比率，加大了償債風險；另一方面，由於短期負債利率的波動性，增加了盈利的不確定性。這種策略適用於長期資金來源不足或短期負債成本較低的企業。

3. 適中型資金配合

其特點是企業的波動性短期資產的資金需求運用短期融資的方式滿足；對於穩定性短期資產的資金需求，則運用長期資金作為資金來源。如圖7-4所示。

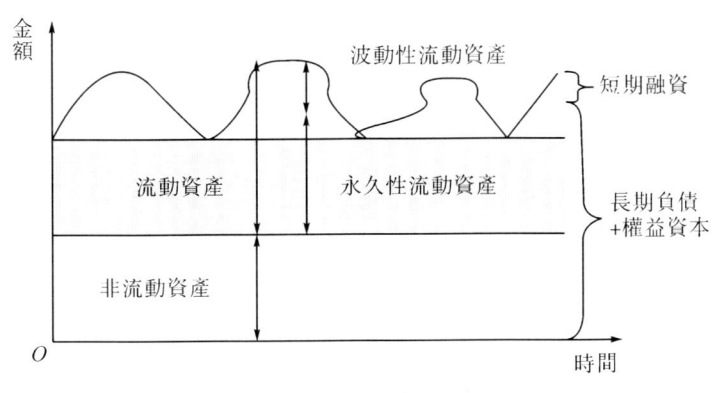

圖 7-4　適中型資金配合

這種資金配合策略的基本思想是將資產和負債的期限相匹配，以降低企業不能償還到期債務的風險和盡可能降低債務的資本成本。但事實上，由於資產使用壽命的不確定性，企業往往做不到資產與負債的期限匹配。因此，適中型資金配合策略是一種理想的、對企業有著較高資金使用要求的策略。一般而言，如果企業能夠駕馭資金的使用，採用收益和風險相匹配的較為適中的資金配合策略是有利的。

顯而易見，穩健型資金配合策略的優點是企業的財務風險較小，但承擔的資金成本較高，同時企業資金的利用水準偏低，會導致企業收益的下降；而冒進型資金配合策略的特點正好與其相反。因此，從財務角度看，過分的穩健和冒進都是不利於企業整體價值提高的，而根據企業的具體經營情況和財務狀況做出適度穩健或適度冒進的策略調整，才能有利於企業的生存和發展。當然，任何一個企業都不會長期不變地運

用一種絕對的資金配合策略，企業流動資金配合策略的採用和調整，都與企業資產投資狀況和負債狀況有密切關係。只有針對性地運用最適合本公司實際狀況的流動資金配合策略，才能最合理和最有效。

第二節　貨幣資產管理

導入案例

2018年年末，某企業持有的現金和短期有價證券占其總資產的3.2%。這家企業2018年的銷售收入為146億元，這意味著該公司平均每天的銷售收入為0.4（146/365）億元。

如果該企業在2018年12月31日，僅僅將一天的銷售收入投資於收益率為3.4%的3個月期商業票據，企業的利潤將會增加340,000（40,000,000×3×3.4%÷12）元。但是，3個月期的商業票據利率是會變動的。如2019年12月31日，同樣的3個月期商業票據的收益率已達到6.26%。這意味著短期有價證券的利率在一年內上升2.86（6.26%-3.4%）個百分點。假設3個月期的有價證券利率變化如表7-1所示。

表7-1　3個月期的有價證券利率　　　　　　　　　　單位:%

時間	國庫券	承兌票據	商業票據	大額可轉讓存單
2018年12月31日	3.2	3.25	3.4	3.3
2019年12月31日	4.8	6.2	6.26	6.28

如果企業把相當於1天的銷售收入的現金投資於收益率為6.26%的商業票據，利潤可以增加626,000（40,000,000×3×6.26%÷12）元。

由此可見，持有一定的現金餘額，並選擇適當的投資機會對企業至關重要。

一、現金管理概述

現金是隨時可以投入流通的交換媒介，也是企業擁有資產中流動性最強的資產。這裡所講的現金是廣義的現金，是指在生產過程中暫時停留在貨幣形態的資金，包括庫存現金、銀行存款、銀行本票和銀行匯票等。

現金管理就是在現金的流動性與收益性之間做出合理選擇的過程，其基本目標就是：在現金資產的流動性與收益性之間做出最正確的選擇，在保證企業的經濟效率和效益的前提下，盡可能減少現金的持有量，以期獲得長遠利益。

（一）持有現金的動機

通常我們認為現金是一種非營利性的資產，那麼企業為什麼還要持有一定數量的現金呢？經濟學家凱恩斯將各類公司和經濟組織的持現動機分為三大類，即交易性動機、預防性動機和投機性動機。

1. 交易性動機

交易性動機是指企業為了滿足日常業務開支而必須持有一定數量的現金，比如用於購買原材料、支付工資、支付稅款等。雖然企業經常取得業務收入，但每天的現金收入和現金支出很少同步等額發生，因此企業不保持一定量的現金就難以保證日常經營活動的正常開展。

2. 預防性動機

預防性動機是指企業為了應付意外事件可能對現金的緊急需求而必須持有適量的現金。由於不可預見的因素，企業對於生產經營以外的現金需求是難以預料的，編製的現金預算也經常發生偏差，企業的現金流處於不穩定的狀態，這就決定了企業必須持有適量的額外現金儲備，以避免企業蒙受不必要的損失。

3. 投機性動機

投機性動機是指企業保持適量的現金持有量，以及時抓住市場經濟變化中可能出現的良好的投資機會。如購買廉價原材料或資產的機會，或購入價格有利的短期有價證券的投資機會等。當市場機會出現時，企業缺乏資金就會錯失良機，因此企業必定會出現投資性的現金持有。

上述三項持有動機雖然從理論上可以割分，但對於企業實際持有的現金，我們並不能夠確認某筆現金是因何種動機持有的。對一般企業來說，持有一定量的現金最主要的目的是交易性目的，因為企業的財務人員不會專門等待不知何時才出現的投資機會，況且只要企業保持良好的財務狀況和籌資能力，即使這種偶發性事件出現，企業也可以通過臨時性的籌資予以解決，這也大大降低了企業的資金成本。

(二) 現金持有成本

現金持有成本是指企業持有一定量現金的代價，它與持有量具有明顯的對應關係。從不同角度的分析，現金持有成本主要有機會成本、短缺成本和管理成本。

1. 機會成本

當企業持有一定量的現金就會放棄用其投資所獲得的收益，即持現成本，這種成本在數額上等同於資金成本。企業放棄的再投資收益屬於變動成本，它與現金持有量呈正比關係。企業的持現額越大，其機會成本也就越大；企業的投資收益率或資金成本越高，持現的機會成本就越大。它們的關係如圖 7-5 所示。

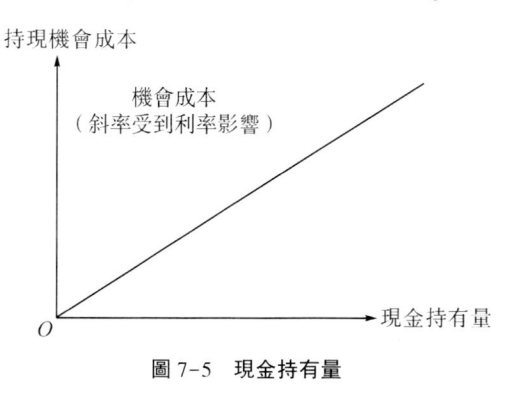

圖 7-5　現金持有量

2. 短缺成本

短缺成本是指企業現金持有量不足而又無法及時通過有價證券變現加以補充而給企業造成的損失，包括直接損失和間接損失。直接損失是指由於現金的短缺而使企業的生產經營及投資受到影響而造成的損失；間接損失是指由於現金的短缺而給企業帶來的無形損失，如由於現金短缺企業無法按期歸還貸款，這將給企業的信用和形象造成損害。現金短缺成本與現金持有量呈反向關係，企業持有的現金數量越大，短缺成本越小。當現金持有量為零時，短缺成本無限上升，最大的成本是企業破產。當現金達到一定量時，企業的現金短缺成本可能等於零。如圖 7-6 所示。

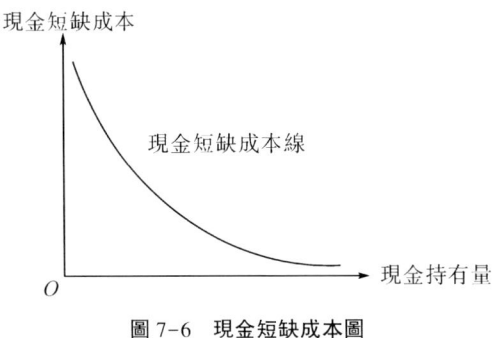

圖 7-6　現金短缺成本圖

3. 管理成本

管理成本是指日常管理現金所需的開支。如管理現金的安全措施費用和人員工資等的支出。這部分費用具有固定成本的性質，它在一定範圍內與現金持有量沒有明顯的對應關係，是一種與決策無關的成本；當現金持有量超越一定量後，這種成本才會發生一定數量上的上升。如圖 7-7 所示。

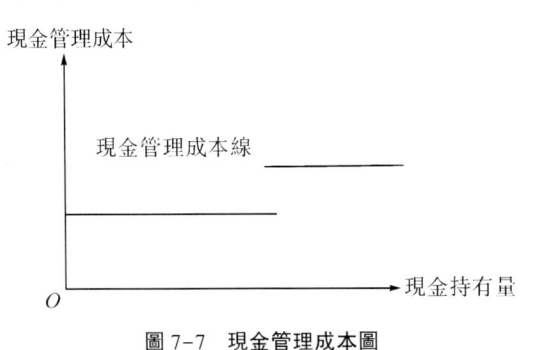

圖 7-7　現金管理成本圖

（三）日常現金管理

1. 現金回收管理

加速收款和提高收現效率是現金日常管理的基本原則。企業的現金流入主要來源於銷貨收入。為了提高現金的利用效率，企業必須加速現金週轉，盡量縮短短期帳款回收時間。因此，企業需要解決的問題有：一是如何縮短收款時間，二是如何確保收款的安全性。西方發達國家在這方面有許多成功的經驗，有些是值得借鑑的。

（1）鎖箱法。鎖箱法也稱郵政信箱法，是指企業在各主要客戶所在地承租專門的

郵政信箱，並開立分行存款帳戶，授權當地銀行每日開啓信箱，在取得客戶支票後立即予以結算，並通過電匯再將款項撥給企業所在地銀行。

鎖箱法的優點：一是可以明顯縮短企業收款過程中的郵寄滯留時間和處理滯留時間；二是銀行專業人員取代企業財務人員處理支票，可以減少支票處理過程中可能發生的差錯，便於企業集中控制和審計；三是可以及時有效地識別空頭支票。

鎖箱法的缺點：使用成本較高，如果企業平均匯款數額較小，採用鎖箱法並不一定對企業有利。

(2) 銀行業務集中控制法。銀行業務集中控制法是指通過設立多個收款中心加快資金週轉的方法。在這種方法下，企業通常在收款額較集中的若干地區設立若干個收款中心，客戶先將款項交給較近的收款中心，然後由收款中心將款項集中交給企業的開戶銀行。

銀行業務集中控制法的優點：一是縮短了帳單和款項的郵寄時間；二是由於各收款中心全面負責收款業務，有利於企業帳款的催收和控制，並節約了收帳成本。但也有不足之處：對企業而言，設置收款中心的成本較高，花費較大。

2. 現金支出管理

如果說現金回收管理的基本目標是縮短收現期的話，那麼現金支出管理的基本目標是在合理合法的前提下，盡可能地延緩現金的流出時間。

(1) 合理利用現金的「浮遊量」從企業開出支票、收票人收到支票並存入銀行，至銀行將款項劃出企業帳戶，整個中間過程需要一段時間。現金在這段時間的占用稱為現金的「浮遊量」。換句話說，現金的「浮遊量」就是指由於支票開具與支票兌現之間的時間差，而在企業帳戶裡滯留的資金。

(2) 合理延緩應付款的支付。企業可以在不影響信譽的情況下，盡量推遲應付款的支付期。一般情況下，充分應用供應商提供的信用期和現金折扣。另外，採用承兌匯票付款方式、合理的工資和股利等款項的支付方式，也都可以有效地延緩現金的支付時間，使企業資金的利用達到最好的水準。

3. 綜合控制

(1) 遵守現金管理的有關規定，建立嚴格的內部牽制制度。企業應該按照現行制度的規定範圍使用現金，同時在現金管理中將出納與會計崗位分離，使出納人員和會計人員互相牽制、互相監督。

(2) 適當進行證券投資。當企業有閒置資金時，可以投資於國庫券、大額定期可轉讓存單、貨幣市場共同基金等短期有價證券；當企業現金短缺時，再出售各種債券，獲取現金。這樣，既能降低現金的機會成本、提高現金的使用效率，又能增強資產的變現能力。

(四) 合理的現金持有量

企業持有現金是有成本的，那麼企業究竟應持有多少現金才是合理的呢？確定現金最佳持有量的方法有很多。下面介紹幾種最常用的方法。

1. 成本分析模式

成本分析模式是通過分析企業置存貨幣資金的各種相關成本，測算出各種相關成本之和最小時的貨幣資金持有量的一種方法。

在成本分析模式下應分析機會成本、短缺成本、管理成本，上述三項成本之和最小時的現金持有量，就是最佳現金持有量。如圖7-8所示。

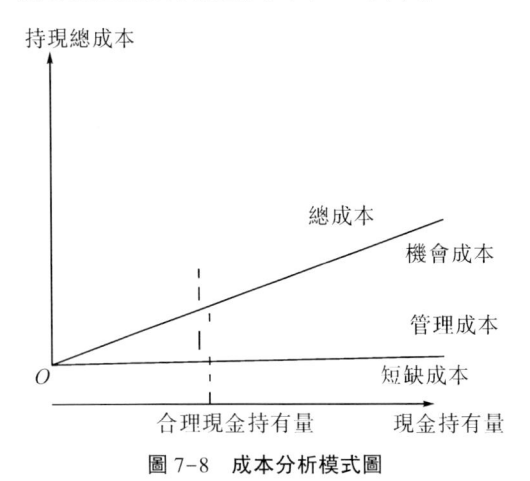

圖7-8 成本分析模式圖

通過圖7-8可以看出，總成本曲線呈拋物線形，拋物線的最低點即為總成本的最低點，該點所對應的現金持有量便是最佳現金持有量。其具體步驟為：①根據不同的現金持有量測算並確定有關成本數值；②按照不同的現金持有量及其有關成本資料編製最佳現金持有量測算表；③在測算表中找出相關總成本最低的現金持有量，即最佳現金持有量。

【例7-1】某企業有四種現金持有方案，它們各自的機會成本、管理成本、短缺成本見表7-2。

表7-2   單位：萬元

項目	甲	乙	丙	丁
貨幣資金持有量	40	50	60	70
機會成本	4	5	6	7
管理成本	0.5	0.5	0.5	0.5
短缺成本	2.5	1	0.5	0
持有總成本	7	6.5	7	7.5

從表7-2可以看出，乙方案的總成本最低，也就是說當企業持有50萬元現金時，各方面的總代價最低，對企業最合算，故50萬元是該企業的最佳現金持有量。

確定現金持有量的成本分析模式，只能局限於從幾個方案中選擇較優方案，而無法直接計算出最佳現金持有量。

2. 存貨模式

存貨模式是經濟學家鮑莫首先提出的，他認為最佳現金持有量與存貨的經濟批量問題在許多方面都很相似，因此，可用存貨的經濟批量模型來確定最佳現金持有量。在

存貨模式中，只考慮現金的機會成本和轉換成本，而不考慮現金的管理成本和短缺成本。

前已述及，機會成本和轉換成本隨著現金持有量的變動呈相反方向變化，這就要企業必須對現金與有價證券的分割比例進行合理安排，使現金機會成本與轉換成本之和為最小，此時的現金持有量即為最佳現金持有量。如圖7-9所示。

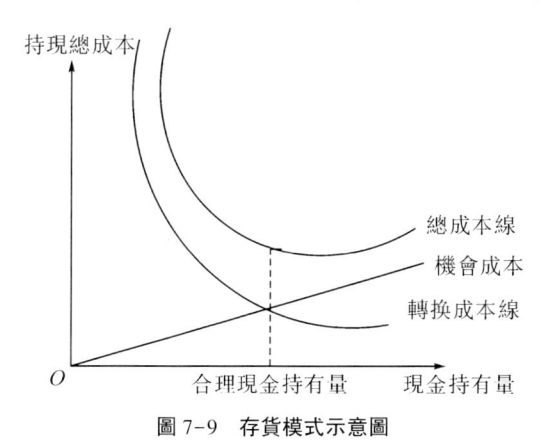

圖7-9 存貨模式示意圖

設 T 為一個週期內現金總需求量，F 為每次轉換有價證券的固定成本，Q 為最佳現金持有量（每次證券變現的數量），K 為有價證券利息率（機會成本），TC 為現金管理相關總成本，則：

現金管理相關總成本＝持有機會成本＋固定性轉換成本

$$TC = (Q/2) \times K + (T/Q) \times F \tag{7.1}$$

其中：持有現金的機會成本為 $(Q/2) \times K$；轉換成本為 $(T/Q) \times F$。

由於最佳現金持有量 Q 就是現金管理相關總成本 TC 最低時的持有量，故根據函數求極小值的方法，對 Q 求導數，得：

$$Q = \sqrt{\frac{2TF}{K}} \tag{7.2}$$

將（7.2）式代入（7.1）式，得：

$$\text{最低現金管理相關總成本 } TC = \sqrt{2TFK} \tag{7.3}$$

【例7-2】某企業預計全年（按360天計算）需要現金400,000元，現金與有價證券的轉換成本為每次800元，有價證券的年利率為10%。要求：確定最佳現金持有量。

解：最佳現金持有量 $Q = \sqrt{\dfrac{2TF}{K}} = \sqrt{\dfrac{2 \times 4,000,000 \times 800}{10\%}} = 80,000$（元）

最低現金管理成本 $TC = \sqrt{2 \times 400,000 \times 800 \times 10\%} = 8,000$（元）

其中：轉換成本 $= \dfrac{400,000}{80,000} \times 800 = 4,000$（元）

持有機會成本 $= (80,000/2) \times 10\% = 4,000$（元）

有價證券的交易次數 $= 400,000/80,000 = 5$（天）

有價證券交易間隔期 $= 360/5 = 72$（天）

企業利用存貨模式來確定現金的最佳持有量需滿足如下條件：①企業所需要的現金可以通過證券變現取得，且證券變現的不確定性很小；②企業預算期內現金需要總量可以預測；③現金的支出過程比較穩定、波動較小，而且每當現金餘額降至零時，均可通過部分證券變現得以補足；④證券的利率或報酬率以及每次固定性交易費用可以獲悉。

3. 隨機模式

因為存貨模式有許多限制條件，有時很難滿足，這時就可以考慮採用隨機模式。在該模式下，只需要根據歷史資料測算出公司的現金控制範圍，當現金持有接近或超過控制上限時，可投資有價證券；而當現金持有接近控制下限時，就要出售有價證券來補充現金；如現金持有量在上下限之間則屬於正常狀況。如圖7-10所示。

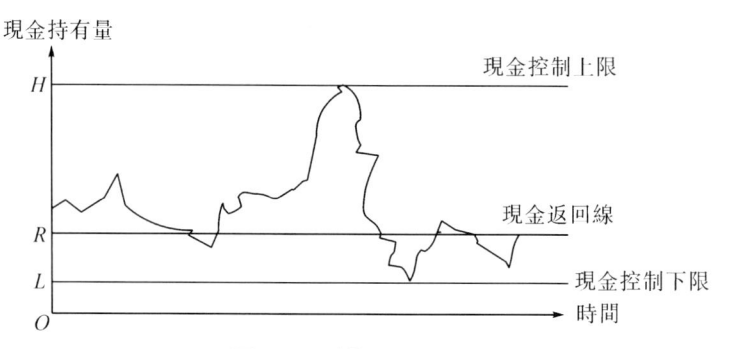

圖7-10 隨機模型示意圖

上述關係中的現金返回線 R、上限 H 可以按以下公式計算：

$$R = \sqrt[3]{\frac{3b\delta^2}{4i}} + L \tag{7.4}$$

$$H = 3R - 2L \tag{7.5}$$

其中：b 代表證券轉換成本，δ 代表每日現金餘額的標準差，i 代表有價證券的日收益率。

【例7-3】假定 ABC 公司有價證券的年利率為 9%，每次的固定轉換成本為 50 元，公司認為企業的銀行活期存款及現金餘額不能低於 1,000 元，根據以往經驗測算出的現金餘額波動的標準差為 800 元。

則該企業的最優現金返還線 R、現金控制上限 H 的計算如下：

有價證券日利率：$9\% \div 360 = 0.025\%$

$$R = \sqrt[3]{\frac{3b\delta^2}{4i}} + L = \sqrt[3]{\frac{3 \times 50 \times 800^2}{4 \times 0.025\%}} + 1,000 = 5,579 \text{（元）}$$

$H = 3R - 2L = 3 \times 5,579 - 2 \times 1,000 = 14,737$（元）

當公司的現金餘額達到 14,737 元時，即應以 9,158 元（14,737-5,579）的現金投資到有價證券，使現金持有量降到 5,579 元；當公司的現金餘額降到 1,000 元時，應轉讓 4,579 元（5,579-1,000）的有價證券，使現金持有量提高到 5,579 元。

需要注意的是，該模式是建立在公司現金需求量和收支狀況不能預測的前提下，是一種比較保守的模式，所以該模式確定的現金持有量比存貨模式的持有量大。

二、短期有價證券管理

短期有價證券是指能夠在短時間內以接近於市價的價格變賣的證券，包括國庫券、商業匯票、短期融資債券、可轉讓定期存單、貨幣市場共同基金和回購合同等，實質上是可盈利的現金。

（一）持有有價證券的原因

企業持有一定量現金的目的是保證正常經營的現金需求，但如果有閒置的資金，企業常常會選擇有價證券投資，使其閒置的資金投入流動性高、風險低、交易期限短的金融工具上，以獲得最大的收益。企業持有有價證券的理由如下：

1. 將其作為現金的替代品，預防企業緊急資金的需求

當企業現金閒置時，企業可以通過持有一定數量的有價證券投資組合取代過多的持有現金。因為有價證券同樣具有很強的變現能力，而且短期有價證券投資方便，風險較小，所以其可以成為企業一種有效的資金調度工具。當企業現金充裕時，可以及時購進短期有價證券；相反，當企業現金出現缺口時，可隨時變賣投資組合中的若干有價證券，以彌補資金不足。

2. 作為短期投資，能使資金利用水準達到最高，獲取更大收益

當企業持有的有價證券價值超過其總資產的2%時，則可以視其為企業的短期投資行為。通常企業投資於有價證券能獲得高於一般銀行存款利息的收益，並減少了企業持有現金的機會成本。因為一般有價證券的收益率要高於銀行的短期借款利率，企業有時寧願用租賃彌補短期資金缺口，而繼續持有短期有價證券。企業持有較多的有價證券，既保持了資產良好的流動性，又大大提高了公司的借款能力。因此，有些企業持有短期有價證券不僅僅是作為現金缺口的準備，獲取盈利也是一個重要原因。

（二）短期有價證券投資對象

短期有價證券的種類很多，但並非所有的有價證券都適合作為現金的替代品進行投資。企業應在有價證券的流動性、風險性與收益性之間進行權衡。在中國，目前可以作為現金替代品的有價證券種類比較多，主要形式有國庫券、商業票據、銀行承兌匯票、短期融資債券、傾向市場共同基金、回購合同等。

1. 國庫券

國庫券是中央政府為調節國庫收支差額而發售和擔保的一種短期或中長期的政府債券。這種債券是短期有價證券最適宜的一種投資方式，其信譽較好，基本可視為無風險債券，但一般情況下其收益率略低於其他有價證券。

2. 商業票據

商業票據是某些信譽較好的公司或大型工商公司開出的短期無擔保票據。這種票據的可靠性依賴於發行公司的資信程度，其利率較高。但因無交易市場，活動性略差。企業購入這種短期票據，沒有特殊情況，一般公司會持有到期，這樣可以獲取大於存貨利率的利息收入。

3. 銀行承兌匯票

銀行承兌匯票是出票人簽發的、由商業銀行承兌的匯票，其到期日一般不超過6個月。銀行承兌匯票常被用來作為對內或對外交易的融資工具，其可靠性依賴於承兌銀行的信譽，其收益率一般高於同期存款利率，並可貼現和背書轉讓，較為方便。

4. 短期融資債券

短期債券主要是由信譽良好的金融機構和公司發行的短期融資債券。由於這種債券的風險大於國庫券，所以其收益率也相對較高，故投資者應在適宜的風險、收益和流動性方面做出合理的投資決策。

5. 貨幣市場共同基金

貨幣市場共同基金是通過向大量小儲戶或小公司出售基金份額來籌集資金，並進行有價證券投資的形式。這種形式較早出現在美國。因為市場上對商業票據或國債投資等會有最低資金限額，這樣對一些小公司十分不利，因此共同基金就由此而生。這種基金不但接受小額投資，而且投資者可隨時出售基金份額獲取現金。

6. 回購合同

回購合同是指證券買方與賣方確定的賣方在今後一定時期按預定價格並加上一定利息向買方購回證券的協議。為什麼作為短期投資公司不直接購入證券，而要採用回購合同的方式呢？這是因為企業可以確定回購期，便於資金控制。另外，也可以消除直接證券投資的價格和利率波動風險，但企業應充分估計對方的信譽程度。

（三）影響有價證券投資的因素

企業在滿足其正常經營活動現金需求的前提下，將閒置資金進行有價證券投資時，由於市場上可選擇的有價證券種類很多，企業需要根據各種證券的不同風險和收益，充分考慮各種因素而進行有效的投資組合。

1. 違約風險因素

違約風險因素是指證券發行人無法按期支付債券利息和償還本金的風險。一般國庫券等政府債券被認為是無違約風險的證券。但其利率較低，而其他有價證券都存在一定程度的風險，但利率較高。短期證券投資組合不能一味追求高收益而承擔較大的風險，也不能過於保守放棄應得的利潤，企業必須在預期收益與風險之間進行合理的權衡。

2. 利率風險因素

利率風險是指市場利率的變動導致的有價證券價格的變動而使投資者遭受損失的風險。市場利率與債券價格呈反方向的變動，企業應預計市場利率的變化而及時調整投資政策和投資組合，以避免利率波動帶來的風險。

3. 購買力風險因素

購買力風險又叫通貨膨脹風險，是指由於通貨膨脹等因素導致的有價證券貶值或收到證券時的實際購買力下降的風險。一般短期投資受這種風險的影響較小，但企業仍需警惕物價短期發生變動，以及時調整自己的策略。

4. 流動性因素

企業持有價證券的目的除了獲取收益外，還必須為企業資產的流動性做準備。以

便應付各種不可預測的現金需求。因此，從短期來看企業也應充分關注短期證券投資的流動性。

5. 收益與稅賦因素

有效的短期投資組合會直接影響到公司的收益水準和稅賦成本，一般除了國庫券和政府債券等可以免除稅金外，其他有價證券都要依法納稅。所以，企業在進行短期投資時，應對證券實際收益進行比較。

第三節　應收帳款管理

導入案例

2003年3月初，有消息稱，中國彩電巨頭四川長虹在美國遭遇巨額詐騙，數億元人民幣可能無法追回。據傳，長虹2002年出口彩電中有300多萬臺是由美國一家叫PAEX的公司代理出口的，就是這家公司拖欠了巨額貨款。

據瞭解，四川長虹2002年以全球銷售1,129萬臺和出口398萬臺奪得銷售和出口兩項第一，而2001年長虹的出口只有12萬臺，一年內出口增加了33倍多。

長虹2002年的應收帳款較2001年增加了13.4億元，同比增長了46.5%。其中僅一年間，APEX公司欠四川長虹的款項就由3.46億元猛增至38.3億元，占公司應收帳款的92%。

有關企業的追收實踐表明，帳款逾期在半年以內，收回成功率是57.8%；一年以後，收回的成功率是26.6%；兩年以後，收回的成功率只有13.6%。有些企業不遺餘力以超低價或者其他信用策略銷售產品，擴大了銷售的同時也增大了應收帳款投資，難道企業沒有認識到這些拖欠帳款的風險與成本？沒有認識到信用政策對企業目標的影響？

一、應收帳款概述

應收帳款是企業對銷售產品、提供勞務等所形成的尚未回收的款項，是企業短期資產的重要組成部分。企業加強應收帳款的管理，目的是在充分發揮應收帳款功能的基礎上，降低應收帳款投資的成本和風險，使應收帳款投資所增加的收益大於其投資成本，使企業最大限度地獲取收益。

(一) 應收帳款產生的原因

應收帳款的存在是由於企業採用賒銷或分期收款等方式從事經營活動引起的，雖然這些方式促進了企業的銷售，但企業可能會承擔壞帳損失而給企業帶來一定的經營風險。那麼企業為什麼還會讓應收帳款發生呢？其根本原因有兩個：

1. 激烈的市場競爭

在市場經濟條件下，競爭機制的作用迫使企業必須以各種手段擴大銷售，除了依靠產品質量、價格、售後服務等外，給客戶提供一定的信用優惠也成為手段之一。而賒銷在現代社會中已被認為是一種通用的交易方式，它對進一步吸引客戶、擴大企業

銷售具有不可低估的作用，所以在市場激烈的競爭下，商業信用的產生必然引起企業應收帳款的發生。

2. 銷貨和收款的時間差

商品的銷售與企業應收帳款的結算過程由於時間的差異存在資金的滯留，這就導致企業需要承擔由此引起的資金墊支。由於銷售和收款的時間差而引起的應收帳款是由結算過程引起的，不屬於前面所說的商業信用，故不屬於我們以下討論的主要內容，本章只討論由商業信用引起的應收帳款的管理。

（二）應收帳款的功能與成本

應收帳款實質上是企業為了擴大產品銷售收入而向買方提供的一種商業信用，這種商業信用的投資是有成本和風險的。企業對應收帳款的管理，就是要對其應收帳款投資上的收益和成本進行權衡，以便制定出最佳的信用政策和收帳政策。

1. 應收帳款的功能

（1）增加了企業的商品銷售收入。企業銷售商品可以採用兩種基本形式，即現銷和賒銷。在競爭激烈的市場經濟條件下，賒銷已成為一種通用的交易方式。因為在賒銷的情況下，企業在銷售商品的同時，也向買方提供了一筆可以在一定期限內無償使用的資金，即商業信用資金，其數額等同於商品的售價，這對於購買方而言具有極大的吸引力。因此，為適應競爭的需要，企業適時地採取各種有效的賒銷方式，就顯得尤為重要。

（2）減少了企業的存貨量。企業由於賒銷增加產品銷售收入的同時，也降低了存貨中庫存商品的數量，有利於縮短商品的庫存時間，節省了其所需的管理費、倉儲費、保險費等各方面的支出。因此，當庫存商品較多時，企業可以通過賒銷把存貨轉化為應收帳款，以節省各種開支，但同時也會加大應收帳款的風險。

2. 應收帳款的成本

企業採取賒銷這一方式提高了企業的銷售收入，獲取了收益，但企業持有應收帳款是有代價的，是需要成本支出的。其主要表現在以下幾個方面：

（1）持有的機會成本。企業為促銷而採用賒銷方式，就意味著不能及時收回貸款，而為客戶墊付一定時期的資金，由於這筆資金的擱置而不能進行其他投資所喪失的投資收益就是企業需承擔的機會成本。這種成本一般按有價證券的收益率計算。

（2）持有應收帳款的管理成本。管理成本主要是指對應收帳款進行日常管理而耗費的開支，主要包括與應收帳款相關的客戶信譽調查費用、帳簿記錄費用、收帳費用等。

（3）壞帳損失成本。壞帳成本是指由於某種原因導致應收帳款無法收回而給企業帶來的損失。這一成本一般與企業的應收帳款規模呈正比例關係，並可按一定百分比來預測。企業的商業信用銷售越大，承擔的壞帳損失風險就越大。

（三）應收帳款的管理策略

影回應收帳款管理策略的因素主要有以下三個方面：

（1）企業銷售規模和市場競爭程度。通常，企業的銷售規模越大，市場競爭越激

烈，其應收帳款的持有量就越大，企業的資金壓力就越大。

（2）企業賒銷的比例。賒銷是產生應收帳款的直接原因，因此賒銷比例的確定對企業應收帳款的規模具有很大的影響。當企業試圖不斷擴大市場份額時，往往會採取較高賒銷比例的政策，這樣就對企業的資金造成很大的壓力。

（3）公司信用政策。企業信用政策的確定是應收帳款管理的直接因素，而且是由財務人員直接來決策的，信用政策是在對企業的經營和財務狀況做深入研究的基礎上確定的。在具體運用過程中，採用適宜的和具有針對性的信用政策，才能提高企業信用管理水準，以實現對應收帳款的有效管理。

二、信用調查與評估

（一）信用調查

信用調查的主要目的是獲取客戶的信用資料。企業可以通過直接調查客戶獲取，如採訪、詢問、記錄等；也可以通過間接的調查獲取，如根據企業自己以往的經驗，查閱客戶的財務報告，分析銀行提供的客戶信用資料，向國內外諮詢公司諮詢等。具體獲取相關信息的渠道有如下幾種：

1. 企業內部的客戶歷史數據

企業通過對以往的應收帳款週轉期進行研究，對客戶信用質量進行書面評價。

2. 客戶財務報告

查看客戶的財務信息是企業進行信用分析主要的信息來源之一。企業若是能取得客戶經過審計後的財務報表，並計算關鍵的財務比率，便能更好地掌握客戶的基本財務狀況。

3. 信用評估機構信息

企業可以從信用評估機構獲取客戶的信用評級信息。信用評估機構可以提供客戶的信用報告，包括公司背景、行業性質、經營狀況、財務信息、綜合信用等級評價等。

4. 銀行記錄

銀行是企業信用資料的一個重要來源，銀行在向客戶提供貸款時，都要對客戶的信用情況進行嚴格的審查。通過開戶行，企業可以得到有關客戶的現金餘額、貸款和信用歷史信息以及一些財務信息。

（二）信用評估

經過對客戶的信用狀況進行調查，收集好信用資料後，企業就需要對客戶的各種信用資料進行分析，並對客戶的信用狀況進行評估。在實踐中，信用評估的方法有很多。下面主要介紹兩種方法。

1. 「5C」評估法

「5C」評估法是指對客戶信用的 5 個方面進行評估，這是西方國家常用的方法。這5 個方面的英文單詞的第一個字母都是 C，故稱為「5C」評估法。

（1）品行。品行（character）是指客戶試圖履行其償債義務的可能性，這是評估客戶信用品質的首要因素。企業必須對客戶過去的付款記錄進行詳細分析，據以推斷

其履行償債義務的可能性。

（2）能力。能力（capacity）是指客戶的償債能力。企業可以通過分析客戶的經營方式、資產流動性，以及對客戶實地調查，做出對客戶償債能力的判斷。

（3）資本。資本（capital）是指客戶的一般財務狀況，如註冊資本、資產總額、淨資產、主要財務比率等。

（4）擔保品。擔保品（collateral）是指客戶為了獲得商業信用所提供給企業作為擔保用的資產。客戶若能提供擔保品，可以減少公司的賒銷風險。客戶提供的擔保品越充足，信用安全保障就越大。

（5）條件。條件（condition）是指可能影響客戶償債能力的經濟環境，如經濟發展趨勢、經濟政策、某地區或某領域經濟的特殊發展等。

2. 信用評分法

「5C」評估法主要是對客戶的信用狀況進行定性評估，而在實踐中，企業還需要對客戶的信用狀況進行定量分析。信用評分法就是對反應客戶信用質量的這種指標進行評分，然後進行加權平均，算出客戶的綜合信用分數，並據此進行信用評估的一種方法。信用評分法的基本公式是：

$$Y = \sum_{i=1}^{n} \alpha_i x_i \tag{7.6}$$

其中：Y 是某公式的信用評分，α_i 是事先擬訂的第 i 種財務比率或信用品質指標的權數。x_i 是第 i 種財務比率或信用品質指標評分。

公式中的財務比率或信用品質指標主要包括流動比率、資產負債率、利息保障倍數、銷售利潤率、信用用評估等級、信用記錄、資信調查等，它可以根據公式收集的資料分析確定，各種要素的權數是根據財務比率和信用品質的重要程度來確定的。

【例 7-4】現以 X 企業為例來說明這種方法，具體情況如表 7-3 所示。

表 7-3

項目	財務比率或信用品質 (1)	分數（X_i） 0~100 (2)	預計權數（α_i） (3)	加權平均數（$\alpha_i X_i$） (4) = (2) × (3)
流動比率	1.9	90	0.20	18.00
資產負債率	50	85	0.10	8.50
銷售利潤率	15	85	0.10	8.50
信用評估等級	AA	85	0.25	21.25
信用記錄	一般	75	0.25	18.75
未來發展預計	一般	75	0.05	3.75
其他因數	好	85	0.05	4.25
合計	—	—	1.00	83

在表 7-3 中，第（1）欄是根據收集來的資料及分析確定的；第（2）欄是根據第（1）欄的資料確定的；第（3）欄是根據財務比率或信用品質的重要程度來確定的。在

採用信用評分法進行信用評估時，分數在 80 分以上說明企業信用狀況良好，分數在 60~80 分說明信用狀況一般，分數在 60 分以下說明信用狀況較差。

三、信用政策的制定

信用政策也稱應收帳款政策，是指企業對應收帳款投資進行規劃與控制而確立的基本原則和規範，本質是對客戶的一種結算優惠和短期融資。

（一）信用標準

信用標準是指企業在銷售業務中給予客戶一定商業信用的基本標準。它主要是根據本企業的經營和財務實際狀況、客戶的信譽情況及市場競爭的激烈程度等綜合因素來制定的。

信用標準反應了應收帳款的質量水準，它對於可接受的風險提供了一個基本的判別標準。企業在設定某一位客戶的信用標準時，往往先要評估它賴帳的可能性，即它的信用狀況。信用標準通常用壞帳損失率表示，可允許的壞帳損失率越低，表明企業的信用標準越高。

如果企業的信用標準嚴格，企業可以減少壞帳損失、降低應收帳款的機會成本和管理成本，但這不利於增加銷售、擴大市場佔有率，甚至可能會引起企業銷售量的減少；反之，信用標準寬鬆，雖然增加了企業的銷售量，但會相應增加壞帳損失和應收帳款的機會成本與管理成本。因此，企業必須在擴大銷售與增加成本之間權衡利弊，針對不同的情況制定不同的信用標準。

（二）信用額度

信用額度是指根據企業的實際情況和客戶的償付能力所給予的最大賒銷額。信用額度的確定在企業應收帳款管理中具有特殊意義，它能防止局域客戶過度的賒銷信用，而造成企業不必要的損失。

賒銷的信用額度體現了企業願意承擔賒銷風險的最大限度。在正常情況下，企業一般可以一年測評一次，平時應嚴格執行，並及時發現賒銷業務中的問題，不能隨意擴大客戶的賒銷額，給那些套取信用的人可乘之機。

（三）信用期限

信用期限是企業賒銷商品時允許客戶延長付款的最長期限。確定信用期限是企業制定應收帳款信用政策最重要的部分，因為延長信用期可以吸引客戶，擴大銷售，增加企業營業利潤。但信用期的延長，必然使企業平均收帳期延長，會造成不利的後果。所以，作為企業營銷戰略的重要手段，適當延長信用期是必要的，但只有當由此帶來的利潤大於增加的成本時，才能認為這種新的信用期限是合理的。

因此，從財務角度選取合理信用期限十分簡單，只要分析一下新的信用期限政策運用後的邊際收益能否抵銷其邊際成本，便可知其是否有利。

四、應收帳款的日常管理

對大多數企業來說，存在應收帳款是十分正常的事。應收帳款是企業對外提供商業信用的結果，其往往蘊涵著巨大的風險。因此，企業對應收帳款必須加強日常管理，採取有力的措施進行分析、控制，及時發現並解決問題。

(一) 收帳政策

收帳政策是指客戶違反信用條件，拖欠甚至拒付帳款時企業所採取的收帳策略和措施。

企業給客戶提供信用條件，實際上已經承擔了客戶拖欠甚至拒付帳款的風險。企業制定信用政策時，就應當考慮對客戶有可能違反信用規定的收帳政策。

企業如果採用嚴格的收帳政策，則可能會減少應收帳款的投資，減少壞帳損失，但要增加收帳成本；反之，如果採用寬鬆的收帳政策，則可能增加應收帳款和壞帳損失，但會減少收帳費用。

一般而言，收帳費用支出與應收帳款機會成本和壞帳損失成本呈反比例關係，但是一種非線性關係。其變化規律是：當企業增加適量的收帳成本時，應收帳款的機會成本和壞帳損失成本下降；收帳成本繼續增加，應收帳款的機會成本和壞帳損失成本會明顯下降，但當收帳成本的支出達到一定程度以後，這種對應關係明顯減弱，這個限度成為飽和點。如圖7-11所示。

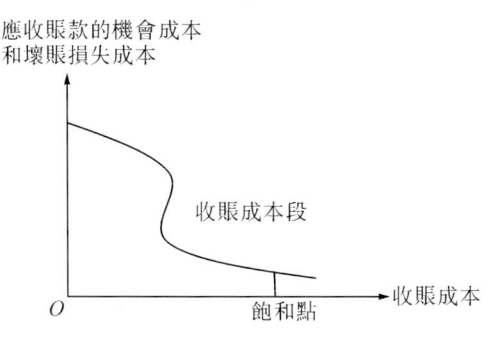

圖7-11 應收帳款機會成本和壞帳損失圖

由於商業信用的存在，企業發生一定的壞帳損失是不可避免的。企業在制定收帳政策時，應該考慮飽和點問題，不能無限度地增加收帳費用，應在增加的收帳費用與壞帳損失和機會成本之間進行權衡。

(二) 應收帳款的追蹤分析

企業應對賒銷客戶的付款狀況和付款能力進行追蹤調查和分析，特別是對於大額交易和以往信用狀況較差的客戶應作為追蹤分析的重點。通過追蹤調查，企業能及時有效地控制不同客戶的收款情況，能夠把握客戶延遲付款的原因，為企業當前調整分離的收款方式提供依據，更能為企業未來制定合理有效的信用政策打下基礎。

(三) 應收帳款帳齡分析

帳齡分析是應收帳款日常管理的重要內容，它是指定期對賒銷客戶的付款狀況進

行金額、期限和結構分析的重要方式。一般可將未收回的應收帳款按開票日期和延遲期限進行分類，分別確定不同帳齡的排序並編製成表。

通過帳齡分析表，企業可以對當前客戶的貨款情況有一個整體的瞭解，掌握企業的實際收款狀況是否良好，以及企業貨款被拖欠的嚴重程度。同時，企業還可以瞭解不同客戶的信用期限執行情況，是否有超越其規定的信用額度以及哪些客戶將是企業進一步深入分析的對象。

(四) 建立應收帳款壞帳準備制度

無論企業採用何種嚴格的信用政策，只要商業信用存在，壞帳損失必然不可避免。所以，企業應該建立完備的壞帳準備制度，這既是應收帳款管理的重要內容之一，也是保障企業穩定發展的重要手段。

第四節　存貨資產管理

【案例】

嘉農公司是幾個年輕人集合了民間資本在3年前創立的，主要經營日用品、食物、飲料等雜貨的網上銷售業務。但由於金融危機的影響，企業出現了虧損，投資商紛紛修改了他們的預算。預計為嘉農公司投資的投資商拒絕了第二筆資金的注入，還勒令他們在3個月內讓嘉農公司扭虧為盈，否則公司就難逃被賣掉的命運。管理層經過認真分析後，發現扭虧為盈的關鍵在存貨上。

對於存貨的問題，嘉農公司內部也多次召開會議進行研究。各個部門所持的意見大相徑庭。銷售部認為存貨不夠導致頻頻缺貨，越來越低的訂單完成率和糟糕的存貨水準限制了銷售額的增加。而倉庫和採購部門認為現有的庫存量已經太多，特別是那些貨架期（保鮮要求）比較短的商品，過期損失的負擔相當大。財務經理的分析也顯示，存貨在公司的資產中占用了大量的現金，已經到了警戒水準，而且和業務量的發展相比，存貨呈幾何級數的增長。顯然，採購、銷售、倉庫、財務各部門對存貨的庫存量和訂貨方式意見不一，總經理該怎麼解決這個問題呢？存貨的庫存量又該是多少才是最合適的呢？

一、存貨管理概述

(一) 存貨的意義和管理目標

存貨是企業在經營過程中為了滿足銷售或生產耗用的需要而儲備的各種物質，主要包括原材料、低值易耗品、在產品和庫存商品等。

企業持有充足的存貨，不僅有利於生產過程的順利進行，節約採購費用與生產時間，而且能夠迅速滿足客戶各種訂貨的需要，從而為企業的生產與銷售提供較大的機動性，避免因存貨不足帶來的機會損失。

然而，存貨的增加必然會占用企業更多的資金，將使企業付出更大的持有成本

（存貨的機會成本），而且存貨的儲存與管理費用也會相應增加，影響企業獲利能力的提高。因此，如何在存貨的功能（收益）與成本之間進行利弊權衡，在充分發揮存貨功能的同時降低成本、增加收益、實現它們的最佳組合，成為存貨管理的基本目標。

（二）存貨的功能與成本

1. 存貨的功能

（1）保證公司生產經營正常進行。

適量的原材料、在產品、半成品是公司正常生產經營的前提和保障。儘管理論上存在零存貨目標，但要完全實現這一目標幾乎不可能。就企業外部而言，供貨方的生產和銷售往往會因某些原因而暫停或推遲。就企業內部而言，有適量的半成品儲備，能使生產環節的生產調度更加合理，讓生產工序步調更為協調，聯繫更為緊密，不至於因等待半成品而影響生產。因此，適量的存貨能有效地防止停工待料的發生，保障生產的連續性。

（2）適應市場變化。

市場對企業產品的需求量一般來說是不穩定的，一定數量的存貨儲備可以增強公司銷售的機動性和適應市場變化的能力，特別是對於銷售季節性很強的商品更應存儲足夠的存貨，避免因存貨不足而錯失良機。

（3）降低成本。

一般來說，企業的採購成本、訂貨成本與採購物資的單位售價及採購次數有密切的關係。許多企業為了鼓勵客戶購買其產品，往往在採購量達到一定數量時在價格上給予相應的價格折扣。由此可見，企業採取大批量的集中進貨，既可以降低單位物質的買價，又可以降低採購費用的支出，從而降低成本。

（4）保險儲備防止意外損失。

企業面對的市場是千變萬化的，不確定因素很多，如採購、運輸、生產、銷售過程中都可能發生意外事故。為防止意外事故的發生而影響企業的生產經營活動，企業保持定量的存貨保險儲備是必要的。

2. 存貨成本

（1）採購成本。

採購成本由買價、運雜費、裝卸費、運輸途中的合理損耗費用和入庫前的挑選整理費用等構成，等於採購單價乘以採購數量。由此可知，當進貨總量在一定時期為既定的情況下，由於採購單價（假設物價不變而且無採購數量折扣）不變，採購成本在存貨管理決策就屬於無關成本；但在有數量折扣時，採購成本就成為決策的相關成本。年需要量用 D 表示，單價用 U 表示。

$$採購成本 = D \times U \tag{7.7}$$

（2）訂貨成本。

訂貨成本是指企業為組織訂購存貨而發出的各項支出，如與存貨採購有關的辦公費、差旅費、郵資、電話電報費等。訂貨成本中有一部分與訂貨次數無關，如常設採購機構的基本開支等，這類固定性訂貨成本屬於決策無關成本，用 F_1 表示；另一部分與訂貨次數有關，如差旅費、郵資等，這類變動性訂貨成本屬於決策的相關成本。每

次訂貨的變動成本用 K 表示，訂貨次數等於存貨年需要量 D 與每次進貨量 Q 之商。訂貨成本的計算公式為：

$$訂貨成本 = F_1 + \frac{D}{Q}K \tag{7.8}$$

（3）儲存成本。

儲存成本是指為保持存貨而發生的成本。它包括存貨占用資金的應計利息、倉庫費用、保險費用、存貨損耗費等，分為變動性儲存成本和固定性儲存成本。變動性儲存成本與儲存數量成正比，如存貨占用資金的應計利息、保險費用、存貨損耗費用等，單位存貨的年變動儲存成本用 Kc 表示。固定性儲存成本與儲存數量無關，如倉庫折舊、倉庫職工的固定月工資等，常用 F_2 表示。用公式表示的儲存成本為：

$$儲存成本 = F_2 + K_c \frac{Q}{2} \tag{7.9}$$

（4）缺貨成本。

缺貨成本是指由於存貨數量不足而給生產和銷售帶來的損失，如停工損失、失去銷售機會的損失、採取補救措施而發生的額外成本等。缺貨成本與存貨成本的儲存數量成反比。

(三) 存貨管理的方法

1. 存貨資金的統一管理

企業必須加強對存貨資金的統一管理，促進供、產、銷互相協調，實現資金的綜合平衡，加速資金週轉。財務部門對資金的統一管理包括以下幾個方面：①根據國家財務制度和企業具體情況制定資金管理的各種制度；②預算各種資金占用數額，匯總編製存貨資金計劃；③將企業計劃指標進行分解，落實到相關部門和個人；④對各部門的資金運用情況進行檢查和分析。

2. 各項資金的歸口管理

企業存貨的每項資金由哪個部門使用，就歸哪個部門管理。各項資金歸口管理的分工如下：①原材料、燃料、包裝物等的資金歸採購部門管理；②在產品和自製半成品的資金歸生產部門管理；③產成品的資金歸銷售部門管理；④修理用備件占用的資金歸銷售部門管理；⑤辦公用品占用的資金歸行政部門管理。

3. 存貨資金的分組管理

各歸口管理部門要根據本部門的具體情況，將存貨資金計劃指標進行分解，層層落實，明確權限與責任，實行分級管理。具體分解可按如下方式進行：①原材料資金計劃指標可分配給材料採購、倉庫保管、整理準備各業務組管理；②在產品資金計劃指標可分配給各個車間半成品庫管理；③產品資金計劃指標可分配給銷售、倉庫管理、成品發運各業務組管理。

二、存貨的經濟批量模型

(一) 經濟批量的基本模型

與存貨關係的四種成本中，通常情況下存貨的採購成本是穩定的，且不考慮缺貨

成本。所謂經濟批量模型就是用來確定存貨最合理的採購批量，以確保企業一定時期的訂貨成本與儲備成本合計的總成本最低的決策模型。

經濟批量的基本模型以如下假設為前提：①企業一定時期某種存貨的需求量能預測，且其耗用或銷售比較均衡；②企業每次訂貨都集中到貨，不允許缺貨，故沒有缺貨成本；③企業能隨時補充存貨，即存貨市場供應充足、企業資金充足，故不考慮安全存量；④存貨的單價、訂貨成本和儲備成本都是已知的，並在一定時期保持穩定。

根據上述假設，企業一定時期存貨購買的總成本為：

$$TC = F_1 + \frac{D}{Q}K + DU + F_2 + K_C \frac{Q}{2} \tag{7.10}$$

其中，F_1 為固定性訂貨成本，D 為存貨年需要量，Q 每次進貨量，K 每次訂貨的變動成本，U 表示存貨單價，F_2 固定性儲存成本，K_C 表示單位存貨的年變動儲存成本，當 F_1、K、D、U、F_2、K_C 為常數量時，TC 的大小取決於 Q。為了求出 TC 的極小值，我們對其進項求導演算，可得出下列公式：

$$Q^* = \sqrt{\frac{2KD}{K_C}} \tag{7.11}$$

$$TC(Q^*) = \frac{KD}{\sqrt{\frac{2KD}{K_C}}} + \frac{\sqrt{\frac{2KD}{K_C}}}{2} = \sqrt{2KDK_C} \tag{7.12}$$

這一公式稱為經濟批量模型，求出的每次訂貨批量，可使 TC 達到最小值。為了更清楚地反應表示該模型的原理，我們可繪製經濟批量模型的函數圖。如圖 7-12 所示。

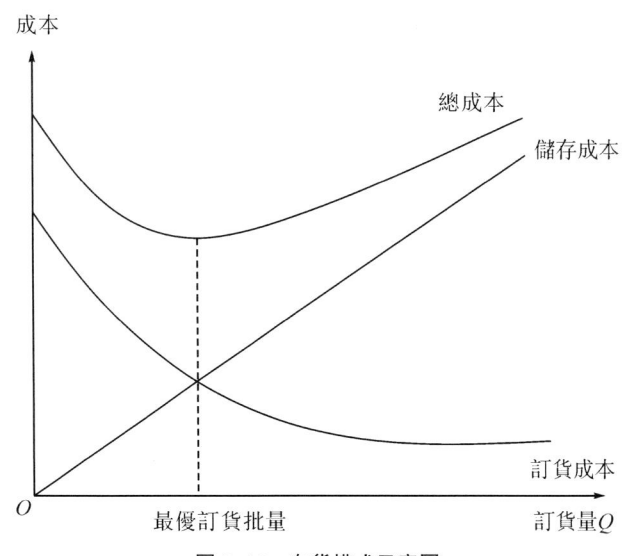

圖 7-12　存貨模式示意圖

【例7-5】某企業需耗用甲材料 14,700 千克，每次訂貨成本為 500 元，單位存儲成本為 30 元。

解：存貨的經濟訂貨批量：

$$Q=\sqrt{\frac{2KD}{K_C}}=\sqrt{\frac{2\times14,700\times500}{30}}=700\text{（千克）}$$

存貨經濟訂貨批量下的存貨總成本：

$$\text{TC}(Q^*)=\sqrt{2KDK_C}=\sqrt{2\times14,700\times500\times30}=21,000\text{（元）}$$

2. 存在數量折扣時的經濟批量模型

經濟批量的基本模型的應用假設存貨的購買單價不變，但在實際中如果企業一次購買大批量的存貨，就有可能獲得數量折扣。當所採用的採購批量不等於經濟訂貨批量時，決策的標準就是以不採用經濟批量將多支付的相關成本與因採用折扣批量而獲得的折扣優惠進行大小比較。如果折扣超過額外存貨成本，則應該增加訂貨數量以獲得折扣。因此，公式中考慮折扣，即設 d 為單位價格折扣，則：

$$\text{TC}=F_1+\frac{D}{Q}K+DU+F_2+K_c\frac{Q}{2}-dD \tag{7.13}$$

【例7-6】承【例7-5】，假設企業一次訂貨如果超過1,000千克，可給予0.2元的數量折扣。請問該企業是否應該將訂貨批量從一次700千克增加到1,000千克？

解：在【例7-5】中，我們已計算出一次訂購700千克時的總成本為21,000元。如果訂貨批量為1,000千克時，計算出的成本低於21,000元，則可提高訂貨批量。考慮數量折扣，將相關數據代入公式得：

$$\begin{aligned}\text{TC}&=F_1+\frac{D}{Q}K+DU+F_2+K_c\frac{Q}{2}-dD\\&=\frac{14,700}{1,000}\times500+30\times\frac{1,000}{2}-0.2\times14,700\\&=22,350-2,940\\&=19,410\text{（元）}\end{aligned}$$

計算結果表明，雖然增加訂貨數量使得成本由21,000元上升至22,350元，但是考慮折扣有2,940元，實際上增加訂貨可以使總成本下降1,590元。所以，企業可以增加訂貨量一次1,000千克以獲得數量折扣。

3. 存在缺貨供應的模型

缺貨供應模型的數學推導很複雜，這裡限於篇幅只將其推導的結果加以說明。缺貨供應模型的 Q^* 和 $\text{TC}Q^*$ 的計算公式如下：

$$Q^*=\sqrt{\frac{2KD}{K_C}\times\frac{p}{p-d}} \tag{7.14}$$

$$\text{TC}(Q^*)=\sqrt{2KDK_C(\frac{p-q}{p})} \tag{7.15}$$

式中：p 為每天送貨量，q 為每天的消耗量。

【例7-7】承【例7-5】，假定訂貨間隔期10天，每天送貨量是70千克（700/10），每天的消耗量為30千克，代入上述公式，計算結果如下：

$$Q^*=\sqrt{[(2\times14,700\times500)/30]\times[70/(70-30)]}=926\text{（千克）}$$

$$\text{TC}(Q)^*=\sqrt{2\times14,700\times500\times(1-30/70)}=15,875\text{（元）}$$

可見，只要不影響正常生產，適度的缺貨反而會使企業的存貨總成本有所下降。

這是因為企業的訂貨批量上升能節約企業訂貨成本，同時其平均存貨量下降又能節約企業的儲備成本，從而使企業的存貨總成本下降。

三、存貨再訂貨點與存貨安全儲備量的確定

在前面介紹的經濟批量模型下，其假設存貨的需求是確定的，使用的存貨是常數且瞬時交貨（提前期是確定的）。然而，事實上，以上所列因素都不可能是確定的，企業的存貨不能做到隨用隨補充，因此不能等存貨用光再去訂貨，而需要在沒有用完時提前訂貨。因此，需要瞭解正確的存貨再訂貨點和安全儲備量。

（一）存貨再訂貨點的確定

存貨再訂貨點是指當企業的存貨降低到某一數量時，採購部門就應立即訂貨。一般企業的存貨再訂貨的確定方法是企業訂貨間隔期內正常消耗用量加上安全儲備量之和。其計算公式如下：

$$存貨再訂貨點 = （平均每天正常耗用量 \times 訂貨間隔期）+ 安全儲備量$$
$$= 預計每天最大耗用量 \times 訂貨間隔期 \quad (7.16)$$

訂貨間隔期是指企業發出訂貨單到收到存貨的週期。在實際生產中，無論是再訂貨點還是訂貨間隔期，哪個先碰到，就立即發出訂貨單。在生產正常的情況下，兩者往往會同時出現。

【例 7-8】某企業存貨的訂貨間隔期為 10 天，每天存貨平均正常耗用量為 25 千克，預計每天最大的耗用量為 30 千克，安全儲備量為 50 千克。

再訂貨點 =（25×10）+50 = 300（千克）

或：再訂貨點 = 30×10 = 300（千克）

即當企業存貨尚存 300 千克時，採購部門就應發出訂貨單，或在上一次發出訂貨單 10 天後，企業均應發出再訂貨單。再訂貨單和訂貨間隔期對原來決策的經濟批量沒有影響，企業仍按原經濟批量進行採購，只是訂貨的依據是存貨量降到 300 千克。

（二）安全儲備量

存貨的安全儲備量是指企業為了防止發生缺貨或供貨中斷而造成損失，必須要儲備的保險性庫存量。那麼企業要保持多少安全庫存才是合適的呢？這首先取決於一定時期企業存貨需求量和訂貨間隔期的變化。一般情況下，需求量變化越大和間隔期越長，企業應保持的安全儲備量就越大。其基本公式如下：

$$安全儲備量 = （預計每天大耗用量 - 平均每天正常耗用量）\times 訂貨間隔天數 \quad (7.17)$$

【例 7-9】某公司存貨購入的經濟批量為 270 千克，30 天訂貨一次，訂貨間隔期為 10 天。如每天預計最大耗用量為 12 千克，則保險庫存量計算如下：

$$平均每天正常耗用量 = \frac{270}{30} = 9（千克）$$

安全儲備量 =（12-9）×10 = 30（千克）

企業持有一定的安全儲備量存貨，雖然能保證企業的正常經營和減少缺貨損失，但增加存貨量就會增加企業的儲備費用和資金的機會成本。所以，最合理的安全儲備量

應該在缺貨成本與儲備成本和機會成本之間做出比較與權衡。最終能使這兩類成本的合計達到最小，這樣的安區儲備量才是最合理的。

$$缺貨損失 = 缺貨數量 \times 訂貨次數 \times 缺貨概率 \times 單位缺貨損失$$

$$儲存費用 = 保障儲備量 \times 儲存費用 \qquad (7.18)$$

仍以【例 7-9】說明。設該種存貨單位為 5 元，單位缺貨損失為 2 元，每年採購次數為 12 次，存貨單位儲存成本為 2 元，其生產耗用量的不確定性如表 7-4 所示。

表 7-4

生產耗用量（千克）	概率（%）
270（正常耗用量）	80
300	15
330	4
360（最高耗用量）	1

根據上述資料，該企業的安全儲備量計算如表 7-5 所示。

表 7-5

保險儲備量（千克）	缺貨數量（千克）	缺貨概率	缺貨損失（元）	存儲成本（元）	成本合計（元）
0	30	15%	30×12×15%×2=108	0	187.2
	60	4%	60×12×4%×2=57.6		
	90	1%	90×12×1%×2=21.6		
30	30	4%	30×12×4%×2=28.8	30×2=60	103.2
	60	1%	60×12×1%×2=14.4		
60	30	1%	30×12×1%×2=7.2	60×2=120	127.2
90	0	0	0	90×2=180	180

通過表 7-5 的比較分析可以發現，企業安全儲備量 30 千克是最合理的，因為這時候發生的缺貨損失成本和存貨存儲費用合計最小。

四、存貨的 ABC 管理法

ABC 管理法也稱巴雷特法，由義大利經濟學家巴雷特首創，以後經過不斷地發展和完善，現已廣泛應用於存貨管理、成本管理和生產管理。ABC 管理法也稱為重點管理法，是一種體現重要性原則的管理辦法，其關鍵是要求對存貨按其價值的大小分為 A、B、C 三類，再根據各類存貨資金的占用程度，分別進行有針對性的管理。

存貨 ABC 管理法的基本步驟如下：

首先，將企業的全部存貨列表反應，並計算出每種存貨的價值總額及其占全部存貨金額的百分比。

其次，將存貨按其數量及金額比重大小分為三類：一般企業 A 類存貨的品種占全部

存貨的品種的 5%～15%，而資金占用額占全部存貨資金總金額的 60%～80%；B 類存貨的品種占全部存貨品種的 20%～30%，資金占用總額占全部存貨資金總額的 15%～30%；C 類存貨品種最多，占全部存貨品種的 60%～80%，但資金占用總額只占全部存貨資金總額的 5%～15%。

最後，對於不同類別的存貨，採用不同的管理方法：A 類存貨由於資金占用量大，對整個存貨管理的好壞有極大影響，是存貨管理的重點，一般要採取經濟存貨批量加以控制，並要經常檢查這類存貨的庫存情況；對 C 類存貨，由於其價值較低，在總資金中的比例很小，所以沒有必要花費過多的精力和財力去實行嚴格控制，一般採用一些較為簡單的方法進行日常的管理即可；B 類存貨介於 A 類與 C 類之間，可實施次重點管理，其日常控制雖沒有 A 類存貨那麼嚴格，但不能仿照 C 類的管理模式，應對其進行具體分析，參照其在生產中的重要程度，採用寬嚴適度的管理方法。

實施 ABC 存貨管理方法，對企業的存貨能夠有重點地進行針對性的控制，可以使企業分清主次，採用相應的對策進行有效的存貨管理。但要注意的是，企業存貨的應用狀況是經常發生變化的，應對企業存貨的分類進行定期分析和必要的調整，才能使該方法的應用達到預期的效果。

第八章

收益分配管理

第一節　收益分配概述

【案例】

某公司是一家生產製造鋼材的有限責任公司，2018 年全年實現銷售收入 5,000 萬元，產品成本為 1,000 萬元，管理費用為 30 萬元，財務費用為 15 萬元，為銷售產品發生的費用為 23 萬元。假設再無其他費用發生，所得稅稅率為 25%，2017 年企業發生虧損 500 萬元。董事會該如何對本公司的收益進行分配呢？

案例的簡單分析：

（1）首先應該對本公司的利潤總額進行計算。根據所給的資料對收益構成進行分析、歸類，最後計算出利潤總額。

（2）在對淨利潤進行分配時，要遵循一定的分配原則，要充分考慮本公司的未來發展計劃，而不是盲目地把所實現的利潤分配給股東。要充分考慮公司的長遠發展，正確處理公司與股東、員工、國家等各方面的關係。

（3）依照法定的程序對公司的收益依次進行合理的分配，不能打亂分配次序。比如沒有用收益進行稅前補虧，就不得把公司的收益分配給股東。

一、收益的構成

會計收益也稱會計利潤，它是企業一定時期從事生產經營和投資業務及其他非經營活動所取得的淨收益。它集中反應企業在生產經營活動各方面的效益，在量上表現為企業全部收入抵減全部支出後的餘額，是企業最終的財務成果，也是衡量企業生產經營管理的重要綜合指標。

企業利潤總額主要由營業利潤和營業外收支淨額構成。用公式表示為：

$$利潤總額 = 營業利潤 + 營業外收入 - 營業外支出 \tag{8.1}$$

(一) 營業利潤

營業利潤是指企業在一定時期從事生產經營活動和其他經營活動所取得的利潤。它是由營業收入減去營業成本、稅金及附加、銷售費用、管理費用、財務費用、資產減值損失，加上公允價值變動收益、投資收益和其他收益計算出來的。其計算公式為：

營業利潤＝營業收入－營業成本－稅金及附加－銷售費用－管理費用－財務費用－資產減值損失＋公允價值變動收益＋投資收益＋其他收益　　　　　　　　　　(8.2)

1. 營業收入

營業收入主要包括主營業務收入和其他業務收入。主營業務收入是指企業經營主要業務所取得的收入。它是指企業按照營業執照上規定的主要業務內容經營所發生的營業收入。其他業務收入是指企業除主營業務以外取得的收入，如材料銷售、出租固定資產和包裝物、轉讓無形資產使用權等取得的收入。

2. 營業成本

營業成本主要包括主營業務成本和其他業務成本。主營業務成本是指企業經由主要業務所發生的實際成本，通常包括直接材料、直接人工和製造費用等。其他業務成本是指除主營業務之外的其他成本、費用。

3. 稅金及附加

稅金及附加是指包含在銷售收入中的消費稅、城市維護建設稅及教育費附加等。

4. 銷售費用

銷售費用是指企業在銷售商品的過程中發生的費用，包括運輸費、裝卸費、包裝費、廣告費，以及專設銷售機構的職工工資、福利費、業務費等經常費用。

5. 管理費用

管理費用是指企業為組織和管理生產經營活動而發生的各項費用，包括行政管理部門職工工資、修理費、物料消耗費、辦公費、差旅費、工會經費、待業保險費、勞動保險費、董事會會費、諮詢費、訴訟費、土地使用費、技術轉讓費、開辦費、無形資產攤銷、提取的壞帳準備等。

6. 財務費用

財務費用是指企業為籌集和使用資金而發生的有關費用，包括利息支出、匯兌損益以及相關的手續費等。

7. 資產減值損失

資產減值損失是指資產的可收回金額低於其帳面價值的部分，主要包括存貨減值損失、長期投資減值損失、固定資產減值損失、在建工程減值損失、無形資產減值損失等。

8. 公允價值變動損益

公允價值變動損益是指企業核算交易性金融資產、交易性金融負債，以及採用公允價值模式計量投資性房地產、衍生工具、套期保值業務等公允價值變動形成的應計入當期損益的利得或損失。

9. 投資收益

投資收益是指企業進行投資所獲得的經濟利益。投資收益包括對外投資所分得的股利和收到的債券利息，以及投資到期收回或到期前轉讓債權的款項高於帳面價值的差額等。

10. 其他收益

其他收益是指專門用於核算與企業日常活動相關但不宜確認收入或衝減成本費用的政府補助等。

(二) 營業外收入

營業外收入是指企業發生的與其生產經營無直接關係的各項收入，主要包括非流動資產處置利得、非貨幣性資產交換利得、債務重組利得、政府補助、盤盈利得和捐贈利得等。

(三) 營業外支出

營業外支出是指企業發生的與其經營活動無直接關係的各項支出，包括非流動資產處置損失、非貨幣性資產損失、債務重組損失、公益性捐贈支出、非常損失、盤虧損失等。

二、收益分配的原則

收益分配也稱利潤分配，它是財務管理的重要內容，一個企業對其收益進行不同方法的分配不僅會影響企業的融資和投資決策，而且還涉及國家、企業、投資者、職工等多方面的利益關係；不僅涉及企業長遠利益和近期利益，而且也會涉及整體利益與局部利益等關係的處理與協調。為合理組織企業財務活動和正確處理財務關係，企業在進行收益分配時應遵循以下原則：

(一) 依法分配的原則

企業進行利潤分配，必須遵循依法分配原則，即依據國家財經法規和企業章程，依據法定的程序，對所實現的淨利潤在企業與投資者之間、利潤分配各項目之間進行分配和提取。比如企業在進行利潤分配前，必須先依法繳納企業所得稅；而在企業對股東進行利潤分配前，必須先提取法定盈餘公積和公益金。為此，國家制定和頒布了相關法律法規來規範企業的利潤分配行為，企業應嚴格遵守，不得違反。

(二) 分配與累積並重的原則

企業進行收益分配時，應正確處理好整體利益與局部利益、長遠利益與眼前利益的關係，堅持分配與累積並重的原則，充分考慮到未來發展、增強後勁需要，合理安排企業留存與分配的比例。按照企業收益分配的程序，在按固定比例提取法定盈餘公積金和公益金之後，還可以提取任意盈餘公積，然後再向投資者分配。暫時留存企業的未向投資者分配的利潤，其所有權仍屬於投資者。留存收益形成的累積不僅能夠為企業擴大再生產提供資金，增強企業籌集資金的能力，而且還有利於提高企業經營的

安全系數和穩定性，保持良好的資本結構。此外，留存收益累積還可以用於彌補虧損、調整收益分配的波動幅度，達到穩定投資報酬的效果。同時，企業的利潤分配政策向投資者傳遞著公司經營業績和經營狀況的信息。因此，只有正確處理好分配與累積的關係，才能使企業更加健康地成長、發展。

（三）投資與收益對等原則

理順企業產權關係和分配關係就是要實行「誰投資、誰所有、誰收益」的原則，切實保障企業所有者的權益，嚴格按出資比例進行分配。企業在利潤分配中應遵守公開、公平、公正的原則，不論大股東還是小股東，不論是在利潤分配前還是利潤分配後，所有的股東都應一視同仁，分配方案的實施都要透明，讓廣大的股東進行監督，堅決按照持股比例來進行分配。另外，企業的經營狀況應當向所有的投資者及時公開，不發布虛假信息，不損害中小投資者的利益，利潤分配方案應提交股東大會討論，並充分尊重中、小股東的意見，保護他們的權益。

（四）兼顧職工經濟利益的原則

企業的稅後利潤全部歸投資者所有，這是企業的基本制度，並成為企業的所有者投資於企業的根本動力之所在。利潤分配政策直接影響著企業所有者、經營者和職工各方面的經濟利益。企業的員工包括經營者和普通職工，他們受聘於企業並為企業工作，作為企業利潤的直接創造者，他們除獲得工資和獎金等勞動報酬外，還要以適當方式參與淨利潤的分配。這樣不僅有利於改善所有者和員工之間的關係，還有利於調動員工的工作積極性，為企業創造更大的利潤。

（五）履行企業社會責任的原則

作為社會主義市場經濟環境中的企業，絕不能片面地追求某種短期的財務目標，應該將企業的社會責任放在一個重要的地位。企業只有重視自己的社會責任，取得廣大消費者和股民的信任，才能給自己創造良好的生存和發展的環境，才能給企業樹立優質的品牌形象，才能最終實現企業價值最大化的財務目標。

總之，收益分配是企業對自己所創造價值的分配，直接關係到國家、企業、投資者和職工等有關各方的切身利益。國家作為社會管理者，為了保證其自身職能的正常行使，必須有充足的資金保證，這就要求企業必須以稅收形式將實現利潤的一部分上交國家，以保證國庫的豐盈；投資者作為資本投入者，是企業的所有者，依法享有收益的支配權，而企業在對淨利潤按比例留存後，再對投資者進行分配，獲取投資收益是投資者進行投資的根本動力。因此，企業進行收益分配時，應統籌兼顧，合理安排，既應滿足國家集中財力的需要，又應考慮企業自身發展的要求；既應維護投資者的合法權益，又應保障職工的切身利益。

三、收益分配的程序

依照法律規定，企業繳納依法所得稅後的利潤，除國家另有規定外，按照下列順序進行分配。

（一）彌補企業以前年度虧損

企業發生的年度虧損，可以用下一年度的稅前利潤彌補。下一年度利潤不足彌補的，可以在 5 年內連續彌補。5 年內不足彌補的，用稅後利潤等彌補。這裡彌補的虧損，包括以前年度所有的虧損，稅前彌補和稅後彌補主要反應在當年所繳納的所得稅的去向。

（二）提取法定盈餘公積金

法定盈餘公積金按稅後利潤扣除彌補以前年度虧損後的 10% 提取。盈餘公積金已達註冊資金的 50% 時可不再提取。法定盈餘公積金可用於彌補以前年度虧損和轉增資本金，轉增資本金後的企業的法定盈餘公積金不得低於轉增前企業註冊資本的 25%。

（三）提取公益金

公益金是按規定比例從稅後利潤中提取的用於職工集體福利設施的支出，如新建職工集體宿舍、食堂、幼兒園等。公益金通常按照稅後利潤扣除彌補企業以前年度虧損後的 5%~10% 提取。

（四）向公司優先股股東分配股利

優先股先於普通股分配並取得股利率固定的股利，其分配總額應包括以前年度轉入的未分配利潤。根據優先股的類型不同，其股東所享受的分配股利的權利也不同。

（五）提取任意盈餘公積金

股份公司可以根據公司章程和股東大會的決議提取任意盈餘公積金。任意盈餘公積金的提取，主要是為了滿足企業經營管理的需要、控制向投資者分配利潤的水準以及調整各年度利潤分配的波動、均衡各年度的股利分配。提取比例由董事會決定並經股東大會決議通過。提取任意公積金必須在分配優先股股利之後，這是股份有限公司利潤分配順序的一個主要特點。

（六）支付普通股股利

普通股股東在公司利潤分配順序中處於最後位置，因此，普通股股東承擔著最大風險。公司當年無利潤時，一般不得向股東分配股利。但在用盈餘公積金彌補虧損後，經股東大會特別決議，可以按照不超過股票面值 6% 的比率用盈餘公積金分配股利，在分配股利後，公司法定盈餘公積金不得低於註冊資金的 25%。

第二節　收益分配理論

【案例】

某公司是一家上市公司，2018 年實現的利潤總額為 5,000 萬元，發行在外的股數為 1,000 萬股。公司 2019 年的投資計劃所需要的資金為 3,000 萬元，公司的目標資本

結構為自有資金占60%，借入資金占40%。當前該公司股票的市價為12元/股。為了穩定股價，提高投資者對公司的信心並樹立良好的企業形象，公司準備分配股利。那麼該公司的董事會應該實施何種股利政策對其收益進行分配？

案例的簡單分析：

（1）從股利的基本理論分析，我們可以看出，該公司傾向於人為股利政策與股票價格是密切相關的，屬於股利相關論。

（2）該公司在制定股利分配政策時要受到多方面因素的制約，比如公司因素、股東的因素等。

（3）進行股利分配時，該公司要考慮使用何種股利形式對股東進行分配，是採用單純的現金股利方式，還是採用現金股利和股票股利相結合的方式。

（4）進行股利的發放也要遵守一定的程序。要確定股利的發放公告日、股權登記日、除息日和股利發放日，這些日期就是對股東進行股利分配的日期依據。

一、股利政策的基本理論

（一）股利無關論

這種理論認為一定假設條件限制下股利政策與股票價格無關，也不會對企業價值產生影響。投資者不會關心公司股利的分配情況，公司股票價格由公司投資方案和獲利能力所確定。股利無關論又分成以下兩種觀點：

1. 效率市場理論

在股利政策研究方面，最重要的貢獻是莫迪格利安尼和米勒於1961年發表的《股利政策、增長和股票價值》一文，這也是第一次對股利政策的性質和影響進行系統的分析，因而該理論也稱為MM理論。

莫迪格利安尼和米勒的論證是在一系列嚴密的假設條件下進行的，這些條件包括「完善的資本市場」「理性行為」和「充分確定性」等。在當前股利政策研究中，這些條件一般又被理解為：①企業的投資決策既定，並為投資者所瞭解，即投資者和管理者之間不存在信息不對稱；②不存在企業所得稅和個人所得稅；③買賣證券沒有交易費用；④公司的投資決策和股利政策是彼此獨立的；⑤沒有與股權有關的訂約成本或代理成本。上述假設描述的是一個完美的市場，因而被稱為效率市場理論。

效率市場理論存在一種套利機制，即支付股利與外部融資把這兩項經濟業務所產生的效益與成本正好抵銷。當公司做出投資決策後，它是決定把盈利留存下來，還是決定把盈利分配給股東，再發行新股籌集等額的資金進行投資。一旦公司採用後一方案，就會發生股利發放與外部融資之間的套利過程。給股東發放股利會使股票價格上升，而發行新股卻會使股票終止下降，這就是套利的結果。由此得出股東對於股利與盈利的留存沒有任何偏好，並據此得出企業股利政策與企業價值無關這一著名論斷。

2. 剩餘股利論

這種理論認為，公司的股利支付應由投資計劃的報酬率決定。如果一個公司有可盈利的投資機會，那麼就不應該發放股利，而採用保留盈餘的方法以滿足投資者的需要；反之，將其分配給股東。如果公司的盈餘在滿足了投資的需求之後，還有剩餘，

則應該把剩餘的盈餘分配給股東。由此可見，把股利當作完全由投資計劃來決定的剩餘股利論認為，投資者不會計較股利與資本收益之間的差別。

（二）股利相關論

這種理論認為企業股利政策與股票的價格不是無關，而是密切相關的。從這一基本觀點出發，根據對股利政策與股票價格的不同解釋，又形成幾種各具特色的股利相關論。

1. 「在手之鳥」理論

由於投資者對風險天生的反感，並且認為風險將隨時間延長而增大，因而在他們的心目中，通過保留盈餘再投資而獲得的資本利得的不確定性要高於股利支付的不確定性，從而認為股利的增加是現實的、至關重要的。實際能拿到的股利，同增加留存收益後再投資得到的未來收益相比，後者的風險性大很多。所以，投資者寧願目前收到較少的股利，也不願等到將來再收回不確定的較大的股利或獲得較高的資本收益。這樣把將來較高的股利和較高的資本收益比喻為「雙鳥在林」，而把現在收到的股利比喻為「一鳥在手」，即投資者認為「雙鳥在林，不如一鳥在手」。當公司支付較高的股利時，公司的股票價格隨之上升，公司的價值將得到提高。

2. 信號傳遞理論

這種理論同「在手之鳥」理論密切相關。信息論者認為，在信息不對稱的情況下，股利給投資者傳播了企業生產經營狀況和財務狀況的信息。如果某公司改變了過去較長時期穩定的股票股利，投資者會認為這是公司管理層發出了改變企業未來收益的信號。股利提高表明公司創造未來現金的能力增強，該企業的股票會受到投資者的青睞；反之，則可能意味著公司經營出了麻煩，投資者會拋出這種股票。另外，相當一部分投資者認為，企業的財務報表可能被管理者巧妙地加以粉飾，而股利所傳播的信息則是無法粉飾的。

3. 代理理論

代理理論認為，股利政策有助於緩解管理者與股東之間，以及股東與債權人之間的代理衝突。也就是說，股利政策相當於是在股東與管理者之間代理關係的一種約束機制。根據代理理論，當存在代理問題時，股利政策的選擇至關重要。一方面，從投資角度看，當企業存在大量閒置現金時，管理者通過發放股利不僅減少了因過度投資而造成的資源浪費，而且有助於減少管理者潛在的代理成本，從而增加企業價值；另一方面，從融資角度看，企業發放股利減少了內部融資，導致進入資本市場尋求外部融資，從而可以經常接受資本市場的有效監督，這樣通過加強資本市場的監督而減少代理成本。因此，高水準股利支付政策將有助於降低企業的代理成本，但同時也增加了企業的外部融資成本。因此，最優的股利政策應使兩種成本之和最小化。

二、股利政策的影響因素

（一）法律因素

任何公司總是在一定的法律環境下從事經營活動，因此法律會直接制約公司的股

利政策。這些制約主要包括：

（1）資本保全，即規定公司不能用籌集的經營資本發放股利，只能用當期利潤或留存收益來分配股利。這樣做的目的是維護債權人的利益。

（2）公司累積的約束，即規定公司必須從年度稅後利潤中提取10%的法定盈餘公積金。只有當盈餘公積金累積數達到註冊資本的50%時才可以不再計提。

（3）公司利潤的約束，即規定公司只有在彌補完虧損後，才可以發放股利，否則不能進行股利分配。

（4）償債能力的約束，即規定公司如果要發放股利，就必須保有充分的償債能力。也就是說，如果公司無力償付到期債務或因支付股利而失去其償債能力，則公司不能支付現金股利，以保障債權人的利益。

（5）超額累積利潤。許多國家法律規定如果公司的留存收益超過法律所認可的合理水準將被加徵額外稅款。這是因為股東所獲得的收益包括股利和資本利得，前者的稅率一般大於後者，公司通過少發股利，已累積利潤使股份上漲以幫助股東避稅。中國的法律對公司累積利潤未做限制性規定。

（二）契約性約束

債務契約是指債權人為了防止企業過多發放股利，影響其償債能力，增加債務風險，而以契約的形式限制企業現金股利的分配。這種限制通常包括下列內容：

（1）規定每股股利的最高限額。

（2）規定未來股息只能用貸款協議簽訂以後的新增收益來支付，而不能動用簽訂協議之前的留存利潤。

（3）規定企業的流動比率、利息保障倍數低於一定標準時，不得分配現金股利等。其目的在於促使公司利潤的一部分按有關條款的要求，以某種形式進行再投資，以保證借款如期歸還，維護債權人的利益。

（三）公司因素

公司資金的靈活週轉，是公司生產經營活動得以正常進行的必要條件。因此，公司正常的經營活動對現金的要求便成為對股利的最重要的限制因素。這一因素對股利政策的影響程度取決於公司資產的變現能力、投資機會、舉債能力、盈利的穩定性以及公司現有經營狀況和經營環境等因素。

1. 公司資產的變現能力

公司持有一定的現金和其他適當的流動資產，是維持其正常經營的重要條件。公司現金股利的支付能力，在很大程度上受其資產變現能力的限制，較多地支付現金股利會減少公司的現金持有量，降低公司資產的流動性。

2. 公司投資機會

股利政策在很大程度上要受投資機會左右。如果公司有良好的投資機會，首選的籌資方式就是企業的留存收益；如果公司暫時缺乏良好的投資機會，則傾向於將盈利分配給股東，以免保留大量現金造成資金浪費。因此，處於成長期的公司往往採取較低的股利政策，而許多處於經營收縮期的公司，卻往往採取較高的股利政策。

3. 公司舉債能力

舉債能力較強的公司往往採取較為寬鬆的股利政策；舉債能力較弱的公司為維持企業正常的經營活動就不得不留滯利潤，因而常採取較緊的股利政策。

4. 公司盈利的穩定性

一般來說，如果公司的盈利一向比較平穩，而且在可預測的時期內大致不會有大幅度的升降，其股利支付率通常要高；相反，盈利不穩定的公司，對於日後的盈利狀況不敢肯定，獲利或虧損都有可能，通常會選擇少支付股利。

5. 公司現有經營狀況和經營環境

處於擴充中的公司一般採用低股利政策；盈利能力較強的公司可以採用比較高的股利政策，反之則採用較低的股利政策；經營上有週期變動的公司，在經營週期的蕭條階段採用較低的固定股利，而在經營週期的高峰階段採用固定股利加額外股利政策。

(四) 股東因素

股東在穩定收入、保證控股權、稅賦等方面的要求也會對公司的股利政策產生影響。

1. 穩定的收入

公司股東的收益包括兩部分，即股利收入和資本利得。對依靠現金股利維持生活的股東來說，他們往往要求較為穩定的股利收入。如果公司留存較多的盈餘，將首先遭到這部分股東的反對。而且，公司留存盈餘帶來的收益或股票交易價格產生的資本利得具有很大的不確定性，因此，與其獲得不確定的未來收益，不如得到現實的確定的股利。

2. 保證控股權

高股利支付率容易導致現有股東股權和盈利的稀釋，從而打破原有股東對公司的控制格局。如果公司支付大量現金股利，然後再發行新的普通股以融通資金，現有股東的控制權就可能被稀釋。因此，這些股東往往限制股利的支付，而願意保留較多的盈餘。另外，隨著新股票的發行，流通在外的普通股股數必將增加，最終會導致普通股的每股盈利和每股市價的下降，從而對現有股東產生不利影響。

3. 稅賦

國家的稅收政策會影響股東的利益，從而引起股東對公司股利分配策略的選擇。由於股利收入的稅率要高於資本利得的稅率，因此，很多股東由於納稅的考慮往往傾向於低股利支付政策。因為這種低股利政策可以給股東帶來更多的資本利得收入，從而達到少繳納所得稅的目的。

三、股利的種類

企業發放股利有許多形式，主要形式有以下兩種：

(一) 現金股利

企業將股東應得的股利收益以現金的形式支付給股東，即為現金股利。現金股利是企業最常見的，也是最主要的股利發放形式，通常被有大量閒置現金的企業所採用。

該形式能滿足一部分投資者希望獲得一定數額現金的投資回報要求，易於被投資者接受。公司支付現金股利，除了要有累積盈餘外，還要有足夠的現金。由於現金股利的發放來源於上市公司的淨流入現金流量，因而現金股利的發放水準和上市公司的經營業績之間存在著緊密的關係。一般而言，上市公司的經營效益好，發放的現金股利水準就比較高。但現金股利的發放水準與上市公司的經營效益之間可能存在一種互相矛盾的關係。上市公司的經營效益好，表明上市公司的投資項目帶來豐富的現金流量，上市公司具有大量高效益的投資機會，需要大量的資本。因此，經營效益好的公司也可能由於上述原因較少發放股利。

(二) 股票股利

股票股利是以增發股票向股東贈送股票的形式發放股利。能用於發放股票股利的包括當年可供分配的利潤、提存的公積金和轉作資本的資本公積。發放股票股利，一般都按現有股東持有股份的比例來分派。股票股利的發放，不會改變企業所有者權益的數量和股東的股權結構。但股票股利會增加市場流通的股票數量，導致股票價格下跌。與現金股利相比，股票股利的作用在於：①對於現金短缺的公司，股票股利既可以節約現金支出，又可以視作與股東分享利潤；②對於股價過高的公司，股票股利的發放使股價下跌，增強股票的流動性，同時又可以防止股票被惡意收購，有助於大股東控股；③發放股票股利可能向投資者暗示公司管理當局預期利潤將會繼續增長，即傳播給投資者企業利潤將增加的信息。

四、股利的發放程序

(一) 發放公告

發放公告是指由企業的董事會將股利的發放情況予以公告，並同時公布股權登記日、除息日和股利發放日。中國的股份公司通常一年派發一次股利，但也有在年中派發中期股利的。

(二) 股權登記日（除權日）

股權登記日是指有權領取股利的股東資格登記截止日期，也稱除權日。只有在股權登記日前在公司股東名冊上有名字的股東，才有資格領取股利，未登記的股東不能領取股利。證券交易所的中央清算登記系統為股權登記提供了很大的方便，一般在營業結束的當天即可打印出股東名冊。

(三) 除息日

除息日是指除去股利的日期，一般在股權登記日的後一天，在除息日之前，股利權從屬於股票，除息日之後股利權不再從屬於股票。這是因為股票買賣的交接、過戶需要一定的時間，如果股票交易日期離股權登記日太近，公司將無法在股權登記日得知更換股東的信息，只能以原股東為股利支付對象。除息日以後買進股票的投資者不能領到股息，企業的股息仍要支付給原來的股票持有人，因此除息日後股票的交易價

格將略有下降。

（四）股利發放日

股利發放日是指將股利發給股東的日期。在這一天，企業將通過郵寄支票等各種方式將股利支付給股東，也可以通過中央清算登記系統直接打入股東帳戶，由股東向其證券代理商領取。

例如，某上市公司於 2018 年 4 月 10 日舉行董事會會議，討論上年度股利分配方案並於 2018 年 4 月 20 日提交股東大會表決通過，同日發表公告如下：「公司於 2005 年 4 月 20 日召開股東大會，討論通過 2017 年度分配方案，決定每 10 股派送現金 1.2 元，所有 2018 年 5 月 1 日前持有本公司股票的股東都將獲得這一部分股利。股利將在 2018 年 5 月 16 日發放。」則 2018 年 4 月 20 日為股利宣告日，2018 年 5 月 1 日為股權登記日，5 月 2 日為除息日，5 月 16 日為股利支付日。

第三節　收益分配政策

【案例】

某公司是一家上市公司，2018 年實現的利潤總額為 5,000 萬元，發行在外股數為 1,000 萬股。公司 2019 年的投資計劃所需要的資金為 3,000 萬元，公司的目標資本結構為自有資金占 60%、借入資金占 40%。採用不同的股利分配政策會對公司產生不同的影響，經董事會討論並經股東大會決定：為了保持最佳的資本結構，決定採用剩餘股利分配政策，每股分配 0.1 元的現金股利，另外每 10 股還送 2 股。

案例的簡單分析：

（1）選擇不同的股利政策不僅會對公司的股票產生影響，而且會對公司的資本結構、盈餘累積、股東投資信心等方面產生不同程度的影響。本例中，該公司選擇的剩餘股利政策充分保證了公司的資本結構。

（2）對股利進行分割和回購是股票股利的分配方式，對其進行瞭解也是很有必要的，也是公司確定股利政策時必須考慮的另一方面。

一、基本收益分配政策概述

股利政策受多種因素影響，並且不同的股利政策也會對公司的股票價格產生不同影響。股利政策的實施，不僅可以決定企業分配多少股利，也可以決定留存多少收益。因此，對股份公司來說，制定一個正確的、合理的股利政策是非常重要的。股利政策的核心問題是確定分配與留存的比例，即股利支付比率問題。長期以來，通過對股利政策實施的總結，歸納出常用的股利政策主要有以下幾種類型：

（一）固定比率股利政策

固定比率股利政策是指公司確定固定的股利支付率，並長期按此比率從淨利潤中支付股利政策，這就保證了公司的股利支付與公司盈利狀況之間保持穩定關係。固定

比率股利政策的理論依據是股利相關理論。由於股利多少被看成公司是否具有發展前景的重要指標之一，固定發放率政策會對公司股票價格產生影響。在一般情況下，每股股利較高時，每股平均價格也較高；每股股利較低時，每股平均價格也較低。

固定比率政策的優點：

（1）使股利與公司的淨利潤緊密結合，體現多盈多分、少盈少分、無盈不分的原則。在公司盈利較差時，能減輕公司支付股利的壓力。

（2）由於公司的盈利能力在年度間經常變動，因此每年的股利也應隨著公司收益的變動而變動，保持股利與利潤間的一定比例關係，體現投資風險與收益的對等。從公司支付能力的角度看，這是一種穩定的股利政策。

固定比率政策的缺點：

（1）傳遞信息容易給公司造成不良影響。股利支付隨著公司經營的好壞而上下波動，甚至波動很大，傳遞給股票市場的是公司經營不穩定的信息，容易造成企業的信用地位下降、股票價格下跌與股東信心動搖的局面。

（2）合適的固定股利支付率確定難度大。如果固定股利支付率確定得很低，不能滿足投資者對投資收益的需求；而固定比率確定得很高，沒有足夠的現金派發股利時容易給公司帶來巨大的財務壓力，所以確定較優的股利支付率的難度很大。

固定比率政策只能適用於穩定發展的公司和公司財務狀況較穩定的階段。

【例8-1】A公司長期以來採用固定比率政策來進行股利分配，確定的股利支付率為20%。該公司2018年可供分配的稅後利潤為1,000萬元，如果仍按此政策來分配股利，則本年度將支付的股利為：

1,000×20%＝200（萬元）

（二）固定股利政策

固定股利政策是指公司每年派發的股利額都固定在某個特定水準，然後在一段時期內無論公司的業績如何，派發的股利額均保持不變。穩定的股利政策在企業受益發生一般變化時，並不影響股利的支付，而是使其保持穩定的水準。實行這種股利政策者都支持股利相關論，他們認為企業的股利政策會對公司股票價格產生影響，股利的發放是向投資者傳遞企業經營狀況的某種信息。

固定股利政策的優點：

（1）股利政策是向投資者傳遞重要的信息。如果公司支付的股利穩定，就說明該公司的經營業績比較穩定，經營風險較少，這樣可使投資者要求的股票必要報酬率降低，有利於股票價格上升；如果公司的股利政策不穩定，股利忽高忽低，這就給投資者傳遞企業經營不穩定的信息，從而導致投資者對風險的擔心，會使投資者要求的股票必要報酬率提高，進而使股票價格下降。

（2）穩定的股利政策有利於投資者有規律地安排股利收入和支出，特別是那些希望每期能有固定收入的投資者更歡迎這種股利政策。忽高忽低的股利政策可能會降低他們對這種股票的需求，這樣也會使股票價格下降。

（3）固定股利政策有利於吸引那些打算長期投資的股東。這部分股東希望其投資的獲利能力能夠成為其穩定收入的來源，以便安排各種經營性的消費和其他支出。

固定股利政策的缺點：

（1）公司股利支付與公司盈利相脫離，造成投資風險與投資收益的不對稱。

（2）由於公司盈利較低時仍要支付較高的股利，容易引起公司資金短缺，導致財務狀況惡化，甚至侵蝕公司留存收益和公司資本。

固定股利政策一般適用經營比較穩定或正處於成長期、信譽一般的公司，但該政策很難被長期採用。

【例8-2】B公司是一家剛上市交易的外貿公司，為了吸引投資者，上市的第一年年末採用固定股利支付政策。當年發行在外的股數為1,000萬股，每股股利0.3元，稅後利潤為500萬元。第二年該公司的稅後利潤為200萬元，該年度沒有增發新股，所以第二年應該發放的股利仍為：

1,000×0.3＝300（萬元）

（三）低正常股利加額外股利政策

低正常股利加額外股利政策是指公司每年保證支付固定的、數額較低的正常股利，但當公司的收益特別好時，再額外增加股利。這一政策是介於穩定股利政策與變動股利政策之間的折中的股利政策，具有較大的靈活性。它的依據是股利相關論。

低正常股利加額外股利政策的優點：

（1）低正常股利加額外股利政策賦予公司較大的靈活性，使公司在股利發放上留有餘地，具有較大的財務彈性；同時，每年可以根據公司的具體情況，選擇不同的股利發放水準，以完善公司的資本結構，進而實現公司的財務目標。

（2）低正常股利加額外股利政策有利於穩定股價，增強投資者信心。由於公司每年固定派發的股利都維持在一個較低的水準上，所以無論公司盈利多少，投資者都能保持一個固定的收益，這有助於維持公司股票的現有價格。當公司盈利狀況較好且有剩餘現金時，就可以在正常股利的基礎上再派發額外股利，這有助於公司股票價格的上漲，增強投資者的信心。

低正常股利加額外股利政策的缺點：

（1）股利派發仍缺乏穩定性，額外股利隨盈利的變化而變化，時高時低，給人漂浮不定的印象。

（2）如果公司較長時期一直發放額外股利，股東就會誤認為這是正常股利，一旦取消，極易造成公司財務狀況惡化，導致股價下跌。

【例8-3】C公司2018年發行在外的股數為1,000萬股，每股股利為0.2元，稅後利潤500萬元。2019年後該公司由於產品暢銷，稅後利潤上升為1,000萬元。為了提高企業形象，該公司決定採用低正常股利加額外股利政策進行分配。本年度公司沒有增發新股，決定額外增發股利0.2元/股，所以2019年應分配的股利為：

1,000×0.2＋1,000×0.2＝400（萬元）

（四）剩餘股利政策

剩餘股利政策是指公司的盈餘首先要滿足營利性投資項目資金的需要，在解決了營利性投資項目的資金需要之後，若有剩餘，則公司可將剩餘部分作為股利發放給股

東。實際上，股利政策受投資機會及所需資本成本的雙重影響。在企業有良好的投資機會時，可以考慮在一定的項目資本結構下，按投資所需的資金測算出應當留存的稅後利潤，將剩餘金額作為股利予以分配。此政策的理論依據是股利無關論。採用這一政策的步驟如下：

（1）確定按此設定的目標資本結構，即確定權益資本與債務資本的比率；
（2）確定按此資本結構所需達到的股東權益的數額；
（3）最大限度地利用留存稅後利潤來滿足股東這一股東權益數；
（4）在稅後利潤有剩餘的情況下發放股利。

剩餘股利政策的優點：

在投資機會較多的情況下，可節省融資成本。因為與外部融資相比，將公司的稅後利潤直接用於再投資，可省去有關費用開支，包括利息開支。

剩餘股利政策的缺點：

股利的支付在很大程度上取決於公司的盈利狀況和再投資情況，這就會造成股利支付的不確定性，容易給投資者傳遞公司經營不穩定、財務狀況不穩定、股票價格有下降趨勢的信息。

剩餘股利政策一般適用於公司初創階段。

【例8-4】假定D公司2018年年末提取了公積金、公益金後的稅後利潤為40萬元，2019年投資計劃所需資金50萬元，公司的目標資本結構為權益資本占60%、債務資本占40%。那麼按照目標資本結構的要求，該公司當年可發放的股利數額是多少？

公司投資方案所需的權益資本數額為：

50×60%＝30（萬元）

2018年公司應向股東分配的股利為：

40－30＝10（萬元）

二、股票的分割

（一）股票分割的含義

股票分割又稱股票拆細，是指企業管理當局將一股面額較高的股票交換成數股面額較低的股票行為，但它不屬於某種股利。例如，兩股換一股的股票分割是指用兩股新股票換取一股舊股票。股票分割對企業的財務結構和股東權益不會產生任何影響。但是股票分割後，發行在外的股數增加，每股面額降低，每股盈餘下降，而公司價值、股東權益總額、股東權益各項目的金額及其相互間的比例保持不變。

（二）進行股票分割的動機

（1）降低公司股票市價，吸引更廣泛的散客投資者。對於公司來講，實行股票分割的主要目的在於通過增加股票股數來降低每股市價，從而吸引更多的投資者。如果企業管理當局認為，企業的股票價格過高，散戶投資者的參與興趣小，長此下去，不利於股票的交易活動，此時企業管理當局就有可能採取股票分割的方法。企業通過股票分割，使股票的價格下降，使企業發行在外的普通股股票將廣泛地分散到散戶投資

者手中，從而有利於防止少數集團股東通過委託代理權實現對企業的控制。

（2）促使企業兼併、合併政策的實施。當一個企業兼併或合併另一個企業時，通過分割自己的股票，會增加被併購方股東的吸引力。例如，甲企業將準備通過股票交換實施對乙企業的併購，假設甲、乙企業的股票價格分別為50元和5元，如果以1股甲企業股票換取10股乙企業股票，可能會使乙企業的股東在心理上難以承受；相反，如果甲企業先按5股新股換取1股舊股的方式進行股票分割，然後用1∶2的比例換取乙企業的股票，此時，乙企業的股東在心理上可能會容易接受。這種心理上的差異，有利於企業兼併與企業合併。

（3）股票分割可以向投資者傳遞公司發展前景良好的信息。因為股票分割意味著公司想以較低的發行價吸引投資者購買公司的新股票，亦即意味著公司的投資機會較多，發展前景良好。因此，公司的股票價格有上升趨勢。

（4）股票分割可以為公司發行新股做準備。公司股票價格太高，會使許多潛在的投資者力不從心而不敢輕易對公司的股票進行投資。在新股發行之前，利用股票分割降低股票價格，可以促進新股的發行。

【例8-5】某股份公司現有股本10,000萬元（1,000萬股，每股面值10元），資本公積1,000萬元，盈餘公積2,000萬元，未分配利潤5,000萬元，股票的市價為每股50元。

現按1∶2進行股票分割後，該公司股東權益變化情況如表8-1所示。

表8-1 某公司股票分割前後股東權益情況 單位：萬元

股票分割前		股票分割後	
股本（1,000萬股，面值10元）	10,000	股本（2,000萬股，面值5元）	10,000
資本公積	1,000	資本公積	1,000
盈餘公積	2,000	盈餘公積	2,000
未分配利潤	5,000	未分配利潤	5,000
股東權益合計	18,000	股東權益合計	18,000

通過上例我們可以看到，股票分割後只是股數發生了變化，使得每股面值由10元降為5元，而資本公積、盈餘公積和未分配利潤均未發生變化，這就不會對企業的資本結構產生影響，但會稀釋每股收益，增加股東的持有股股數，降低股票的價格，吸引新的投資者。

三、股票的回購

（一）股票回購的含義及庫存股的特點

1. 股票回購的含義

股票回購是指公司在證券市場上將其發行流通在外的股票以一定的價格重新購回予以註銷或作為庫存股的一種資本運作的方式。公司通過回購使得流通在外的股份減少，每股收益增加，從而會使股票市價上升，股東因此獲得資本利得，這就相當於公

司支付給股東股利。所以，可將股票回購看成現金股利的一種替代方式。

2. 庫存股的特點

庫存股是指公司以多餘現金把發行的普通股重新購回的股票，但不包括企業持有的其他企業股票及本企業購回註銷的股票。庫存股具有以下四個特點：①該股票是本公司的股票；②它是已發行的股票；③它是收回後尚未註銷的股票；④它是還可再次出售的股票。因此，凡是公司未發行的、持有其他公司的及已收回並註銷的股票都不能視為庫存股。此外，庫存股還具有以下特性：

（1）庫存股不是公司的一項資產，而是股東權益的減項。這是因為：首先，股票是股東對公司淨資產要求權的證明，而庫存股不能使公司成為自己的股東、享有公司股東的權利，否則會損害其他股東的權益；其次，資產不可註銷，而庫存股可註銷；最後，在公司清算時，資產可變現而後分給股東，但庫存股票並無價值。正因為如此，西方各國都普遍規定：公司回購股份的成本，不得高於留存收益或留存收益與資本公積之和；同時把留存收益中相當於回購庫存股股本的那部分，限制用來分配股利，以免侵蝕法定資本的完整。這種限制只有在再次發行或註銷庫存股票時方可取消。

（2）由於庫存股不是公司的一項資產，故而再次出售庫存股所產生的收入與取得時的帳面價值之間的差額不會引起公司損益的變化，而是引起公司股東權益的增加或減少。

（3）庫存股票既非企業資產又不代表股東權益，故而庫存股的權利會受到一定限制，如它不具有股利的分派權、表決權、優先認購權、分派剩餘財產權等。

3. 庫存股的形成原因

公司持有庫存股，不僅僅是因為它可以滿足管理者和一般員工的購股需要，而且還因為它是公司理財的一種手段。①能進一步提高股票收益率，吸引投資者。公司通過增加庫存股可以減少發行在外的流通股，從而達到提高每股淨收益和股利的目的，以保持或提高股價。②可減少股東人數，化解外部控制或施加重要影響的公司和企業，以避免自身被外部集團收購的厄運。③作為公司融資的一種手段，可低價買走高價賣出，增加公司的淨資產。

此外，公司購買股東所退的股份，本公司股東或債務人以股票抵償公司的債務，股東捐贈本公司的股票，以及公司為了縮小股本總額，在股票市場上買回自己的股票等行為都會形成庫存股。

（二）進行股票回購的動機

（1）提高每股收益。由於每股收益指標是以流通在外的股數作為計算基礎，把已發行在外的普通股重新購回，形成庫存股，將直接減少公司發行在外的普通股股數，引起每股收益增加，從而有利於提升公司形象，滿足投資者獲取高回報的需要。

（2）穩定或提高公司股價。過低的市價會對公司經營造成很多不良影響，降低投資者對公司的信心，削弱公司銷售產品、開拓市場的能力，使公司難以從證券市場進一步融資。股票回購所引起的每股收益增加，將會直接導致公司股價上升，有利於投資者恢復對公司的信心，並使股東從股價上升中得到更多的資本利得，從而增加公司進一步配股融資的可能。因此，股票回購是公司在股價過低時維護自身形象的有力

途徑。

（3）改善公司的資本結構。當公司認為其權益資本在資本結構中所占的比重較大、負債對權益的比率失衡時，就有可能對外舉債，並用舉債的資金進行股票回購，從而在一定程度上降低整體資金成本，達到優化資本結構的目的。

（4）防止惡意收購。股票回購可提高公司股價，減少流通在外的股份，從而使股票價格上升，給收購方造成更大的收購難度，因此股票回購可作為一種反併購策略加以利用。而且股票的回購可能會使公司的流動資金大大減少、財務狀況惡化，這樣的結果也會減少收購公司的興趣，但如果運用不當，也會給公司帶來災難。

（5）增加公司股利分配的靈活性。公司在短期獲得較高收益時，如果認為過多的現金只是暫時的現象，為了保持原來股利分配的穩定性，不再提高股利分配比例。此時回購股票，便可以增加公司在股利分配策略上的機動性。而收回的庫存股既可用於調換或購回公司其他已發行的可轉換證券，也可將庫存股在適當時機再行出售以獲得額外資金，而不必另行發行新的有價證券。

【例8-6】某公司2018年稅後利潤為5,500萬元，公司管理層為了提升股價，增加投資者信心，決定進行股票回購。目前每股市價10元，流通在外的普通股股數為11,000萬股，公司決定按每股12元的價格回購6,000萬股流通在外的股票。假定市盈率不變，股票回購後對剩餘股東的影響如表8-2所示。

表8-2 股票回購對剩餘股東的影響分析

項目	股票回購前	股票回購後
稅後利潤（萬元）	5,500	5,500
流通股股數（萬股）	11,000	5,000
每股收益（元）	0.5	1.1
每股市價（元）	10	22
市盈率	20	20

通過上例我們可以看到，公司經過股票回購後，使得流通在外的股票由11,000萬股減少為5,000萬股，使得每股收益增加了0.6元，市價由10元上漲到22元。可見，經過股票回購後，會吸引更多的投資者，增加投資者對公司的信心，提升公司的股價，改善公司的資本結構。

(三) 股票回購方式

1. 公開市場收購

公開市場收購是指公司在股票市場以等同於任何潛在投資者的地位按照公司股票當前市場價格回購。通常公司使用該方式在股票市場表現欠佳時小規模回購，用於特殊用途，如股票期權、職工持股計劃所需的股票。

2. 要約回購

要約回購是指公司在特定期間向市場發出的以高於股票當前市場價格的某一價格回購既定數量股票的要約。這種方式賦予所有股東向公司出售其所持股票的均等機會。

與公開市場回購相比，要約回購通常被市場認為是更積極的信號，原因在於要約價格存在高於股票當前價格的溢價。但是，溢價的存在也使得回購要約的執行成本較高。

3. 協議回購

協議回購是指公司以協商價格為基礎，直接向一個或幾個以上的大股東回購股票。在此購買方式下，公司同樣必須披露其購回股票的目的、數量的信息，並使其他股東相信：公司的購買價格是公平的，他們的利益和機會並未受到損害。

第九章

財務預算控制與分析

第一節　財務預算

【案例】

A公司目前只生產一種產品，耗用一種材料。該產品的市場銷售價為200元/件。2019年12月，企業財務部門準備編製2020年財務預算。如果你是公司財務部經理，你將需要從哪些部門獲得相關預算數據，並如何編製財務預算？

案例的簡單分析：

財務經理應當與以下部門協商研究，取得相關預算數據，並著手編製2020年財務預算。

（1）與銷售部門溝通，瞭解銷售部門預測的2020年度各季度的銷售量、每季度銷售款中當季度可收到現金的比例及欠款的收訖時間，並據此編製銷售預算。

（2）從生產部門瞭解產品的材料消耗量、人工工時耗用量等，據此編製生產預算、直接材料預算和製造費用預算。

（3）從採購部門獲取關於產品耗用材料的單價、採購貨款的支付情況等的相關資料，據此編製直接材料預算中的預計現金支出。

（4）從勞資部門獲得工人工資標準，編製直接人工預算。

（5）編製產品成本預算。

（6）預計銷售費用和管理費用，編製銷售費用和管理費用預算。

（7）在以上工作的基礎上，編製相關預算。

一、財務預算的含義和意義

財務預算是專門反應未來一定預算期內預計財務狀況和經營成果，以及現金收支等價值指標的各種預算總稱。財務預算具體包括現金預算、預計資產負債表、預計利潤表和預計現金流量表等內容。

財務預算是財務計劃工作的成果，它既是財務決策的具體化，又是控制企業經營活動的依據。編製財務預算，對搞好企業財務工作、實現財務目標具有重要意義。

（1）財務預算可以使管理層明確今後的奮鬥目標，在制訂經營計劃時具有前瞻性。

（2）財務預算可以實現企業資源的有效配置。由於企業的資源有限，其通過編製財務預算可以將有限的資源分配給獲利能力相對較強的相關部門或項目、產品。

（3）財務預算可以作為日常控制的標準和依據。預算一經制定，就要付諸實施。在預算執行過程中，財務部門要把實際執行情況和預算進行對比，發現差異，分析原因，並採取必要的措施，協調各部門、各單位和各環節的業務活動，減少乃至消除它們之間可能出現的矛盾和衝突，使企業的產、供、銷和人、財、物始終處於最佳平衡狀態，保證預算的順利完成。

（4）財務預算可以作為績效考核的標準，正確評價企業的財務成果。通過預算建立績效考核體系，可以幫助企業各部門管理者做好績效考核工作。

二、財務預算在全面預算體系中的地位

企業全面預算體系是根據企業目標所編製的經營、資本、財務等年度收支總體計劃，用來規劃計劃期內企業的全部經濟活動及其成果。它實質上是一整套預計的財務報表及其附表。

企業的全面預算包括業務預算、財務預算和專門決策預算。

業務預算又叫經營預算，是指企業日常發生的各項具有實質性經營內容的基礎活動的預算，包括銷售預算、生產預算、直接材料預算、直接人工預算、製造費用預算、單位生產成本預算、銷售費用及管理費用預算等。

財務預算是企業在計劃期內反應有關現金收支、經營成果和財務狀況的預算，包括現金預算、預計利潤表、預計資產負債表和預計現金流量表。

專門決策預算又叫特種決策預算，是指企業不經常發生的、需要更具特定決策臨時編製的一次性預算，如資本支出預算。

財務預算是企業全面預算體系的一個重要組成部分，在企業全面預算體系中居於核心地位。財務預算以其他預算為基礎，與其他預算緊密聯繫在一起。整個全面預算是一個數字相互銜接的整體，是一系列預算構成的體系，各項預算之間相互聯繫。圖9-1反應了各預算之間的主要關係。

企業應根據長期市場預測和生產能力編製長期銷售預算，以此為基礎確定本年度的銷售預算，並根據企業財力確定資本支出預算。銷售預算是年度預算的編製起點，根據「以銷定產」的原則確定生產預算，同時確定所需要的銷售費用。生產預算的編製，除了考慮計劃銷售量以外，還需要考慮現有存貨和年末存貨，根據生產預算來確定直接材料、直接人工和製造費用預算。產品成本預算和現金預算是有關預算的匯總，利潤表預算和資產負債表預算是全部預算的綜合。

```
                    ┌─────────┐          ┌───────────┐
                    │ 銷售預算 │◄─────────│ 長期銷售核算 │
                    └────┬────┘          └─────┬─────┘
                         │                     │
      ┌──────────┐  ┌────▼────┐                │
      │ 期末存貨核算 │◄─┤ 生產核算 │                │
      └──────────┘  └────┬────┘                │
                         │                     │
      ┌──────────┐  ┌────▼────┐  ┌─────────┐  ┌▼──────────┐
      │ 直接材料預算 │  │直接人工預算│  │制造費用預算│  │銷售費用預算│
      │          │  │         │  │         │  │管理費用預算│
      └────┬─────┘  └────┬────┘  └────┬────┘  └────┬──────┘
           │             │            │             │
      ┌────▼──────┐      │            │             │
      │ 產品成本預算 │      │     ┌──────▼──┐  ┌────────▼┐
      └────┬──────┘      └────►│ 現金預算 │◄─┤資本支出預算│
           │                   └────┬────┘  └─────────┘
      ┌────▼──────┐           ┌────▼────────┐
      │ 利潤表預算 │           │ 資產負債表預算 │
      └───────────┘           └─────────────┘
```

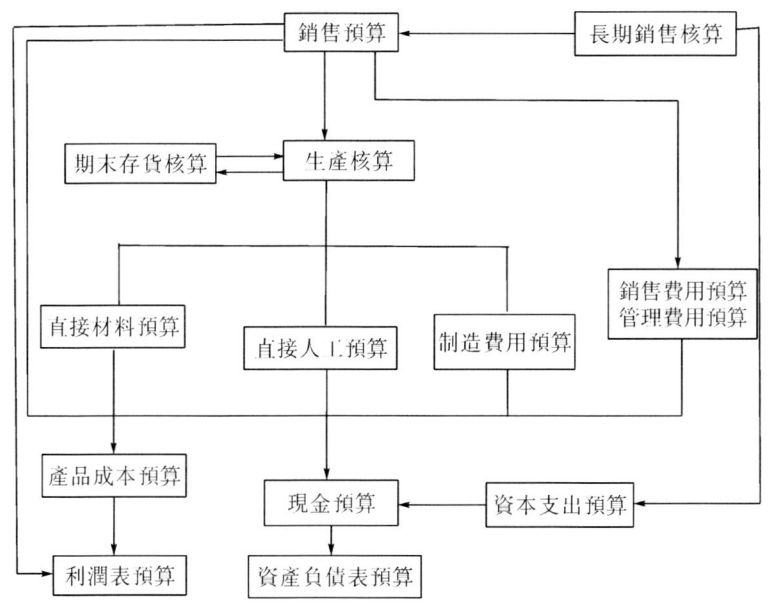

圖 9-1　全面預算體系

三、財務預算的編製方法

（一）固定預算

固定預算又稱靜態預算，是指在編製預算時，只根據預算期內正常的、可實現的某一固定業務量（如生產量、銷售量）水準來編製預算的一種方法。

固定預算的特點是在預算編製完成以後，在預算期內除特殊情況外，一般對預算不加以修正或更改，具有相對穩定性。固定預算具有以下兩個缺點：

（1）過於呆板，缺乏靈活性。不論未來預算期內實際業務量水準是否發生波動，都只按事先預計的某一確定的業務量作為編製預算的基礎，缺乏靈活性。

（2）可比性差。這也是固定預算的致命弱點。當實際業務量與編製預算時所依據的預計業務量相差較大時，有關預算指標的實際數和預算數之間就會因業務量基礎不同而失去可比性。

因此，固定預算一般適用於業務量水準比較穩定的企業，而不適用於業務量水準經常發生波動的企業。

（二）彈性預算

彈性預算又稱動態預算，是為了克服固定預算方法的缺點而設計的。彈性預算是指以業務量、成本和利潤之間的依存關係為依據，以預算期內可預見的各種業務量水準為基礎，編製能夠適應多種情況預算的一種方法。

彈性預算的編製步驟：

（1）選擇和確定各種經營活動的計量單位；

（2）根據預測確定可能達到的各種經營活動的業務量；

（3）根據成本性態和業務量的依存關係，將企業生產成本劃分為變動成本和固定成本，並分別確定在各種預計業務量下的變動成本總額、固定成本總額以及銷售收入總額。

彈性預算的特點是在編製預算時要將所有成本劃分為變動成本和固定成本，所編製的預算能夠適應不同業務量的變化，增強了可比性，擴大了預算的適用範圍，可以更好地發揮預算的控制作用。

（三）零基預算

零基預算的全稱為「以零為基礎編製計劃和預算的方法」，是指在編製成本費用預算時不考慮以往會計期間所發生的費用項目或費用數額，而是將所有的預算支出均以零為基數重新編製計劃和預算的方法。

零基預算注重整體利益原則，不論新增業務還是原有業務，都視為整體的一部分，按各項業務活動的重要程度來配置資源。零基預算以零為起點，根據預測的未來業務量及費用水準、報酬率來確定各種預算，能夠更好地立足現在、面向未來，充分發揮預算的作用。

零基預算的優點體現在以下幾個方面：①不受現有費用項目和開支水準的限制；②能夠調動企業各部門降低費用的積極性；③有助於企業的未來發展。

零基預算的缺點體現在：一切從零出發，需要對企業現狀和市場進行大量的調查研究，對現有資金使用效果和投入產出關係進行定量分析等，耗費大量的人力、財力和物力，增加了預算的工作量。

零基預算特別適用於產出較難辨認的服務型部門費用預算的編製。

（四）滾動預算

1. 滾動預算的含義

滾動預算又稱連續預算，是指在編製預算時，將預算期和會計年度脫離，隨著預算的執行不斷延伸、補充預算，逐期向後滾動，使預算期始終保持在一個固定期間的一種預算編製方法。

滾動預算的主要特點是：預算期是連續的，始終保持一定的期限（一般為12個月）。每經過一個月，都要根據變化的內外部情況修訂和調整預算，並補充下一個月的預算，使預算期始終保持在一定的期限（12個月）。

2. 滾動預算的分類

滾動預算按其預算編製和滾動的時間單位不同，可分為逐月滾動、逐季滾動和混合滾動三種方式。

（1）逐月滾動方式。

逐月滾動方式是指在預算編製過程中以月份為預算的編製、每一個月調整一次預算的方法。比如，2019年1~12月的預算執行過程中，需要1月末根據當月執行情況，修訂2~12月的預算，同時補充2020年1月的預算；到2月末應該根據當月預算的執行情況，修訂2019年3月—2020年1月的預算，同時補充2020年2月的預算……以此

類推。

（2）逐季滾動方式。

逐季滾動方式是指在預算編製過程中以季度為預算的編製、每個季度調整一次的方法。比如，2019 年第一季度至第四季度的預算執行過程中，需要在 2019 年第一季度末根據當季度預算的執行情況，修訂 2019 年第二季度至第四季度的預算，同時補充 2020 年第一季度的預算；2020 年第二季度末根據當季預算的執行情況，修訂 2019 年第三季度至 2020 年第一季度的預算，同時補充 2020 年第二季度的預算……以此類推。

（3）混合滾動方式。

混合滾動方式是指在預算編製過程中同時使用月份和季度作為預算的編製和滾動單位的方法。比如，2019 年 1~3 月的頭三個月逐月詳細預算，其餘 4~12 月分別按季度編製粗略預算；3 月末根據第一季度預算的執行情況，編製 4~6 月的詳細預算，並修訂第三季度至第四季度的預算，同時補充 2020 年第一季度的預算……以此類推。

（五）概率預算

概率預算是指企業在編製預算時，根據客觀條件，對相關變量做了一些近似的估計，估計它們可能變動的範圍以及出現的概率，然後計算各變量的期望值，在此基礎上對預算進行調整，使其結構更符合實際。

四、現金預算

現金預算亦稱現金收支預算，是指以業務預算和專門決策預算為基礎所編製的用來反應企業在整個預算期內現金收支情況的預算。

編製現金預算的目的在於使企業合理地處理現金收支，安排資金來源，妥善地調度資金，保證企業財務的正常有序運轉，從而保證企業生產經營的正常進行，並提高資金的使用效率。

現金預算由四部分組成：

（1）現金收入。現金收入包括期初的現金結存數和預算期內預計發生的現金收入（主要是指企業經營業務活動的現金收入）。

（2）現金支出。現金支出是指預算期內預計發生的現金支出。

（3）現金的結餘和不足。企業在預算期內現金收入和現金支出相抵後的餘額，反應了企業在預算期內的現金餘缺。若收入大於支出，則為現金結餘，除了用於歸還銀行借款外，還可用於短期投資；若收入小於支出，則為現金不足或短缺，需要融資。

（4）融資。融資是由於企業因預算期內現金短缺，而通過向銀行貸款、發行短期證券等方式從外部獲取資金。

由於現金預算是企業全面預算中其他各項資金收支預算的匯總，以及根據匯總後的收支差額採取平衡措施的具體計劃，所以現金預算的編製要以其他各項業務預算為基礎。具體說來，它是從銷售預算開始的，綜合了生產預算、直接材料預算、直接人工預算、製造費用預算、產品成本預算和銷售及管理費用預算而編製的。

五、業務預算的編製

下面以 A 公司 20××年度預算案例來說明預算的具體方法。

（一）銷售預算

銷售預算是整個預算的編製起點，其他預算的編製都以銷售預算作為基礎。表 9-1 是 A 公司的銷售預算，表 9-2 是 A 公司的預計現金收入表。

表 9-1　銷售預算

季度	一	二	三	四	五
預計銷售量（件）	100	150	200	180	630
預計單位售價（元）	200	200	200	200	200
銷售收入（元）	20,000	30,000	40,000	36,000	126,000

表 9-2　預計現金收入　　　　　　　　　　單位：元

季度	一	二	三	四	全年
上年應收帳款	6,200				6,200
第一季度（銷售 20,000）	12,000	8,000			20,000
第二季度（銷售 30,000）		18,000	12,000		30,000
第三季度（銷售 40,000）			24,000	16,000	40,000
第四季度（銷售 36,000）				21,600	21,600
現金收入合計	18,200	26,000	36,000	37,600	117,800

銷售預算的主要內容是銷量、單價和銷售收入。銷售量是根據市場預測或銷貨合同並結合企業生產能力確定的；單價是通過價格決策確定的；銷售收入是兩者的乘積，在銷售預算中計算得出。

銷售預算通常要分品種、分月份、分銷售區域、分推銷員來編製。為了簡化，本例只劃分了季度銷售數據。

銷售預算中通常還包括預計現金收入的計算，其目的是為編製現金預算提供必要的資料。第一季度的現金收入還包括兩部分，即上年應收帳款在本年第一季度收到的貨款，以及本季度銷售中可能收到的貨款部分。本例中，假設每季度銷售收入中，本季度收到 60% 的現金，另外的 40% 現金要到下季度才能收到。

（二）生產預算

生產預算是在銷售預算的基礎上編製的，其主要內容有銷售量、期初和期末存貨、生產量。表 9-3 是 A 公司的生產預算。

表 9-3　生產預算　　　　　　　　　　　　　　　單位：件

季度	一	二	三	四	全年
預計銷售量	100	150	200	180	630
加：預計期末存貨	15	20	18	20	20
合計	115	170	218	200	650
減：預計期初存貨	10	15	20	18	10
預計生產量	105	155	198	182	640

通常，企業的生產和銷售不能做到「同步同量」，需要設置一定的存貨，以保證能在發生意外需求時按時供貨，並可均衡生產，節省趕工的額外支出。存貨數量通常按下期銷售量的一定百分比確定，本例按10%安排期末存貨。年初存貨是編製預算時預計的，年末存貨根據長期銷售趨勢來確定，本例假設年初有存貨10件，年末留存20件，存貨預算也可單獨編製。

生產預算的「預計銷售量」來自銷售預算，其他數據見表9-3。

$$預計期末存貨 = 下季度銷售量 \times 10\% \tag{9.1}$$

$$預計期初存貨 = 上季度期末存貨 \tag{9.2}$$

$$預計生產量 = （預計銷售量 + 預計期末存貨） - 預計期初存貨 \tag{9.3}$$

生產預算在實際編製時是比較複雜的，產量受到生產能力的限制，存貨數量受到倉庫容量的限制，只能在此範圍內來安排存貨數量和各期生產量。此外，有的季度可能銷量很大，可以用趕工方法增產，為此要多付加班費。如果提前在淡季生產，會因增加存貨而多付資金利息。因此，要權衡兩者得失，選擇成本最低的方案。

(三) 直接材料預算

直接材料預算是以生產預算為基礎編製的，同時要考慮原材料存貨水準。

表9-4是A公司的直接材料預算。其主要內容包括直接材料的單位產品用量、生產需用量、期初和期末存量等。「預計生產量」的數據來自生產預算，「單位產品材料用量」的數據來自標準成本資料或消耗定額資料，「生產需用量」是上述兩項的乘積。年初和年末的材料存貨量，是根據當前情況和長期銷售預測估計的。各季度「期末材料存量」根據下季度生產量的一定百分比確定，本例按20%計算。各季度「期初材料存量」是上季度的期末存貨。預計各季度「採購量」根據下式計算確定：

$$預計採購量 = （生產需用量 + 期末存量） - 期初存量 \tag{9.4}$$

企業為了便於以後編製現金預算，通常要預計材料採購各季度的現金支出。每個季度的現金支出包括償還上期應付帳款和本期應支付的採購貨款。本例假設材料採購的貨款有50%在本季度內付清，另外50%在下季度付清。該百分比是根據經驗確定的。如果材料品種很多，需要單獨編製材料存貨預算。表9-5是A公司的現金支出預算表。

表 9-4　直接材料預算

季度	一	二	三	四	全年
預計生產量（件）	105	155	198	182	640
單位產品材料用量（千克/件）	10	10	10	10	10
生產需用量（千克）	1,050	1,550	1,980	1,820	6,400
加：預計期末存量（千克）	310	396	364	400	400
合計	1,360	1,946	2,344	2,220	6,800
減：預計期初存量（千克）	300	310	396	364	300
預計材料採購量（千克）	1,060	1,636	1,948	1,856	6,500
單價（元/千克）	5	5	5	5	5
預計採購金額（元）	5,300	8,180	9,740	9,280	32,500

表 9-5　預計現金支出

季度	一	二	三	四	全年
上年應付帳款	2,350				2,350
第一季度（採購 5,300）	2,650	2,650			5,300
第二季度（採購 8,180）		4,090	4,090		8,180
第三季度（採購 9,740）			4,870	4,870	9,740
第四季度（採購 9,280）				4,640	4,640
合計	5,000	6,740	8,960	9,510	30,210

（四）直接人工預算

直接人工預算也是以生產預算為基礎編製的。其主要內容有預計產量、單位產品工時、人工總工時、每小時人工成本和人工總成本。「預計產量」數據來自生產預算。單位產品人工工時和每小時人工成本數據來自標準成本資料。人工總工時和人工總成本是在直接人工預算中計算出來的。A 公司的直接人工預算見表 9-6。由於人工工資需要使用現金支付，所以，不需另外預計現金支出，可直接參加現金預算的匯總。

表 9-6　直接人工預算

季度	一	二	三	四	全年
預計產量（件）	105	155	198	182	640
單位產品工時（小時/件）	10	10	10	10	10
人工總工時（小時）	1,050	1,550	1,980	1,820	6,400
每小時人工成本（元/小時）	2	2	2	2	2
人工總成本（元）	2,100	3,100	3,960	3,640	12,800

（五）製造費用預算

製造費用預算通常分為變動製造費用和固定製造費用兩部分。變動製造費用預算以生產預算為基礎來編製。如果有完善的標準成本資料，用單位產品的標準成本與產量相乘，即可得到相應的預算金額。如果沒有標準成本資料，就需要逐項預計計劃產

量需要的各項製造費用。固定製造費用需要逐項進行預計，通常與本期產量無關，按每季度實際需要的支付額預計，然後求出全年數。表 9-7 是 A 公司的製造費用預算。

表 9-7　製造費用核算　　　　　　　　　　　　　　　　　　單位：元

季度	一	二	三	四	全年
變動製造費用：					
間接人工	105	155	198	182	640
間接材料	105	155	198	182	640
修理費	210	310	396	364	1,280
水電費	105	155	198	182	640
小計	525	775	990	910	3,200
固定製造費用：					
修理費	1,000	1,140	900	900	3,940
折舊	1,000	1,000	1,000	1,000	4,000
經理人員工資	200	200	200	200	800
保險費	75	85	110	190	460
財產稅	100	100	100	100	400
小計	2,375	2,525	2,310	2,390	9,600
合計	2,900	3,300	3,300	3,300	12,800
減：折舊	1,000	1,000	1,000	1,000	4,000
現金支出的費用	1,900	2,300	2,300	2,300	8,800

為了便於以後編製產品成本預算，企業需要計算小時費用率：
變動製造費用分配率＝3,200/6,400＝0.5（元/小時）
固定製造費用分配率＝9,600/6,400＝1.5（元/小時）

為了便於以後編製現金預算，企業需要預計現金支出。在製造費用中，除折舊費外都需支付現金。所以，根據每個季度製造費用數額扣除折舊費後，即可得出「現金支出的費用」。

（六）產品成本預算

產品成本預算是生產預算、直接材料預算、直接人工預算、製造費用預算的匯總。其主要內容是產品的單位成本和總成本。單位成本的有關數據來自前述三個預算。生產量、期末存貨量來自生產預算，銷售量來自銷售預算、生產成本、存貨成本和銷貨成本等數據根據單位成本和有關數據計算得出。表 9-8 是 A 公司的成本預算。

表 9-8　產品成本預算

	單位成本			生產成本	期末存貨	銷售成本
	每千克或每小時	投入量	成本(元)	（元）	（件）	（元）
直接材料	5	10 千克	50	32,000	1,000	31,500
直接人工	2	10 千克	20	12,800	400	12,600
變動製造費用	0.5	10 千克	5	3,200	100	3,150
固定製造費用	1.5	10 千克	15	9,600	300	9,450
合計			90	57,600	1,800	56,700

(七) 銷售及管理費用預算

銷售費用預算是指為了實現銷售預算所需支付的費用預算。它以銷售預算為基礎，分析銷售收入、銷售利潤和銷售費用的關係，力求實現銷售費用的最有效使用。在安排銷售費用時，要利用本量利分析方法，費用的支出應能獲取更多的收益。在草擬銷售費用預算時，企業要對過去的銷售費用進行分析，考察過去銷售費用支出的必要性和效果。表9-9是A公司的銷售費用及管理費用預算。

表9-9　銷售費用及管理費用預算　　　　　　　　單位：元

銷售費用：	
銷售人員工資	12,000
廣告費	2,000
包裝、運輸費	3,000
保管費	1,000
管理費用：	
管理人員工資	10,000
福利費	2,000
保險費	1,500
辦公費	2,500
合計	34,000
每季度支付現金	8,500

管理費用是做好一般管理業務所必要的費用。隨著企業規模的擴大，一般管理職能日益重要，其費用也相應增加。在編製管理費用預算時，相關人員要分析企業的業務成績和一般經濟狀況，務必做到費用合理化。管理費用多屬於固定成本，所以，一般是以過去的實際開支為基礎，按預算期的可預見變化來調整。

(八) 現金預算

現金預算由四部分組成：現金收入、現金支出、現金結餘或不足、現金的籌措和運用。見表9-10。

表9-10　現金預算　　　　　　　　單位：元

季度	一	二	三	四	全年
期初現金餘額	8,000	6,700	5,060	5,890	8,000
加：銷貨現金收入（見表9-1）	18,200	26,000	36,000	37,600	117,800
可供使用現金	26,200	32,700	41,060	43,490	143,450

表9-10(續)

季度	一	二	三	四	全年
減各項支出：					
直接材料（見表9-3）	5,000	6,740	8,960	9,510	30,210
直接人工（見表9-5）	2,100	3,100	3,960	3,640	12,800
製造費用（見表9-6）	1,900	2,300	2,300	2,300	8,800
銷售及管理費用（見表9-8）	8,500	8,500	8,500	8,500	34,000
所得稅費用（估計）	2,000	2,000	2,000	2,000	8,000
購買設備		10,000			10,000
股利		4,000		4,000	8,000
支出合計	19,500	36,640	25,720	29,950	111,810
現金結餘或不足	6,700	(3,940)	15,340	13,540	31,640
向銀行借款		9,000			9,000
還銀行借款			9,000		9,000
短期借款利息（年利率10%）			450		450
長期借款利息（年利率12%）				1,200	1,200
期末現金餘額	6,700	5,060	5,890	12,340	12,340

「現金收入」部分包括期初現金餘額和預算期現金收入，銷貨取得的現金收入是其主要來源。期初的「現金餘額」是在編製預算時預計的，「銷貨現金收入」的數據來自銷售預算「可供使用現金」，是期初餘額與本期現金收入之和。

「現金支出」部分包括預算期的各項現金支出。「直接材料」「直接人工」「製造費用」「銷售及管理費用」的數據分別來自前述有關預算。此外，還包括所得稅費用、購置設備、股利分配等現金支出，有關的數據分別來自另行編製的專門預算。

「現金結餘或不足」部分列示現金收入合計與現金支出合計的差額。差額為正，說明收大於支，現金有結餘，可用於償還過去向銀行取得的借款，或者用於短期投資；差額為負，說明支大於收，現金不足，要向銀行取得新的借款。本例中，該企業需要保留的現金餘額為5,000元，不足時需要向銀行借款。假設銀行借款的金額要求是1,000元的倍數，那麼第二季度借款額為：

借款額＝最低現金餘額＋現金不足額
　　　＝5,000＋3,940
　　　＝8,940
　　　≈9,000（元）

第三季度現金結餘，可用於償還借款。一般按「每期期初借入，每期期末歸還」來預計利息，故本例借款期限為6個月。假設利率為10%，則應計利息為：

利息＝9,000×10%×6/12
　　＝450（元）

此外，還應將長期借款利息納入預算。本例中長期借款餘額為10,000元，利率為12%，預計在第四季度支付利息1,200元。

還款後，仍需保持最低現金餘額；否則，只能部分歸還借款。

現金預算的編製，以各項營業預算和資本預算為基礎，它反應各預算期的收入項

和支出款項，並做對比說明。其目的在於資金不足時籌措資金，資金結餘時及時處理現金餘額，並且提供現金收支的控制限額，發揮現金管理的作用。

六、預算財務報表的編製

財務報表預算是財務管理的重要工具，包括利潤表預算和資產負債表預算。

財務報表預算的作用與年末編製的財務報表不同。所有企業都要在年終編製財務報表，這是有關法規的強制性規定，其主要目的是向外部報表使用人提供財務信息。當然，這並不表明常規財務報表對企業經理人員沒有價值。財務報表預算主要為企業財務管理服務，是控制企業資金、成本和利潤總量的重要手段。因其可以從總體上反應一定期間企業經營的全局情況，通常稱為企業的「總預算」。

(一) 預算利潤表

表 9-11 是 A 公司的利潤表預算，它是根據上述各有關預算編製的。

表 9-11　利潤表預算　　　　　　　　　　　　單位：元

銷售收入（表 9-1）	126,000
銷貨成本（表 9-6）	56,700
毛利	69,300
銷售及管理費用（表 9-7）	34,000
利息（表 9-8）	1,650
利潤總額	33,650
所得稅費用（估計）	8,000
稅後淨收益	25,650

其中：「銷售收入」項目的數據來自銷售收入預算；「銷售成本」項目的數據來自產品成本預算；「毛利」項目的數據是前兩項的差額；「銷售及管理費用」項目的數據來自銷售費用及管理費用預算；「利息」項目的數據來自現金預算。

另外，「所得稅費用」項目是在利潤規劃時估計的，並已列入現金預算。它通常不是根據「利潤」和所得稅稅率計算出來的，因為有諸多納稅調整的事項存在。此外，從預算編製程序上來看，如果根據「本年利潤」和稅率重新計算所得稅，就需要修改「現金預算」，引起信貸計劃修訂，進而改變「利息」，最終又要修改「本年利潤」，從而陷入數據的循環修改。

利潤表預算與實際利潤表的內容、格式相同，只不過數據是面向預算期的。它是在匯總銷售、成本、銷售及管理費用、營業外收支、資本支出等預算的基礎上加以編製的。通過編製利潤表預算可以瞭解企業預期的盈利水準。如果預算利潤與最初編製方針中的目標利潤有較大的不一致，就需要調整部門預算，設法達到目標，或者經企業領導同意後修改目標利潤。

(二) 預算資產負債表

資產負債表預算與實際的資產負債表內容、格式相同，只不過數據是反應預算期末的財務狀況。該表是利用本期期初資產負債表，根據銷售、生產、資本等預算的有

關數據加以調整編製的。

表 9-11 是 A 公司的資產負債表預算。大部分項目的數據來源已註明在表中。普通股、長期借款兩項指標本年度沒有變化。年末「未分配利潤」是這樣計算的：

期末未分配利潤＝期初未分配利潤＋本期利潤－本期股利
$$=16,250+25,650-8,000$$
$$=33,900（元）$$

表 9-12　資產負債表預算　　　　　　　　　單位：元

資產			所有者權益		
項目	年初	年末	項目	年初	年末
現金（見表9-9）	8,000	12,340	應付帳款（見表9-3）	2,350	4,640
應收帳款（見表9-1）	6,200	14,400	長期借款	10,000	10,000
直接材料（見表9-3）	1,500	2,000	普通股	20,000	20,000
產成品（見表9-7）	900	1,800	未分配利潤	16,250	33,900
固定資產	36,000	46,000			
累計折舊（見表9-6）	4,000	8,000			
資產總額	48,600	68,540	負債及權益總額	48,600	68,540

「應收帳款」是根據表 9-1 中的第四季度銷售額和本期收現率計算的：

期末應收帳款＝本期銷售額×（1－本期收現率）
$$=36,000×（1-60\%）$$
$$=14,400（元）$$

「應付帳款」是根據表 9-4 中的第四季度採購金額和付現率計算的：

期末應付帳款＝本期採購金×（1－本期付現率）
$$=9,280×（1-50\%）$$
$$=4,640（元）$$

編製資產負債表預算的目的在於判斷預算反應的財務狀況的穩定性和流動性。如果通過資產負債表預算的分析發現某些財務比率不佳，企業在必要時可修改有關預算，以改善財務狀況。因為已經編製了現金預算，企業通常沒有必要再編製現金流量表預算。

第二節　財務控制

【案例】

A 公司在編製好 2020 年財務預算之後，下一步的工作就是財務控制，即對財務活動的各個環節以及影響和制約公司績效的各因素實施約束，並對脫離預算或制度的偏差進行調節。那麼 A 公司應當如何進行有效的財務控制呢？

案例的簡單分析：

根據責、權範圍及業務流動的特點，在公司內部將責任中心細分為成本中心、利

潤中心、投資中心三大類，明確各責任中心應承擔的經濟責任、應有的權力和利益。

將財務預算分解、落實到各責任中心，使之成為控制各責任中心經濟活動的依據。

按照一定的績效考核指標，分別對這三種責任中心進行績效考評，檢查預算的執行情況，發現偏差並進行糾正。

對責任中心的完成情況進行績效考核和獎懲。

一、財務控制概述

（一）財務控制的含義及意義

財務控制是為實現公司預期財務目標，由公司各級財務管理主體根據財務預算和財務制度等，對公司財務活動的各個環節、各個方面，以及影響和制約公司績效的各因素實施約束，並對脫離預算或制度的偏差進行調節的一種管理活動。財務控制對優化公司財務管理、提高公司財務效益具有重要意義。

1. 財務控制是實現公司財務目標的重要保證

財務目標的實現有賴於對實際財務活動的有效控制，包括兩方面：一是約束；二是調節。約束是事前的防範性控制，調節則是事中的糾偏性控制，兩者的目的均在於確保事後的財務實際能夠符合規定的財務目標。

2. 財務控制是優化財務預算管理的需要

財務控制是以財務預算為依據進行的管理。財務預算作為一種預期性指標，是在特定的環境假定條件下形成的，而環境變化具有高度的不確定性。為此，企業有必要根據環境變化調整預算，使預算更符合實際。可見，財務控制有利於財務預算管理的動態化，是優化公司財務預算管理的客觀要求。

3. 財務控制是優化財務行為的需要

財務控制過程既包括各級財務主體以公司財務制度為依據實施自我約束和自我調節的能動行為過程，也包括按照上級調節指令糾正財務行為偏差的被動行為過程。而無論是能動行為過程還是被動行為過程，其目的均是確保財務行為的規範和有效，即實現財務行為的優化。

（二）財務控制的分類

財務控制可以按照以下不同的標準進行分類：

1. 按控制主體的性質，財務控制分為所有者財務控制、經營者財務控制和財務部門財務控制

所有者財務控制是為了實現其資本保值和增值的目標而對經營者的財務收支活動進行的控制，通常表現為：由公司的投資者或股東通過召開股東大會，以審議批准公司重大財務方案（如財務預算方案、利潤分配方案等），決定公司財務發展戰略規劃。

經營者財務控制是為了實現財務預算而對公司及各責任中心的財務活動進行的控制，主要是通過經營者制定財務決策目標，並促使這些目標被貫徹執行而實現的。如公司的籌資、投資、資產運用、成本支出決策及其執行等。

財務部門財務控制是各級財務管理機構和人員通過制定與分解財務預算，擬訂和

頒布內部財務管理制度，通過分析並調節實際脫離預算的偏差等方式對公司財務所實施的控制。

2. 按控制的時間，財務控制分為事前財務控制、事中財務控制和事後財務控制

事前財務控制是在實際財務活動發生之前所實施的控制。這種控制的職能作用在於通過制定和分解財務預算、擬訂和頒布財務制度等為事中的財務活動提供約束標準和行為規範。

事中財務控制是在實際財務活動中所實施的控制。其職能作用在於通過預算、制度執行情況的檢查、分析和調節，確保財務活動與財務行為符合預定的標準和規範。

事後財務控制是按照財務預算的要求對各責任中心的財務收支結果進行評價，並以此實施獎懲標準，在產品成本形成之後進行綜合分析與考核，以確定各責任中心和公司的成本責任。

3. 按控制的依據，財務控制分為預算控制和制度控制

預算控制是指以財務預算為依據所實施的控制。這種控制的職能作用在於通過制定、分解和執行財務預算，使公司財務活動按照預定的目標運行。

制度控制是指以日常財務管理制度為依據所實施的控制。其職能作用在於通過制定、頒布和執行財務制度，實現各級控制主體財務行為的規範化和有效化。

4. 按控制的對象，財務控制分為收支控制和現金控制

收支控制是指對公司和各責任中心的財務收入和財務支出活動所進行的控制。控制財務收入活動，旨在達到高收入的目標；控制財務支出活動，旨在降低成本，減少支出，實現利潤最大化。

現金控制是對公司和責任中心的現金流入和現金流出活動所進行的控制。通過現金控制應力求實現現金流入和現金流出的基本平衡，既要防止因現金短缺而可能出現的支付危機，也要防止因現金閒置而可能導致的機會成本增加。

(三) 財務控制基礎

1. 組織保證

控制必然涉及控制主體和控制對象。就控制主體而言，企業應圍繞財務控制建立有效的組織保證；就被控制的對象而言，企業應本著有利於將財務預算分解、落實到各部門、各層次和各崗位原則，建立各種執行預算的責任中心，使各責任中心既能控制分解的預算指標，又能承擔完成的責任。

2. 制度保證

內部控制制度包括組織機構的設計和企業內部採取的所有相互協調的方法與措施。這些方法與措施用於保護企業的財產，檢查企業會計信息的準確性和可靠性，提高經營效率，促使有關人員遵循既定的管理方針。為保證財務預算的有效執行，企業也應建立相應的保證措施或制度，如人事制度、獎懲制度等。

3. 預算目標

財務控制應以健全的財務預算為依據。財務預算應分解、落實到各責任中心，使之成為控制各責任中心經濟活動的依據。若財務預算確定的目標嚴重偏離實際，財務控制就無法達到預定的目的。

4. 會計信息

(1) 財務預算總目標的執行情況必須通過企業的匯總會計核算資料予以反應。企業通過這些資料可以瞭解、分析企業財務預算總目標的執行情況、存在的差異及其原因，並提出相應的糾正措施。

(2) 各責任中心以及崗位的預算目標的執行情況必須通過各自的會計核算資料予以反應。企業通過這些會計資料可以瞭解、分析各責任中心以及各崗位預算目標的完成情況，並將其作為各責任中心以及崗位改進工作的依據和考核其工作業績的依據。

會計信息對財務控制非常重要，因此必須通過建立健全會計核算基礎工作，確保會計信息真實、準確、及時提供，並建立按責任中心設置的會計核算體系。

5. 信息反饋系統

財務控制是一個動態的控制過程，要確保財務預算的貫徹實施，必須對各責任中心執行預算的情況進行跟蹤監控，不能調整執行偏差。為此，企業必須建立一個信息反饋系統。信息反饋系統須具有以下特徵：

(1) 信息反饋系統應該是一個雙向流動系統，做到下情上報、上情下達。

(2) 信息反饋系統應該是一個傳輸程序和傳輸方式都十分規範的系統。

(3) 信息反饋系統應靈敏、有效。它既要求信息傳輸及時、迅速，也要求確保傳輸的信息真實、可靠，並建立起相應的信息審查機構和責任制度。

6. 獎罰制度

財務控制的最終效率取決於是否有切實可行的獎罰制度，以及是否嚴格執行這一制度；否則，即使有符合實際的財務預算，也會因為財務控制的軟化而得不到貫徹落實。

二、責任中心

(一) 責任中心的含義和特徵

1. 責任中心的含義

企業為了實行有效的內部協調與控制，通常按照統一領導、分級管理的原則在其內部合理劃分責任單位，明確各責任單位應承擔的經濟責任、應有的權力和利益，促使各責任單位盡其責任能夠協同、配合。責任中心就是承擔一定的經濟責任、並享有一定權利和利益的企業內部單位或責任單位。

2. 責任中心的特徵

(1) 責任中心是一個責、權、利相結合的實體；

(2) 責任中心具有承擔經濟責任的條件；

(3) 責任中心所承擔的責任和行使的權利都應是可控的；

(4) 責任中心具有相對獨立的經營業務和財務收支活動；

(5) 責任中心便於進行責任會計核算或單獨核算。

根據企業內部責任中心的責權範圍及業務流動的特點的不同，責任中心又可以分為成本中心、利潤中心、投資中心三大類。

（二）成本中心及其績效評價

1. 成本中心的含義及分類

成本中心是指對成本或費用承擔責任的責任中心。它不會形成可用貨幣計量的收入，因而不對收入、利潤或投資負責。成本中心一般包括負責產品生成的生產部門、勞務提供部門以及給予一定費用指標的管理部門。

成本中心有兩種類型：標準成本中心和費用成本中心。

（1）標準成本中心。

標準成本中心是既有投入又有產出的成本中心。它可以為企業提供一定的物質成果，如在產品、半成品或產成品的成本中心。其發生的成本可以通過標準成本或彈性預算予以控制。

（2）費用成本中心。

費用成本中心主要為企業提供一定的專業化服務，如企業的財會、統計、設計、行政、總務等部門。其特點是：只有管理和服務，無所謂投入和產出，因此只能通過預算的形式進行控制。

2. 成本中心績效評價

由於成本中心沒有收入，只對成本負責，因而對成本中心的評價與考核應以責任成本為重點，即以它的績效報告為依據來衡量責任成本的實際數與預算數出現的差異，並分析差異產生的原因。

責任成本不同於一般的產品成本，它不是以有關產品為對象，而是以有關責任中心為對象進行歸集的，是某一特定成本中心必須且能夠負責的有關成本費用。

為保證對成本中心的工作績效進行恰當的考評，企業除了正確計算、歸集各成本中心的責任成本，對其所能控制和調節的直接成本實施有效的控制之外，還必須使間接成本在各有關成本中心之間進行合理的分配。間接費用在若干有關的責任中心之間的分配，不應當依據費用的實際發生額和實際費用分配率，而應當依據間接費用預算額和預算分配率。

（三）利潤中心及其績效評價

1. 利潤中心的含義及分類

利潤中心是對利潤負責的責任中心。由於利潤是收入扣除成本費用後的差額，因此利潤中心不僅要調節和控制成本、費用的發生，還要調節和控制收入、利潤的實現，應對成本和利潤同時承擔責任。

利潤中心往往處於公司內部的較高層次，如分廠、分店、分公司，一般具有獨立的收入來源，或能視同為一個獨立收入的部門，具有獨立的經營權。利潤中心與成本中心相比，其權利和責任都相對較大，它不僅要絕對地降低成本，而且更要尋求收入的增長，並且使之超過成本的增長。

利潤中心分為自然利潤中心和人為利潤中心兩種。

自然利潤中心是指可以直接對外銷售產品並取得收入的利潤中心。這種利潤中心本身直接面向市場，具有產品銷售權、價格制定權、材料採購權和生產決策權。自然

利潤中心應滿足三個條件：①有獨立的收入來源；②能夠進行獨立核算；③銷售產品和提供勞務的數量、價格、成本具有控制能力。

人為利潤中心是指只對內部責任單位提供產品或勞務而取得「內部銷售收入」的利潤中心。這種利潤中心一般不直接對外銷售產品。人為利潤中心應滿足兩個條件：①該中心可以向其他責任中心提供產品或勞務；②能為該中心的產品或勞務確定合理的內部轉移價格，以實現公平交易、等價交換。

2. 利潤中心績效評價

利潤中心對利潤負責，必然要計算成本，以便正確計算利潤，作為對利潤中心績效評價的依據。

因此，利潤中心的責任預算包括銷售收入、成本和利潤三個組成部分。在利潤中心的責任成本中，大部分是下屬成本中心的責任成本，通常只有管理費用和銷售費用是利潤中心的可控成本。

對利潤中心的成本進行計算，通常有兩種方式：

（1）利潤中心只計算可控成本，不分擔不可控成本，即不分攤共同成本。這種方式主要適用於成本難以合理分攤或無須進行共同成本分攤的場合。按這種方式計算出的盈利不是通常意義上的利潤，而是相當於「邊際貢獻總額」。公司各個利潤中心的「邊際貢獻總額」之和，減去未分配的共同成本，經過調整後才是公司的利潤總額。人為利潤中心適合採取這種計算方式。其考核指標是：

利潤中心邊際貢獻總額＝該利潤中心銷售收入總額－該利潤中心可控成本總額（或變動成本總額）

如果可控成本中包含可控固定成本，其就不完全等於變動成本總額。但一般而言，利潤中心的可控成本就是變動成本。

（2）利潤中心不僅計算可控成本，還計算不可控成本。這種方式適用於共同成本易於合理分攤或不存在共同成本分攤的場合。在這種方式下，利潤中心在計算時，如果採用變動成本法，則應先計算出邊際貢獻，再減去固定成本，才是稅前利潤；如果採用完全成本法，此時的利潤就是全公司的利潤總額。自然利潤中心適合採取這種計算方式。其考核指標是：

利潤中心邊際貢獻總額＝該利潤中心銷售收入總額－該利潤中心變動成本總額

利潤中心負責人可控利潤總額＝該利潤中心邊際貢獻－該利潤中心負責人可控固定成本

利潤中心可控利潤總額＝該利潤中心負責人可控利潤總額－該利潤中心負責人不可控固定成本

公司利潤總額＝各利潤中心可控利潤總額之和－公司不可分攤的各種管理費用、財務費用等

（四）投資中心及其評價

1. 投資中心的含義

投資中心是指既對成本、收入和利潤負責，又對投資效果負責的責任中心。

投資中心是最高層次的責任中心，它既具有最大的決策權也承擔最大的責任。投

資中心的管理特點是較高程度的分權管理。一般而言，大型集團所屬的子公司、分公司、事業部往往都是投資中心。在組織形式上，成本中心一般不是獨立法人，利潤中心可以是獨立法人也可以不是獨立法人，而投資中心一般是獨立法人。

2. 投資中心的績效考核

為了準確地計算各投資中心的經濟效益，企業應對各投資中心共同使用的資產劃清界限；對共同發生的成本按適當的標準進行分配，各投資中心之間調劑使用的現金、存貨、固定資產等，均應計算清償，實行有償使用。

考核和評價投資中心績效的指標通常有以下幾種：

（1）投資報酬率。

投資報酬率又稱投資利潤率，是指投資中心所獲得的利潤與投資額之間的比率。其計算公式如下：

$$投資報酬率 = \frac{利潤}{投資額} \times 100\% \tag{9.5}$$

這一方式還可以進一步推導：

$$投資報酬率 = \frac{銷售收入}{投資額} \times \frac{成本費用}{銷售收入} \times \frac{利潤}{成本費用}$$

$$= 資本週轉率 \times 銷售成本率 \times 成本費用利潤率 \tag{9.6}$$

該指標主要說明投資中心的投資對所有者權益的貢獻程度。

（2）剩餘收益。

剩餘收益是一個絕對數值，是指投資中心獲取的利潤扣除其最低投資收益後的餘額。

最低投資收益是投資中心的投資額（或資產占用額）按規定或預期的最低報酬率計算的收益。其計算公式如下：

$$剩餘收益 = 利潤 - 投資額 \times 規定或預期的最低投資報酬率 \tag{9.7}$$

以剩餘收益作為投資中心經營業績的評價指標，各投資中心只要投資利潤率大於規定或預期的最低投資報酬率，該項投資便是可行的。

綜上所述，責任中心根據其控制範圍和責權範圍的大小，可分為成本中心、利潤中心和投資中心三種類型。它們之間並不是孤立存在的，每個責任中心都要承擔相應的責任。最基層的成本中心應就其經營的可控成本向其上層成本中心負責；上層的成本中心應就其本身的可控成本和下層轉來的責任成本一併向其利潤中心負責；利潤中心應就其本身經營的收入、成本（含下層轉來的成本）和利潤（或邊際貢獻）向投資中心負責；投資中心最終就其經營的投資報酬率和剩餘收益向總經理與董事會負責。所以，公司各種類型和層次的責任中心形成一個「連鎖責任」網絡，這就促使每個責任中心為保證經營目標的一致而協調運轉。

第三節　財務分析

【案例】

王先生近期做生意發了財，就想利用手中閒置的資金進行股票投資，但由於缺乏相關專業知識，不瞭解準備投資的公司的財務狀況和經營業績，王先生不敢輕易決定投資哪些股票，於是就特意請教從事財務分析工作的朋友李先生。那麼李先生會怎樣幫助王先生進行財務分析呢？

案例的簡單分析：

（1）首先李先生會收集王先生準備投資的幾家上市公司的財務報表，主要是資產負債表和利潤表。

（2）對幾家上市公司的財務報表分別進行基本財務能力分析，主要從以下三個方面入手：

①償債能力分析。償債能力是企業償還各種到期債務的能力。反應償債能力的財務指標主要有流動比率、速動比率、現金比率、資產負債率、產權比率、利息保障倍數等。

②營運能力分析。營運能力反應了企業的資金週轉情況。投資者對此進行分析，可以瞭解企業的營運情況及經營管理水準。評價營運能力的財務指標有應收帳款週轉率、存貨週轉率、流動資產週轉率、固定資產週轉率、總資產週轉率等。

③盈利能力分析。盈利能力是企業獲取利潤的能力。評價企業盈利能力的財務比率主要有銷售淨利率、資產收益率、權益淨利率等。

（3）李先生除需要對前述基本財務比率進行分析和評價外，還應對反應股票投資價值的特定財務比率進行分析評價，包括每股盈餘、每股股利、市盈率、每股淨資產、市淨率、留存收益率以及股利支付率等。這些財務比率與王先生的投資收益有直接關係，應著重分析。

一、財務分析概述

（一）財務分析的含義

財務分析是相關信息使用者以企業財務報告為主要依據，結合相關的環境信息，對企業財務狀況、經營業績和財務狀況變動的合理性、有效性進行客觀評價，並分析企業內在財務能力和財務潛力，預測企業未來財務趨勢和發展前景，評估企業的預期收益和風險，據此為特定決策提供有用的財務信息的經濟活動。

（二）財務分析的意義

（1）評價企業財務狀況的好壞，揭示企業財務活動中存在的矛盾，總結財務管理工作的經驗教訓，從而採取措施，改善經營管理，挖掘潛力，實現企業的理財目標。

（2）為投資者、債權人和其他有關部門與人員提供正確、完整的財務分析資料，

便於他們更加深入地瞭解企業的財務狀況、經營成果和現金流量情況，為他們做出經濟決策提供依據。

（3）能夠檢查出企業內部各職能部門和單位對於分解、落實的各項財務指標完成的情況，考核各職能部門和單位的績效，以利於合理進行獎勵，加強企業內部責任控制。

(三) 財務分析的方法

財務分析的方法，主要有比較分析法、比率分析法和因素分析法三種。

1. 比較分析法

比較分析法又可以細分為以下三種：

（1）水準比較分析法。

水準比較分析法是指將同質指標進行比較、從對比中發現差異、鑑別優劣的一種分析方法。這種方法應用比較廣泛，分為絕對數比較分析和相對數比較分析兩種模式。

絕對數比較模式：

增減變動量＝分析期某項指標實際數－基期同項指標實際數

相對數比較模式：

增減變動率＝某項指標增減變動數／基期同項指標實際數

在運用水準比較分析法時，必須注意主要指標的可比性，即用於比較的指標必須在性質、內容、計價基礎、計算時間等方面口徑一致，否則比較將會毫無意義。

（2）垂直比較分析法。

垂直比較分析法是指通過計算報表中各項目占總體的比重或結構，反應報表中的項目與總體的關係情況及其變動情況的分析方法。

垂直比較分析法的一般步驟：

第一步，確定報表中各項目占總額的比重或百分比。

第二步，通過各項目的比重，分析各項目在企業經營中的重要性。一般項目比重越大，說明其重要程度越高，對總體的影響越大。

第三步，將分析基期各項目的比重與前期同項目的比重對比，研究各項目的比重變動情況。

（3）趨勢比較分析法。

趨勢比較分析法是指根據企業連續幾年或幾個時期的分析資料，通過指數或完成率的計算，確定分析期有關項目的變動情況和趨勢的一種分析方法。採用這種方法可以揭示企業財務狀況和生產經營情況的變化，分析引起變化的主要原因、變動的性質，並預測企業未來的發展前景。

計算趨勢指數，通常有兩種方法：一是定基指數，二是環比指數。定基指數是指各個時期的指數都以某一固定時期為基期來計算。環比指數則是指各個時期的指數以前一期為基期來計算。基期各項目均以 100% 來表示。趨勢分析通常採用定基指數。

2. 比率分析法

比率分析法是指將財務報告中相互關聯的指標加以比較，計算財務比率，據以分析企業財務狀況、經營業績及各項財務能力的方法。這裡的比率，按性質不同，可分

為相關比率、結構比率和趨勢比率三種。

相關比率是將互相聯繫而性質不同的指標進行對比所形成的比率。其作用在於從指標之間的相互聯繫中揭示企業內在的財務能力和財務潛力。現行財務分析中所使用的有關企業能力、投資價值等方面的指標大多屬於相關比率的範疇。

結構比率是將某一指標的總體單位值與總體值加以對比所形成的比率。其作用在於從指標的內在構成方面揭示企業財務狀況及經營業績的合理性和有效性。

趨勢比率是將同質指標的不同期間的數值加以對比所形成的比率。其作用在於揭示指標在不同期間的變化趨勢和規律，為財務預測提供依據。趨勢比率的計算有定基和環比兩種形式。

3. 因素分析法

因素分析法是指為深入分析某一指標，而將該指標按構成因素進行分解，分別測定各因素變動對該項指標影響程度的一種分析方法。其作用在於揭示指標差異的原因，以便更深入、更全面地理解和認識企業的財務狀況及經營情況。

因素分析法根據其特點可分為連環替代法和差額分析法。這裡重點介紹連環替代法。

連環替代法是在計算某個因素變動對經濟指標的影響程度時，假定其他因素不發生變動，並且是通過每次替換以後的計算結果與其前一次替換以後的計算結果進行比較，即連環替代來確定各因素的影響程度。

假定某一經濟指標 E 是由相互聯繫、相互制約的 a、b、c 三個因素組成的，它們的數量關係為：$E = a \times b \times c$。以下下標 0 表示各指標的基期數，下標 1 表示各指標的分析期數。則：

$E_0 = a_0 \times b_0 \times c_0$

$E_1 = a_1 \times b_1 \times c_1$

$\triangle E_0 = E_1 - E_0$

根據上式，指標 E 的分析期數和基期數的差異（分析對象：$E_1 - E_0$）同時受 a、b、c 三個因素的影響。現將上述算式按連環替代法排列如下：

$E_0 = a_0 \times b_0 \times c_0$ (1)

$E' = a_1 \times b_0 \times c_0$ (2)

(2)式 - (1)式：$E' - E_0$（a 因素變動所產生的影響）

$E'' = a_1 \times b_1 \times c_0$ (3)

$E_1 = a_1 \times b_1 \times c_1$ (4)

(3)式 - (2)式：$E'' - E'$（b 因素變動所產生的影響）

(4)式 - (3)式：$E_1 - E''$（c 因素變動所產生的影響）

將各因素變動的影響加以綜合，則：

$(E' - E_0) + (E'' - E') + (E_1 - E'') = E_1 - E_0 = \triangle E$

若各因素對分析指標的影響額相加，其代數和等於分析對象，說明分析結果可能是正確的；如果兩者不相等，則說明分析結果一定是錯誤的。

二、財務能力分析

(一) 償債能力分析

償債能力是企業償還各種到期債務的能力。由於債務按到期時間分為短期借款和長期債務,所以償債能力分析也分為短期償債能力分析和長期償債能力分析。

1. 短期償債能力分析

短期償債能力是指企業償付短期負債的能力。流動負債是指將在一年內或超過一年的一個營業週期內需要償付的債務。這部分負債對企業的財務風險影響較大,如果不能及時償還,就可能使企業面臨倒閉的危險。評價企業短期償債能力的指標主要有流動比率、速動比率、現金比率、現金流量比率等。

(1) 流動比率。

流動比率是企業一定時點的流動資產與流動負債的比率。其計算公式為:

$$流動比率 = \frac{流動資產}{流動負債} \tag{9.8}$$

該項比率從流動資產對流動負債的保障程度的角度說明企業的短期償債能力。其比率越高,表明企業流動資產對流動負債的保障程度越高,企業的短期償債能力越強;反之,則企業的短期償債能力越弱。但從優化資本結構和提高資本利用效率的角度考慮,流動比率過高,可能表明企業的資本利用效率低下,不利於企業的經營發展。一般認為,該指標通常為 2 比較合理。

(2) 速動比率。

速動比率是企業一定時點的速動資產(扣除存貨後的流動資產)與流動負債的比率。其計算公式為:

$$速動比率 = \frac{速動資產}{流動負債} = \frac{流動資產-存貨}{流動負債} \tag{9.9}$$

速動比率越高,說明企業速動資產對流動負債的保障程度越高,短期償債能力越強;反之,短期償債能力越弱。速動比率指標國際公認標準為 1。

在計算速動比率時,之所以將存貨從流動資產中剔除,是因為:存貨相對於其他流動資產項目來說,不僅變現速度慢,而且可能由於積壓、變質以及抵押等原因,而使其變現金額具有不確定性,甚至無法變現。事實上,除存貨外,還有一些流動資產項目的變現速度也比較慢,甚至不能變現,如預付帳款、待攤費用等。如果把這些項目也從流動資產中剔除,則可以計算保守速動比率。其計算公式為:

$$保守速動比率 = \frac{流動資產-存貨-預付帳款-待攤費用}{流動負債} \tag{9.10}$$

(3) 現金比率。

速動資產中,流動性最強、可直接用於償債的資產稱為現金資產。現金資產包括貨幣資產、交易性金融資產等。其計算公式為:

$$現金比率 = \frac{貨幣資金+交易性金融資產}{流動負債} \tag{9.11}$$

現金比率表示1元流動負債有多少現金資產作為償還保障。其指標越高，表明企業的短期償債能力越強；反之，則企業的短期償債能力越弱。

（4）現金流量比率。

其計算公式為：

$$現金流量比率 = \frac{經營活動現金淨流量}{流動負債} \tag{9.12}$$

「經營活動現金淨流量」通常使用現金流量表中的「經營活動產生的現金流量淨額」，它代表了企業生產現金的能力。

該比率越高，表明企業短期償債能力越強。但並非比率越高越好，因為比率過高，可能表明企業流動資產的利用不充分，影響收益能力。因此，對該比率的評價應結合企業的現金流轉效率與效益分析。

2. 長期償債能力分析

（1）資產負債率。

其計算公式為：

$$資產負債率 = \frac{負債總額}{資產總額} \times 100\% \tag{9.13}$$

資產負債率反應總資產中有多大比例是通過負債取得的。該比率從總資產對總負債的保障程度的角度來反應企業的長期償債能力。該比率越低，表明企業資產對負債的保障程度越高，企業的長期償債能力越強；反之，則企業的長期償債能力越弱。

（2）產權比率和權益乘數。

其計算公式為：

$$產權比率 = \frac{負債總額}{股東權益} \tag{9.14}$$

產權比率反應了債權人所提供的資金與股東所提供資金的對比關係，因此它可以揭示企業的財務風險及股東權益對債務的保障程度。該比率越低，說明企業長期財務狀況越好，債權人貸款的安全越有保障，企業的財務風險越低。

權益乘數表明資產總額是股東權益的多少倍。其計算公式為：

$$權益乘數 = \frac{資產總額}{股東權益} \tag{9.15}$$

權益乘數越大，表明股東投入的資本在資產中的比重越小，股東權益對債務的保障程度越低，企業的財務風險越高。

（3）利息保障倍數。

其計算公式為：

$$利息保障倍數 = \frac{息稅前利潤}{利息費用} = \frac{利潤總額 + 利息費用}{利息費用} \tag{9.16}$$

利息費用不僅包括財務費用，還包括計入固定資產成本中的資本化利息。

該指標反應企業的經營所得支付債務利息的能力。利息保障倍數越大，企業用於償還利息的緩衝資金就越多，利息支付就越有保障。

(二) 營運能力分析

企業的營運能力反應了企業資金週轉情況，投資者對此進行分析，可以瞭解企業的營業情況及經營管理水準。資金週轉狀況好，說明企業的經營管理水準高，資金利用效率高。評價企業營運能力的財務指標有應收帳款週轉率、存貨週轉率、流動資產週轉率、固定資產週轉率、總資產週轉率等。

1. 應收帳款週轉率

應收帳款週轉率是用來衡量企業應收帳款管理效率和企業變現能力的財務比率。其計算公式為：

$$應收帳款週轉率 = \frac{銷售收入}{應收帳款平均餘額} \tag{9.17}$$

$$應收帳款平均餘額 = (期初應收帳款 + 期末應收帳款) \div 2 \tag{9.18}$$

$$應收帳款週轉天數 = 360 \div 應收帳款週轉率 \tag{9.19}$$

銷售收入是指銷售收入淨額，即扣除銷售退回、銷售折扣和折讓後的淨額。以下如果無特別說明，銷售收入均為銷售收入淨額。

應收帳款週轉率高，應收帳款週轉天數少，表明企業應收帳款的管理效率高，變現能力強；反之，企業營運資金將會過多地占用在應收帳款上，影響企業的正常的資金運轉。

2. 存貨週轉率

存貨週轉率是用來衡量企業對存貨的營運能力和管理效率的財務比率。其計算公式為：

$$存貨週轉率 = \frac{銷貨成本}{平均存貨} \tag{9.20}$$

$$平均存貨 = (期初存貨 + 期末存貨) \div 2 \tag{9.21}$$

$$存貨週轉天數 = 360 \div 存貨週轉率 \tag{9.22}$$

存貨週轉率越高，週轉天數越少，表明存貨的週轉速度快，變現能力強，進而說明企業具有較強的存貨營運能力和較高的存貨管理能力。

3. 流動資產週轉率

流動資產週轉率是用來衡量企業流動資產綜合營運效率和變現能力的財務比率。其計算公式為：

$$流動資產週轉率 = \frac{銷售收入}{流動資產平均餘額} \tag{9.23}$$

$$流動資產平均餘額 = (期初流動資產 + 期末流動資產) \div 2 \tag{9.24}$$

流動資產週轉率表明一個會計年度內企業流動資產週轉次數，它反應了流動資產週轉的速度。該指標越高，說明企業對流動資產的營運能力越強，利用效率越高。

4. 固定資產週轉率

固定資產週轉率也稱固定資產利用率，主要用於分析企業對廠房、設備等固定資產的利用效率。其計算公式為：

$$固定資產週轉率 = \frac{銷售收入}{固定資產平均淨值} \tag{9.25}$$

$$固定資產平均淨值＝（期初固定資產淨值＋期末固定資產淨值）÷2 \quad (9.26)$$

該比率越高，說明固定資產的利用率越高，管理水準越好。

5. 總資產週轉率

總資產週轉率可以用來分析企業全部資產的使用效率。其計算公式為：

$$總資產週轉率＝\frac{銷售收入}{資產平均總額} \quad (9.27)$$

$$資產平均總額＝（期初資產總額＋期末資產總額）÷2 \quad (9.28)$$

如果總資產週轉率越低，說明企業利用其資產進行經營的效率較差，會影響企業的盈利能力，企業應採取措施提高銷售收入或處置閒置資產，以提高總資產利用率。

（三）盈利能力分析

盈利能力是企業獲取利潤的能力。盈利是企業的重要經營目標，是企業生存和發展的物質基礎。評價企業盈利能力的財務指標主要有以下幾種：

1. 銷售毛利率和銷售淨利率

銷售毛利率的計算公式為：

$$銷售毛利率＝\frac{銷售毛利}{銷售收入}×100\%＝\frac{銷售收入－銷售成本}{銷售收入}×100\% \quad (9.29)$$

銷售毛利率是表示1元銷售收入扣除銷售成本後，有多少錢剩餘可用於各項期間費用和形成利潤。銷售毛利率反應了企業的銷售成本和銷售收入的比例關係。銷售毛利率越大，說明銷售成本在銷售收入中所占的比重越小，企業通過銷售獲取利潤的能力越強。

銷售淨利率的計算公式為：

$$銷售淨利率＝\frac{淨利潤}{銷售收入}×100\% \quad (9.30)$$

銷售淨利率說明了企業淨利潤占銷售收入的比例，它可以評價企業獲取利潤的能力。

銷售淨利率表明1元銷售收入所獲得的淨利潤。該比率越高，表明企業獲利能力越強。

2. 資產收益率

資產收益率也稱資產報酬率或投資報酬率，主要用來衡量企業利用資產獲取利潤的能力，它反應企業總資產的利用效率。其計算公式為：

$$資產收益率＝\frac{淨利潤}{資產平均總額}×100\% \quad (9.31)$$

資產收益率越高，表明企業的獲利能力越強；反之，則企業的獲利能力越弱。

3. 權益淨利率

權益淨利率又稱淨資產收益率、股東權益報酬率，它反應1元股東資本獲取的淨收益，可以衡量企業的總體盈利能力。其計算公式為：

$$權益淨利率＝\frac{淨利潤}{股東權益平均總額}×100\%$$

$$=\frac{淨利潤}{銷售收入}\times\frac{銷售收入}{資產平均總額}\times\frac{資產平均總額}{股東權益平均總額}$$
$$=銷售淨利率\times總資產週轉率\times權益乘數 \tag{9.32}$$

企業從事財務管理活動的最終目標是實現股東財富最大化。從靜態角度來講，首先就是要最大限度地提高權益淨利率。因此，該指標是企業盈利能力指標的核心，也是整個財務指標體系的核心。該比率越高，說明企業的盈利能力越強。

(四) 上市公司盈利能力分析

投資者在對上市公司進行財務分析時，除需要對前述基本財務比率進行分析和評價外，還應對反應股票投資價值的特定財務比率進行分析評價。特定財務指標主要有以下幾種：

1. 每股盈餘

每股盈餘又稱每股收益，是公司一定期間（如半年、一年）的淨收益與期末普通股股數之比。它是評估一家上市公司經營績效以及不同公司運行情況的重要指標。其計算公式為：

$$每股盈餘=\frac{淨利潤-優先股股利}{期末流通在外的普通股股數} \tag{9.33}$$

該指標反應普通股的獲利水準，指標值越高，表明每股可獲得的利潤越多，股東的投資效益越好。

2. 每股股利

每股股利是公司股利總額與期末流通在外的普通股股數之比。其計算公式為：

$$每股股利=\frac{股利總額}{期末流通在外的普通股股數} \tag{9.34}$$

在具體應用該比率時，應注意以下幾點：

（1）在計算該比率時，分母僅限於普通股股數，分子也僅限於普通股股利，而不包括優先股股數及其應分配的股利。

（2）當每股盈餘一定時，每股股利的高低取決於多種因素，如公司的投資機會、資產流動性、舉債能力、現金流量、股利分配政策以及累計未分配利潤等。因此，在評價該項指標時，投資者應全面分析，綜合考察，以便能夠客觀地評價公司股票的投資價值。

（3）投資者在利用該指標進行投資收益預測時，應注意前後各期進行比較，以瞭解股利分配是否在各個期間上具有連續性和穩定性，謹防以偏概全而影響收益預測和投資決策的正確性。

3. 市盈率

市盈率是股票市場價格與每股盈餘之比，即：

$$市盈率=\frac{每股市價}{每股盈餘} \tag{9.35}$$

市盈率是股票市場上反應股票投資價值的首選指標。該比率反應了投資者對公司股票未來投資收益和風險的預期，即投資者對公司預期收益能力越看好，其股票的市

盈率越高，表明公司股票的投資價值就越大；反之，則為低值股票。

在運用該比率評價時，應注意以下幾點：

（1）該比率的應用前提是每股盈餘維持在一定的水準之上。若每股盈餘很小或者虧損時，由於市價不會降為零，因此市盈率將會很高，而此時過高的市盈率卻不能說明任何問題。

（2）該比率具有兩個缺陷：①股票價值的高低取決於多種因素。其中，既有公司內在的獲利因素，也有很多投機性的非理性因素，這就使得股票價未能代表其內在投資價值，甚至可能大幅度地偏離其內在價值。②獲取信息的有限性和不完整性，可能導致投資者對公司的獲利潛力的錯誤估計，從而使股票市價偏離其真實價值。

（3）市盈率一方面反應了投資者對公司股票投資價值的預期，另一方面又能說明按現行市價投資於股票的收益性和風險性。具體地說，當每股盈餘一定時，市盈率越高，投資者的投資風險越大，期望獲得的投資報酬率就越高；反之，則表明投資風險小，投資者期望獲得的投資報酬率低。

因此，在評價公司股票的投資價值時，不能簡單地把市盈率的高低作為選擇股票投資的標準。投資者不僅要權衡收益和風險，而且應該將股票的市盈率在不同期間以及同行業不同公司之間進行比較，或與行業平均市盈率比較，從比較的差異中確定其投資價值。

4. 每股淨資產

每股淨資產是期末股東權益與期末流通在外的普通股股數的比率，即：

$$每股淨資產 = \frac{期末股東權益}{期末流通在外的普通股股數} \qquad (9.36)$$

該比率用於說明公司股票的現實財富含量（含金量）。該比率越大，表明公司股票的財富量越高，內在價值越大；反之，則表明股票財富含量低，內在價值小。

在評價該比率時，投資者應結合市價進行分析，即利用市淨率指標進行分析。其計算公式為：

$$市淨率 = \frac{每股市價}{每股淨資產} \qquad (9.37)$$

市淨率大於1，即每股市價高於每股淨資產，表明投資者對公司未來的發展前景看好，其股票有投資價值；反之，市淨率小於1，表明公司發展前景暗淡，投資者缺乏信心。

5. 留存收益率

留存收益率是企業留存收益與企業淨利潤的比率。其計算公式為：

$$留存收益率 = \frac{淨利潤 - 全部股利}{淨利潤} \times 100\% \qquad (9.38)$$

留存收益包括法定盈餘公積金、公益金和任意盈餘公積金等，它不是每年累計下來的盈利，而是當年利潤留存下來的部分。全部股利包括優先股股利和普通股股利。

留存收益用於衡量當期淨利潤總額中有多大的比例留存在企業用於發展，它體現了企業的經營發展方針。從長遠利益考慮，為內部融資累積資金以擴大經營規模，留存收益率應適當大些；如果可以通過其他方式籌集資金，那麼為了不影響投資者當期

利益，留存收益應小些。

6. 股利支付率

股利支付率是普通股每股股利與每股盈餘的比率。其計算公式為：

$$股利支付率 = \frac{每股股利}{每股盈餘} \times 100\% \qquad (9.39)$$

該比率反應普通股股東從每股盈餘中得到多少。這一指標比每股盈餘更能直接體現當期利益，與投資者的關係更為密切。但每股支付並沒有一個固定標準，還要受到公司的股利分配政策的影響。

三、財務綜合分析評價

杜邦財務分析方法是由美國杜邦公司經理人員創造的一種綜合財務分析方法。該方法以權益淨利率為起點。它是評價企業績效最具綜合性和代表性的指標，按從綜合到具體的邏輯關係層層分解到企業最基本生產要素的使用、成本與費用的構成。其分解方法如圖 9-2 所示。

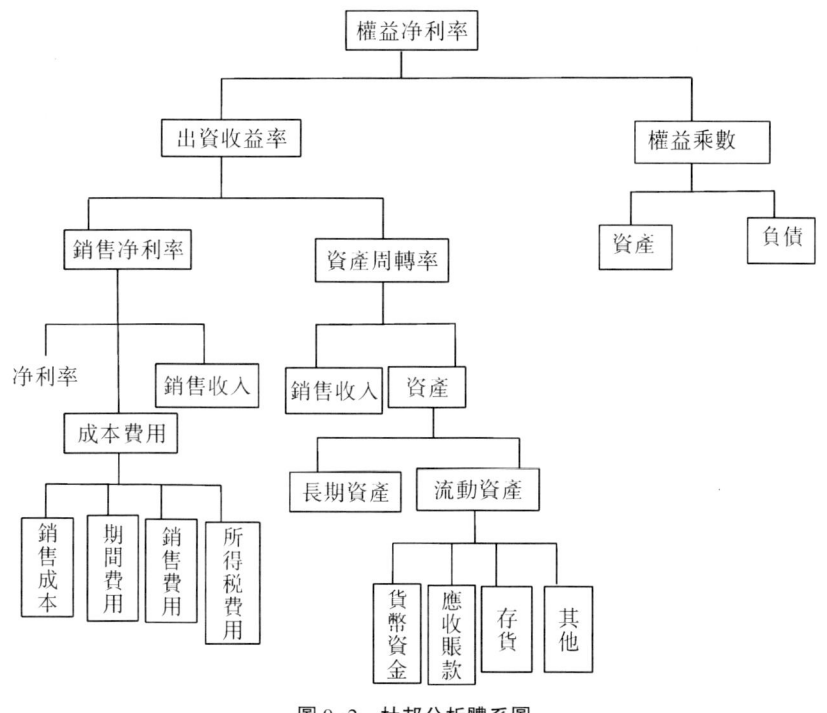

圖 9-2 杜邦分析體系圖

杜邦分析體系的作用在於：

（1）解釋財務指標變動的原因，為財務分析和財務控制提供依據。

（2）為提高公司權益金利率，實現股東財富增長目標指明了可採取的途徑，即：①擴大收入，控制成本費用，並確保銷售收入的增長幅度高於成本和費用的增長幅度；②提高總資產週轉率，即在現有資產的基礎上增加銷售收入，或在現有收入的基礎上減少資產；③在不危及公司財務安全的前提下，增加債務規模，提高負債比率。

（3）為財務預算的編製和預算指標的分解提供了基本思路和方法。杜邦財務分析體系是從股東財富最大化的目標出發，以反應股東財富水準的權益淨利率為起點，進行層層分解的體系。其主要作用在於揭示權益淨利率的構成要素以及影響權益淨利率變動的主要因素，進而提高權益淨利率，實現股東財富最大化目標。因此，在預算編製時，企業可以採用該方法對財務指標層層分解，使預算指標間符合鉤稽關係，預算編製條理清晰。

四、財務分析應注意的問題

財務分析可以提供企業財務狀況和經營業績方面的重要信息，但財務分析也存在局限性。在進行財務分析時應注意以下問題：

（一）財務報表中的信息質量

財務分析以財務報表為基礎，財務報表中的信息一般經過企業的提煉和綜合，或多或少帶有企業的主觀色彩。企業誠信度和採用的會計處理方法均會造成財務信息一定程度的失真，分析時一定要格外注意。另外，財務報表存在缺乏非貨幣信息的缺陷，應注意分析企業對財務報表的補充信息及重要事項的披露信息，如新產品的研製情況、重大訴訟、擔保情況、關聯方交易、企業併購事項等。

（二）財務信息的歷史性

比率分析主要依據歷史性資料，這些資料反應了公司過去的財務狀況，並不能代表企業的未來。如果企業的經營環境發生重大變化，歷史性財務資料會誤導分析的方向以及對企業未來發展趨勢的判斷。

（三）行業差異性

由於企業所處行業的差異，企業生產經營大多具有其自身的特點，財務比率也相差很大，使得不同行業之間的各種比率缺乏可比性。

（四）通貨膨脹因素的影響

財務報表反應的是企業的歷史成本和一般公認會計原則下的數據，資產價格的變化一般不會反應在財務報表中。然而，通貨膨脹會歪曲企業的資產負債表。當資產價值發生較大變化時，依據財務報表上的數據進行分析，就不能反應企業真實的財務狀況和經營業績。

（五）會計報表的粉飾

企業尤其是上市公司為了自身利益，會利用各種手段進行會計報表的粉飾。企業對會計報表進行粉飾主要包括粉飾經營業績和粉飾財務狀況。粉飾經營業績主要體現在利潤指標上，粉飾財務狀況主要體現在資產指標上。

公司主要利用資產重組、關聯方交易、會計政策和會計估計變更、利息資本化、時間差、股權投資、虛擬資產等來調增或調減利潤。

粉飾財務狀況主要通過高估資產和低估負債兩種手段。當公司進行對外投資時，往往傾向於高估資產，以便獲得較大比例的股權，如虛擬資產長期掛帳。利用利息費用資本化、資產溢價轉讓、提高當期收益、以不良資產對外投資，高估其價值、虛擬業務交易和利潤等來高估資產。當公司需要向銀行貸款或者是發行債券時，公司為了證明其財務風險較低，通常有低估負債的慾望，通過帳外設帳或將負債隱藏在關聯企業。這樣就可以大大降低上市公司的資產負債率，提高公司的償債能力，進而實現其借款目的。

在進行財務分析時，投資者一定要識別會計報表粉飾的手段，去偽存真，還原公司真實的利潤水準和財務狀況。

附錄　時間價值系數表

附表一：複利終值系數表 1-1 ($F/P, i, n$)

計算公式：$f = (1+i)^n$

期數	1%	2%	3%	4%	5%	6%	7%	8%	9%	10%
1	1.010,0	1.020,0	1.030,0	1.040,0	1.050,0	1.060,0	1.070,0	1.080,0	1.090,0	1.100,0
2	1.020,1	1.040,4	1.060,9	1.081,6	1.102,5	1.123,6	1.144,9	1.166,4	1.188,1	1.210,0
3	1.030,3	1.061,2	1.092,7	1.124,9	1.157,6	1.191,0	1.225,0	1.259,7	1.295,0	1.331,0
4	1.040,6	1.082,4	1.125,5	1.169,9	1.215,5	1.262,5	1.310,8	1.360,5	1.411,6	1.464,1
5	1.051,0	1.104,1	1.159,3	1.216,7	1.276,3	1.338,2	1.402,6	1.469,3	1.538,6	1.610,5
6	1.061,5	1.126,2	1.194,1	1.265,3	1.340,1	1.418,5	1.500,7	1.586,9	1.677,1	1.771,6
7	1.072,1	1.148,7	1.229,9	1.315,9	1.407,1	1.503,6	1.605,8	1.713,8	1.828,0	1.948,7
8	1.082,9	1.171,7	1.266,8	1.368,6	1.477,5	1.593,8	1.718,2	1.850,9	1.992,6	2.143,6
9	1.093,7	1.195,1	1.304,8	1.423,3	1.551,3	1.689,5	1.838,5	1.999,0	2.171,9	2.357,9
10	1.104,6	1.219,0	1.343,9	1.480,2	1.628,9	1.790,8	1.967,2	2.158,9	2.367,4	2.593,7
11	1.115,7	1.243,4	1.384,2	1.539,5	1.710,3	1.898,3	2.104,9	2.331,6	2.580,4	2.853,1
12	1.126,8	1.268,2	1.425,8	1.601,0	1.795,9	2.012,2	2.252,2	2.518,2	2.812,7	3.138,4
13	1.138,1	1.293,6	1.468,5	1.665,1	1.885,6	2.132,9	2.409,8	2.719,6	3.065,8	3.452,3
14	1.149,5	1.319,5	1.512,6	1.731,7	1.979,9	2.260,9	2.578,5	2.937,2	3.341,7	3.797,5
15	1.161,0	1.345,9	1.558,0	1.800,9	2.078,9	2.396,6	2.759,0	3.172,2	3.642,5	4.177,2
16	1.172,6	1.372,8	1.604,7	1.873,0	2.182,9	2.540,4	2.952,2	3.425,9	3.970,3	4.595,0
17	1.184,3	1.400,2	1.652,8	1.947,9	2.292,0	2.692,8	3.158,8	3.700,0	4.327,6	5.054,5
18	1.196,1	1.428,2	1.702,4	2.025,8	2.406,6	2.854,3	3.379,9	3.996,0	4.717,1	5.559,9
19	1.208,1	1.456,8	1.753,5	2.106,8	2.527,0	3.025,6	3.616,5	4.315,7	5.141,7	6.115,9
20	1.220,2	1.485,9	1.806,1	2.191,1	2.653,3	3.207,1	3.869,7	4.661,0	5.604,4	6.727,5
21	1.232,4	1.515,7	1.860,3	2.278,8	2.786,0	3.399,6	4.140,6	5.033,8	6.108,8	7.400,2
22	1.244,7	1.546,0	1.916,1	2.369,9	2.925,3	3.603,5	4.430,4	5.436,5	6.658,6	8.140,3
23	1.257,2	1.576,9	1.973,6	2.464,7	3.071,5	3.819,7	4.740,5	5.871,5	7.257,9	8.954,3
24	1.269,7	1.608,4	2.032,8	2.563,3	3.225,1	4.048,9	5.072,4	6.341,2	7.911,1	9.849,7
25	1.282,4	1.640,6	2.093,8	2.665,8	3.386,4	4.291,9	5.427,4	6.848,5	8.623,1	10.834,7
26	1.295,3	1.673,4	2.156,6	2.772,5	3.555,7	4.549,4	5.807,4	7.396,4	9.399,2	11.918,2
27	1.308,2	1.706,9	2.221,5	2.883,4	3.733,5	4.822,3	6.213,9	7.988,1	10.245,1	13.110,0
28	1.321,3	1.741,0	2.287,9	2.998,7	3.920,1	5.111,7	6.648,8	8.627,1	11.167,1	14.421,0
29	1.334,5	1.775,8	2.356,6	3.118,7	4.116,1	5.418,4	7.114,3	9.317,3	12.172,2	15.863,1
30	1.347,8	1.811,4	2.427,3	3.243,4	4.321,9	5.743,5	7.612,3	10.062,7	13.267,7	17.449,4

附表一：複利終值系數表 1-2 ($F/P, i, n$)

計算公式：$f = (1+i)^n$

期數	11%	12%	13%	14%	15%	16%	17%	18%	19%	20%
1	1.110,0	1.120,0	1.130,0	1.140,0	1.150,0	1.160,0	1.170,0	1.180,0	1.190,0	1.200,0
2	1.232,1	1.254,4	1.276,9	1.299,6	1.322,5	1.345,6	1.368,9	1.392,4	1.416,1	1.440,0
3	1.367,6	1.404,9	1.442,9	1.481,5	1.520,9	1.560,9	1.601,6	1.643,0	1.685,2	1.728,0
4	1.518,1	1.573,5	1.630,5	1.689,0	1.749,0	1.810,6	1.873,9	1.938,8	2.005,3	2.073,6
5	1.685,1	1.762,3	1.842,4	1.925,4	2.011,4	2.100,3	2.192,4	2.287,8	2.386,4	2.488,3
6	1.870,4	1.973,8	2.082,0	2.195,0	2.313,1	2.436,4	2.565,2	2.699,6	2.839,8	2.986,0
7	2.076,2	2.210,7	2.352,6	2.502,3	2.660,0	2.826,0	3.001,2	3.185,5	3.379,3	3.583,2
8	2.304,5	2.476,0	2.658,4	2.852,6	3.059,0	3.278,4	3.511,5	3.758,9	4.021,4	4.299,8
9	2.558,0	2.773,1	3.004,0	3.251,9	3.517,9	3.803,0	4.108,4	4.435,5	4.785,9	5.159,8
10	2.839,4	3.105,8	3.394,6	3.707,2	4.045,6	4.411,4	4.806,8	5.233,8	5.694,7	6.191,7
11	3.151,8	3.478,6	3.835,9	4.226,2	4.652,4	5.117,3	5.624,0	6.175,9	6.776,7	7.430,1
12	3.498,5	3.896,0	4.334,5	4.817,9	5.350,3	5.936,0	6.580,1	7.287,6	8.064,2	8.916,1
13	3.883,3	4.363,5	4.898,0	5.492,4	6.152,8	6.885,8	7.698,7	8.599,4	9.596,4	10.699,3
14	4.310,4	4.887,1	5.534,8	6.261,3	7.075,7	7.987,5	9.007,5	10.147,2	11.419,8	12.839,2
15	4.784,6	5.473,6	6.254,3	7.137,9	8.137,1	9.265,5	10.538,7	11.973,7	13.589,5	15.407,0
16	5.310,9	6.130,4	7.067,3	8.137,2	9.357,6	10.748,0	12.330,3	14.129,0	16.171,5	18.488,4
17	5.895,1	6.866,0	7.986,1	9.276,5	10.761,3	12.467,7	14.426,5	16.672,2	19.244,1	22.186,1
18	6.543,6	7.690,0	9.024,3	10.575,2	12.375,5	14.462,5	16.879,0	19.673,3	22.900,5	26.623,3
19	7.263,3	8.612,8	10.197,4	12.055,7	14.231,8	16.776,5	19.748,4	23.214,4	27.251,6	31.948,0
20	8.062,3	9.646,3	11.523,1	13.743,5	16.366,5	19.460,8	23.105,6	27.393,0	32.429,4	38.337,6
21	8.949,2	10.803,8	13.021,1	15.667,6	18.821,5	22.574,5	27.033,6	32.323,8	38.591,0	46.005,1
22	9.933,6	12.100,3	14.713,8	17.861,0	21.644,7	26.186,4	31.629,3	38.142,1	45.923,3	55.206,1
23	11.026,3	13.552,3	16.626,6	20.361,6	24.891,5	30.376,3	37.006,2	45.007,6	54.648,7	66.247,4
24	12.239,2	15.178,6	18.788,1	23.212,2	28.625,2	35.236,4	43.297,3	53.109,0	65.032,0	79.496,8
25	13.585,5	17.000,1	21.230,5	26.461,9	32.919,0	40.874,2	50.657,8	62.668,6	77.388,1	95.396,2
26	15.079,9	19.040,1	23.990,5	30.166,6	37.856,8	47.414,1	59.269,7	73.949,0	92.091,8	114.475,5
27	16.738,7	21.324,9	27.109,3	34.389,9	43.535,3	55.000,4	69.345,5	87.259,8	109.589,3	137.370,6
28	18.579,9	23.883,9	30.633,5	39.204,5	50.065,6	63.800,4	81.134,2	102.966,6	130.411,3	164.844,7
29	20.623,7	26.749,9	34.615,8	44.693,1	57.575,9	74.008,5	94.927,1	121.500,5	155.189,3	197.813,6
30	22.892,3	29.959,9	39.115,9	50.950,2	66.211,8	85.849,9	111.064,7	143.370,6	184.675,3	237.376,3

附表一：複利終值系數表 1-3 ($F/P, i, n$)

計算公式：$f = (1+i)^n$

期數	21%	22%	23%	24%	25%	26%	27%	28%	29%	30%
1	1.210,0	1.220,0	1.230,0	1.240,0	1.250,0	1.260,0	1.270,0	1.280,0	1.290,0	1.300,0
2	1.464,1	1.488,4	1.512,9	1.537,6	1.562,5	1.587,6	1.612,9	1.638,4	1.664,1	1.690,0
3	1.771,6	1.815,8	1.860,9	1.906,6	1.953,1	2.000,4	2.048,4	2.097,2	2.146,7	2.197,0
4	2.143,6	2.215,3	2.288,9	2.364,2	2.441,4	2.520,5	2.601,4	2.684,4	2.769,2	2.856,1
5	2.593,7	2.702,7	2.815,3	2.931,6	3.051,8	3.175,8	3.303,8	3.436,0	3.572,3	3.712,9
6	3.138,4	3.297,3	3.462,8	3.635,2	3.814,7	4.001,5	4.195,9	4.398,0	4.608,3	4.826,8
7	3.797,5	4.022,7	4.259,3	4.507,7	4.768,4	5.041,9	5.328,5	5.629,5	5.944,7	6.274,9
8	4.595,0	4.907,7	5.238,9	5.589,5	5.960,5	6.352,8	6.767,5	7.205,8	7.668,6	8.157,3
9	5.559,9	5.987,4	6.443,9	6.931,0	7.450,6	8.004,5	8.594,8	9.223,4	9.892,5	10.604,5
10	6.727,5	7.304,6	7.925,9	8.594,4	9.313,2	10.085,7	10.915,3	11.805,9	12.761,4	13.785,8
11	8.140,3	8.911,7	9.748,9	10.657,1	11.641,5	12.708,0	13.862,5	15.111,6	16.462,2	17.921,6
12	9.849,7	10.872,2	11.991,2	13.214,8	14.551,9	16.012,0	17.605,3	19.342,8	21.236,2	23.298,1
13	11.918,2	13.264,1	14.749,1	16.386,3	18.189,9	20.175,2	22.358,8	24.758,8	27.394,7	30.287,5
14	14.421,0	16.182,2	18.141,4	20.319,1	22.737,3	25.420,7	28.395,7	31.691,3	35.339,1	39.373,8
15	17.449,4	19.742,3	22.314,0	25.195,6	28.421,7	32.030,1	36.062,5	40.564,8	45.587,5	51.185,9
16	21.113,8	24.085,6	27.446,2	31.242,6	35.527,1	40.357,9	45.799,4	51.923,0	58.807,9	66.541,7
17	25.547,7	29.384,4	33.758,8	38.740,8	44.408,9	50.851,0	58.165,2	66.461,4	75.862,1	86.504,2
18	30.912,7	35.849,0	41.523,3	48.038,6	55.511,2	64.072,2	73.869,8	85.070,6	97.862,2	112.455,4
19	37.404,3	43.735,8	51.073,7	59.567,9	69.388,9	80.731,0	93.814,7	108.890,4	126.242,2	146.192,0
20	45.259,3	53.357,6	62.820,6	73.864,1	86.736,2	101.721,1	119.144,6	139.379,7	162.852,4	190.049,6
21	54.763,7	65.096,3	77.269,4	91.591,5	108.420,2	128.168,5	151.313,7	178.406,0	210.079,6	247.064,5
22	66.264,1	79.417,5	95.041,3	113.573,5	135.525,3	161.492,4	192.168,3	228.359,6	271.002,7	321.183,9
23	80.179,5	96.889,4	116.900,8	140.831,2	169.406,5	203.480,4	244.053,8	292.300,3	349.593,5	417.539,1
24	97.017,2	118.205,0	143.788,0	174.630,6	211.758,2	256.385,3	309.948,3	374.144,4	450.975,6	542.800,8
25	117.390,9	144.210,1	176.859,3	216.542,0	264.697,8	323.045,4	393.634,4	478.904,9	581.758,5	705.641,0
26	142.042,9	175.936,4	217.536,9	268.512,1	330.872,2	407.037,3	499.915,7	612.998,2	750.468,5	917.333,3
27	171.871,9	214.642,4	267.570,4	332.955,0	413.590,3	512.867,0	634.892,9	784.637,7	968.104,4	1,192.533,3
28	207.965,1	261.863,7	329.111,5	412.864,2	516.987,9	646.212,4	806.314,0	1,004.336,3	1,248.854,6	1,550.293,3
29	251.637,7	319.473,7	404.807,2	511.951,6	646.234,9	814.227,6	1,024.018,7	1,285.550,4	1,611.022,5	2,015.381,3
30	304.481,6	389.757,9	497.912,9	634.819,9	807.793,6	1,025.926,7	1,300.503,8	1,645.504,6	2,078.219,0	2,619.995,6

附表二：複利現值系數表 2-1 ($P/F, i, n$)

計算公式：$f = (1+i)^{-n}$

期數	1%	2%	3%	4%	5%	6%	7%	8%	9%	10%
1	0.990,1	0.980,4	0.970,9	0.961,5	0.952,4	0.943,4	0.934,6	0.925,9	0.917,4	0.909,1
2	0.980,3	0.961,2	0.942,6	0.924,6	0.907,0	0.890,0	0.873,4	0.857,3	0.841,7	0.826,4
3	0.970,6	0.942,3	0.915,1	0.889,0	0.863,8	0.839,6	0.816,3	0.793,8	0.772,2	0.751,3
4	0.961,0	0.923,8	0.888,5	0.854,8	0.822,7	0.792,1	0.762,9	0.735,0	0.708,4	0.683,0
5	0.951,5	0.905,7	0.862,6	0.821,9	0.783,5	0.747,3	0.713,0	0.680,6	0.649,9	0.620,9
6	0.942,0	0.888,0	0.837,5	0.790,3	0.746,2	0.705,0	0.666,3	0.630,2	0.596,3	0.564,5
7	0.932,7	0.870,6	0.813,1	0.759,9	0.710,7	0.665,1	0.622,7	0.583,5	0.547,0	0.513,2
8	0.923,5	0.853,5	0.789,4	0.730,7	0.676,8	0.627,4	0.582,0	0.540,3	0.501,9	0.466,5
9	0.914,3	0.836,8	0.766,4	0.702,6	0.644,6	0.591,9	0.543,9	0.500,2	0.460,4	0.424,1
10	0.905,3	0.820,3	0.744,1	0.675,6	0.613,9	0.558,4	0.508,3	0.463,2	0.422,4	0.385,5
11	0.896,3	0.804,3	0.722,4	0.649,6	0.584,7	0.526,8	0.475,1	0.428,9	0.387,5	0.350,5
12	0.887,4	0.788,5	0.701,4	0.624,6	0.556,8	0.497,0	0.444,0	0.397,1	0.355,5	0.318,6
13	0.878,7	0.773,0	0.681,0	0.600,6	0.530,3	0.468,8	0.415,0	0.367,7	0.326,2	0.289,7
14	0.870,0	0.757,9	0.661,1	0.577,5	0.505,1	0.442,3	0.387,8	0.340,5	0.299,2	0.263,3
15	0.861,3	0.743,0	0.641,9	0.555,3	0.481,0	0.417,3	0.362,4	0.315,2	0.274,5	0.239,4
16	0.852,8	0.728,4	0.623,2	0.533,9	0.458,1	0.393,6	0.338,7	0.291,9	0.251,9	0.217,6
17	0.844,4	0.714,2	0.605,0	0.513,4	0.436,3	0.371,4	0.316,6	0.270,3	0.231,1	0.197,8
18	0.836,0	0.700,2	0.587,4	0.493,6	0.415,5	0.350,3	0.295,9	0.250,2	0.212,0	0.179,9
19	0.827,7	0.686,4	0.570,3	0.474,6	0.395,7	0.330,5	0.276,5	0.231,7	0.194,5	0.163,5
20	0.819,5	0.673,0	0.553,7	0.456,4	0.376,9	0.311,8	0.258,4	0.214,5	0.178,4	0.148,6
21	0.811,4	0.659,8	0.537,5	0.438,8	0.358,9	0.294,2	0.241,5	0.198,7	0.163,7	0.135,1
22	0.803,4	0.646,8	0.521,9	0.422,0	0.341,8	0.277,5	0.225,7	0.183,9	0.150,2	0.122,8
23	0.795,4	0.634,2	0.506,7	0.405,7	0.325,6	0.261,8	0.210,9	0.170,3	0.137,8	0.111,7
24	0.787,6	0.621,7	0.491,9	0.390,1	0.310,1	0.247,0	0.197,1	0.157,7	0.126,4	0.101,5
25	0.779,8	0.609,5	0.477,6	0.375,1	0.295,3	0.233,0	0.184,2	0.146,0	0.116,0	0.092,3
26	0.772,0	0.597,6	0.463,7	0.360,7	0.281,2	0.219,8	0.172,2	0.135,2	0.106,4	0.083,9
27	0.764,4	0.585,9	0.450,2	0.346,8	0.267,8	0.207,4	0.160,9	0.125,2	0.097,6	0.076,3
28	0.756,8	0.574,4	0.437,1	0.333,5	0.255,1	0.195,6	0.150,4	0.115,9	0.089,5	0.069,3
29	0.749,3	0.563,1	0.424,3	0.320,7	0.242,9	0.184,6	0.140,6	0.107,3	0.082,2	0.063,0
30	0.741,9	0.552,1	0.412,0	0.308,3	0.231,4	0.174,1	0.131,4	0.099,4	0.075,4	0.057,3

附表二：複利現值系數表 2-2 $(P/F, i, n)$

計算公式：$f = (1+i)^{-n}$

期數	11%	12%	13%	14%	15%	16%	17%	18%	19%	20%
1	0.900,9	0.892,9	0.885,0	0.877,2	0.869,6	0.862,1	0.854,7	0.847,5	0.840,3	0.833,3
2	0.811,6	0.797,2	0.783,1	0.769,5	0.756,1	0.743,2	0.730,5	0.718,2	0.706,2	0.694,4
3	0.731,2	0.711,8	0.693,1	0.675,0	0.657,5	0.640,7	0.624,4	0.608,6	0.593,4	0.578,7
4	0.658,7	0.635,5	0.613,3	0.592,1	0.571,8	0.552,3	0.533,7	0.515,8	0.498,7	0.482,3
5	0.593,5	0.567,4	0.542,8	0.519,4	0.497,2	0.476,1	0.456,1	0.437,1	0.419,0	0.401,9
6	0.534,6	0.506,6	0.480,3	0.455,6	0.432,3	0.410,4	0.389,8	0.370,4	0.352,1	0.334,9
7	0.481,7	0.452,3	0.425,1	0.399,6	0.375,9	0.353,8	0.333,2	0.313,9	0.295,9	0.279,1
8	0.433,9	0.403,9	0.376,2	0.350,6	0.326,9	0.305,0	0.284,8	0.266,0	0.248,7	0.232,6
9	0.390,9	0.360,6	0.332,9	0.307,5	0.284,3	0.263,0	0.243,4	0.225,5	0.209,0	0.193,8
10	0.352,2	0.322,0	0.294,6	0.269,7	0.247,2	0.226,7	0.208,0	0.191,1	0.175,6	0.161,5
11	0.317,3	0.287,5	0.260,7	0.236,6	0.214,9	0.195,4	0.177,8	0.161,9	0.147,6	0.134,6
12	0.285,8	0.256,7	0.230,7	0.207,6	0.186,9	0.168,5	0.152,0	0.137,2	0.124,0	0.112,2
13	0.257,5	0.229,2	0.204,2	0.182,1	0.162,5	0.145,2	0.129,9	0.116,3	0.104,2	0.093,5
14	0.232,0	0.204,6	0.180,7	0.159,7	0.141,3	0.125,2	0.111,0	0.098,5	0.087,6	0.077,9
15	0.209,0	0.182,7	0.159,9	0.140,1	0.122,9	0.107,9	0.094,9	0.083,5	0.073,6	0.064,9
16	0.188,3	0.163,1	0.141,5	0.122,9	0.106,9	0.093,0	0.081,1	0.070,8	0.061,8	0.054,1
17	0.169,6	0.145,6	0.125,2	0.107,8	0.092,9	0.080,2	0.069,3	0.060,0	0.052,0	0.045,1
18	0.152,8	0.130,0	0.110,8	0.094,6	0.080,8	0.069,1	0.059,2	0.050,8	0.043,7	0.037,6
19	0.137,7	0.116,1	0.098,1	0.082,9	0.070,3	0.059,6	0.050,6	0.043,1	0.036,7	0.031,3
20	0.124,0	0.103,7	0.086,8	0.072,8	0.061,1	0.051,4	0.043,3	0.036,5	0.030,8	0.026,1
21	0.111,7	0.092,6	0.076,8	0.063,8	0.053,1	0.044,3	0.037,0	0.030,9	0.025,9	0.021,7
22	0.100,7	0.082,6	0.068,0	0.056,0	0.046,2	0.038,2	0.031,6	0.026,2	0.021,8	0.018,1
23	0.090,7	0.073,8	0.060,1	0.049,1	0.040,2	0.032,9	0.027,0	0.022,2	0.018,3	0.015,1
24	0.081,7	0.065,9	0.053,2	0.043,1	0.034,9	0.028,4	0.023,1	0.018,8	0.015,4	0.012,6
25	0.073,6	0.058,8	0.047,1	0.037,8	0.030,4	0.024,5	0.019,7	0.016,0	0.012,9	0.010,5
26	0.066,3	0.052,5	0.041,7	0.033,1	0.026,4	0.021,1	0.016,9	0.013,5	0.010,9	0.008,7
27	0.059,7	0.046,9	0.036,9	0.029,1	0.023,0	0.018,2	0.014,4	0.011,5	0.009,1	0.007,3
28	0.053,8	0.041,9	0.032,6	0.025,5	0.020,0	0.015,7	0.012,3	0.009,7	0.007,7	0.006,1
29	0.048,5	0.037,4	0.028,9	0.022,4	0.017,4	0.013,5	0.010,5	0.008,2	0.006,4	0.005,1
30	0.043,7	0.033,4	0.025,6	0.019,6	0.015,1	0.011,6	0.009,0	0.007,0	0.005,4	0.004,2

附表二：複利現值系數表 2-3 （$P/F, i, n$）

計算公式：$f = (1+i)^{-n}$

期數	21%	22%	23%	24%	25%	26%	27%	28%	29%	30%
1	0.826,4	0.819,7	0.813,0	0.806,5	0.800,0	0.793,7	0.787,4	0.781,3	0.775,2	0.769,2
2	0.683,0	0.671,9	0.661,0	0.650,4	0.640,0	0.629,9	0.620,0	0.610,4	0.600,9	0.591,7
3	0.564,5	0.550,7	0.537,4	0.524,5	0.512,0	0.499,9	0.488,2	0.476,8	0.465,8	0.455,2
4	0.466,5	0.451,4	0.436,9	0.423,0	0.409,6	0.396,8	0.384,4	0.372,5	0.361,1	0.350,1
5	0.385,5	0.370,0	0.355,2	0.341,1	0.327,7	0.314,9	0.302,7	0.291,0	0.279,9	0.269,3
6	0.318,6	0.303,3	0.288,8	0.275,1	0.262,1	0.249,9	0.238,3	0.227,4	0.217,0	0.207,2
7	0.263,3	0.248,6	0.234,8	0.221,8	0.209,7	0.198,3	0.187,7	0.177,6	0.168,2	0.159,4
8	0.217,6	0.203,8	0.190,9	0.178,9	0.167,8	0.157,4	0.147,8	0.138,8	0.130,4	0.122,6
9	0.179,9	0.167,0	0.155,2	0.144,3	0.134,2	0.124,9	0.116,4	0.108,4	0.101,1	0.094,3
10	0.148,6	0.136,9	0.126,2	0.116,4	0.107,4	0.099,2	0.091,6	0.084,7	0.078,4	0.072,5
11	0.122,8	0.112,2	0.102,6	0.093,8	0.085,9	0.078,7	0.072,1	0.066,2	0.060,7	0.055,8
12	0.101,5	0.092,0	0.083,4	0.075,7	0.068,7	0.062,5	0.056,8	0.051,7	0.047,1	0.042,9
13	0.083,9	0.075,4	0.067,8	0.061,0	0.055,0	0.049,6	0.044,7	0.040,4	0.036,5	0.033,0
14	0.069,3	0.061,8	0.055,1	0.049,2	0.044,0	0.039,3	0.035,2	0.031,6	0.028,3	0.025,4
15	0.057,3	0.050,7	0.044,8	0.039,7	0.035,2	0.031,2	0.027,7	0.024,7	0.021,9	0.019,5
16	0.047,4	0.041,5	0.036,4	0.032,0	0.028,1	0.024,8	0.021,8	0.019,3	0.017,0	0.015,0
17	0.039,1	0.034,0	0.029,6	0.025,8	0.022,5	0.019,7	0.017,2	0.015,0	0.013,2	0.011,6
18	0.032,3	0.027,9	0.024,1	0.020,8	0.018,0	0.015,6	0.013,5	0.011,8	0.010,2	0.008,9
19	0.026,7	0.022,9	0.019,6	0.016,8	0.014,4	0.012,4	0.010,7	0.009,2	0.007,9	0.006,8
20	0.022,1	0.018,7	0.015,9	0.013,5	0.011,5	0.009,8	0.008,4	0.007,2	0.006,1	0.005,3
21	0.018,3	0.015,4	0.012,9	0.010,9	0.009,2	0.007,8	0.006,6	0.005,6	0.004,8	0.004,0
22	0.015,1	0.012,6	0.010,5	0.008,8	0.007,4	0.006,2	0.005,2	0.004,4	0.003,7	0.003,1
23	0.012,5	0.010,3	0.008,6	0.007,1	0.005,9	0.004,9	0.004,1	0.003,4	0.002,9	0.002,4
24	0.010,3	0.008,5	0.007,0	0.005,7	0.004,7	0.003,9	0.003,2	0.002,7	0.002,2	0.001,8
25	0.008,5	0.006,9	0.005,7	0.004,6	0.003,8	0.003,1	0.002,5	0.002,1	0.001,7	0.001,4
26	0.007,0	0.005,7	0.004,6	0.003,7	0.003,0	0.002,5	0.002,0	0.001,6	0.001,3	0.001,1
27	0.005,8	0.004,7	0.003,7	0.003,0	0.002,4	0.001,9	0.001,6	0.001,3	0.001,0	0.000,8
28	0.004,8	0.003,8	0.003,0	0.002,4	0.001,9	0.001,5	0.001,2	0.001,0	0.000,8	0.000,6
29	0.004,0	0.003,1	0.002,5	0.002,0	0.001,5	0.001,2	0.001,0	0.000,8	0.000,6	0.000,5
30	0.003,3	0.002,6	0.002,0	0.001,6	0.001,2	0.001,0	0.000,8	0.000,6	0.000,5	0.000,4

附表三：年金終值系數表 3-1

$$(F/A, i, n)$$

期數	1%	2%	3%	4%	5%	6%	7%	8%	9%	10%
1	1.000,0	1.000,0	1.000,0	1.000,0	1.000,0	1.000,0	1.000,0	1.000,0	1.000,0	1.000,0
2	2.010,0	2.020,0	2.030,0	2.040,0	2.050,0	2.060,0	2.070,0	2.080,0	2.090,0	2.100,0
3	3.030,1	3.060,4	3.090,9	3.121,6	3.152,5	3.183,6	3.214,9	3.246,4	3.278,1	3.310,0
4	4.060,4	4.121,6	4.183,6	4.246,5	4.310,1	4.374,6	4.439,9	4.506,1	4.573,1	4.641,0
5	5.101,0	5.204,0	5.309,1	5.416,3	5.525,6	5.637,1	5.750,7	5.866,6	5.984,7	6.105,1
6	6.152,0	6.308,1	6.468,4	6.633,0	6.801,9	6.975,3	7.153,3	7.335,9	7.523,3	7.715,6
7	7.213,5	7.434,3	7.662,5	7.898,3	8.142,0	8.393,8	8.654,0	8.922,8	9.200,4	9.487,2
8	8.285,7	8.583,0	8.892,3	9.214,2	9.549,1	9.897,5	10.259,8	10.636,6	11.028,5	11.435,9
9	9.368,5	9.754,6	10.159,1	10.582,8	11.026,6	11.491,3	11.978,0	12.487,6	13.021,0	13.579,5
10	10.462,2	10.949,7	11.463,9	12.006,1	12.577,9	13.180,8	13.816,4	14.486,6	15.192,9	15.937,4
11	11.566,8	12.168,7	12.807,8	13.486,4	14.206,8	14.971,6	15.783,6	16.645,5	17.560,3	18.531,2
12	12.682,5	13.412,1	14.192,0	15.025,8	15.917,1	16.869,9	17.888,5	18.977,1	20.140,7	21.384,3
13	13.809,3	14.680,3	15.617,8	16.626,8	17.713,0	18.882,1	20.140,6	21.495,3	22.953,4	24.522,7
14	14.947,4	15.973,9	17.086,3	18.291,9	19.598,6	21.015,1	22.550,5	24.214,9	26.019,2	27.975,0
15	16.096,9	17.293,4	18.598,9	20.023,6	21.578,6	23.276,0	25.129,0	27.152,1	29.360,9	31.772,5
16	17.257,9	18.639,3	20.156,9	21.824,5	23.657,5	25.672,5	27.888,1	30.324,3	33.003,4	35.949,7
17	18.430,4	20.012,1	21.761,6	23.697,5	25.840,4	28.212,9	30.840,2	33.750,2	36.973,7	40.544,7
18	19.614,7	21.412,3	23.414,4	25.645,4	28.132,4	30.905,7	33.999,0	37.450,2	41.301,3	45.599,2
19	20.810,9	22.840,6	25.116,9	27.671,2	30.539,0	33.760,0	37.379,0	41.446,3	46.018,5	51.159,1
20	22.019,0	24.297,4	26.870,4	29.778,1	33.066,0	36.785,6	40.995,5	45.762,0	51.160,1	57.275,0
21	23.239,2	25.783,3	28.676,5	31.969,2	35.719,3	39.992,7	44.865,2	50.422,9	56.764,5	64.002,5
22	24.471,6	27.299,0	30.536,8	34.248,0	38.505,2	43.392,3	49.005,7	55.456,8	62.873,3	71.402,7
23	25.716,3	28.845,0	32.452,9	36.617,9	41.430,5	46.995,8	53.436,1	60.893,3	69.531,9	79.543,0
24	26.973,5	30.421,9	34.426,5	39.082,6	44.502,0	50.815,6	58.176,7	66.764,8	76.789,8	88.497,3
25	28.243,2	32.030,3	36.459,3	41.645,9	47.727,1	54.864,5	63.249,0	73.105,9	84.700,9	98.347,1
26	29.525,6	33.670,9	38.553,0	44.311,7	51.113,5	59.156,4	68.676,5	79.954,4	93.324,0	109.181,8
27	30.820,9	35.344,3	40.709,6	47.084,2	54.669,1	63.705,8	74.483,8	87.350,8	102.723,1	121.099,9
28	32.129,1	37.051,2	42.930,9	49.967,6	58.402,6	68.528,1	80.697,7	95.338,8	112.968,2	134.209,9
29	33.450,4	38.792,2	45.218,9	52.966,3	62.322,7	73.639,8	87.346,5	103.965,9	124.135,4	148.630,9
30	34.784,9	40.568,1	47.575,4	56.084,9	66.438,8	79.058,2	94.460,8	113.283,2	136.307,5	164.494,0

附表三：年金終值系數表 3-2

$$(F/A, i, n)$$

期數	11%	12%	13%	14%	15%	16%	17%	18%	19%	20%
1	1.000,0	1.000,0	1.000,0	1.000,0	1.000,0	1.000,0	1.000,0	1.000,0	1.000,0	1.000,0
2	2.110,0	2.120,0	2.130,0	2.140,0	2.150,0	2.160,0	2.170,0	2.180,0	2.190,0	2.200,0
3	3.342,1	3.374,4	3.406,9	3.439,6	3.472,5	3.505,6	3.538,9	3.572,4	3.606,1	3.640,0
4	4.709,7	4.779,3	4.849,8	4.921,1	4.993,4	5.066,5	5.140,5	5.215,4	5.291,3	5.368,0
5	6.227,8	6.352,8	6.480,3	6.610,1	6.742,4	6.877,1	7.014,4	7.154,2	7.296,6	7.441,6
6	7.912,9	8.115,2	8.322,7	8.535,5	8.753,7	8.977,5	9.206,8	9.442,0	9.683,0	9.929,9
7	9.783,3	10.089,0	10.404,7	10.730,5	11.066,8	11.413,9	11.772,0	12.141,5	12.522,7	12.915,9
8	11.859,4	12.299,7	12.757,3	13.232,8	13.726,8	14.240,1	14.773,3	15.327,0	15.902,0	16.499,1
9	14.164,0	14.775,7	15.415,7	16.085,3	16.785,8	17.518,5	18.284,7	19.085,9	19.923,4	20.798,9
10	16.722,0	17.548,7	18.419,7	19.337,3	20.303,7	21.321,5	22.393,1	23.521,3	24.708,9	25.958,7
11	19.561,4	20.654,6	21.814,3	23.044,5	24.349,3	25.732,9	27.199,9	28.755,1	30.403,5	32.150,4
12	22.713,2	24.133,1	25.650,2	27.270,7	29.001,7	30.850,2	32.823,9	34.931,1	37.180,2	39.580,5
13	26.211,6	28.029,1	29.984,7	32.088,7	34.351,9	36.786,2	39.404,0	42.218,7	45.244,5	48.496,6
14	30.094,9	32.392,6	34.882,7	37.581,1	40.504,7	43.672,0	47.102,7	50.818,0	54.840,9	59.195,9
15	34.405,4	37.279,7	40.417,5	43.842,4	47.580,4	51.659,5	56.110,1	60.965,3	66.260,7	72.035,1
16	39.189,9	42.753,3	46.671,7	50.980,4	55.717,5	60.925,0	66.648,8	72.939,0	79.850,2	87.442,1
17	44.500,8	48.883,7	53.739,1	59.117,6	65.075,1	71.673,0	78.979,2	87.068,0	96.021,8	105.930,6
18	50.395,9	55.749,7	61.725,1	68.394,1	75.836,4	84.140,7	93.405,6	103.740,3	115.265,9	128.116,7
19	56.939,5	63.439,7	70.749,4	78.969,2	88.211,8	98.603,2	110.284,6	123.413,5	138.166,4	154.740,0
20	64.202,8	72.052,4	80.946,8	91.024,9	102.443,6	115.379,7	130.032,9	146.628,0	165.418,0	186.688,0
21	72.265,1	81.698,7	92.469,9	104.768,4	118.810,1	134.840,5	153.138,5	174.021,0	197.847,4	225.025,6
22	81.214,3	92.502,6	105.491,0	120.436,0	137.631,6	157.415,0	180.172,1	206.344,8	236.438,5	271.030,7
23	91.147,9	104.602,9	120.204,8	138.297,0	159.276,4	183.601,4	211.801,3	244.486,8	282.361,8	326.236,9
24	102.174,2	118.155,2	136.831,5	158.658,6	184.167,8	213.977,6	248.807,6	289.494,5	337.010,5	392.484,2
25	114.413,3	133.333,9	155.619,6	181.870,8	212.793,0	249.214,0	292.104,9	342.603,5	402.042,5	471.981,1
26	127.998,8	150.333,9	176.850,1	208.332,7	245.712,0	290.088,3	342.762,7	405.272,1	479.430,6	567.377,3
27	143.078,6	169.374,0	200.840,6	238.499,3	283.568,8	337.502,4	402.032,3	479.221,1	571.522,4	681.852,9
28	159.817,3	190.698,9	227.949,9	272.889,2	327.104,1	392.502,8	471.377,8	566.480,9	681.111,6	819.223,3
29	178.397,2	214.582,8	258.583,4	312.093,7	377.169,7	456.303,2	552.512,1	669.447,5	811.522,8	984.068,0
30	199.020,9	241.332,7	293.199,2	356.786,8	434.745,1	530.311,7	647.439,1	790.948,0	966.712,2	1,181.881,6

附表三：年金終值系數表 3-3

$$(F/A, i, n)$$

期數	21%	22%	23%	24%	25%	26%	27%	28%	29%	30%
1	1.000,0	1.000,0	1.000,0	1.000,0	1.000,0	1.000,0	1.000,0	1.000,0	1.000,0	1.000,0
2	2.210,0	2.220,0	2.230,0	2.240,0	2.250,0	2.260,0	2.270,0	2.280,0	2.290,0	2.300,0
3	3.674,1	3.708,4	3.742,9	3.777,6	3.812,5	3.847,6	3.882,9	3.918,4	3.954,1	3.990,0
4	5.445,7	5.524,2	5.603,8	5.684,2	5.765,6	5.848,0	5.931,3	6.015,6	6.100,8	6.187,0
5	7.589,2	7.739,6	7.892,6	8.048,4	8.207,0	8.368,4	8.532,7	8.699,9	8.870,0	9.043,1
6	10.183,0	10.442,3	10.707,9	10.980,1	11.258,8	11.544,2	11.836,6	12.135,9	12.442,3	12.756,0
7	13.321,4	13.739,6	14.170,8	14.615,3	15.073,5	15.545,8	16.032,4	16.533,9	17.050,6	17.582,8
8	17.118,9	17.762,3	18.430,0	19.122,9	19.841,9	20.587,6	21.361,2	22.163,4	22.995,3	23.857,7
9	21.713,9	22.670,0	23.669,0	24.712,5	25.802,3	26.940,4	28.128,7	29.369,2	30.663,9	32.015,0
10	27.273,8	28.657,4	30.112,8	31.643,4	33.252,9	34.944,9	36.723,5	38.592,6	40.556,4	42.619,5
11	34.001,3	35.962,0	38.038,8	40.237,9	42.566,1	45.030,6	47.638,8	50.398,5	53.317,8	56.405,3
12	42.141,6	44.873,7	47.787,7	50.895,0	54.207,7	57.738,6	61.501,3	65.510,0	69.780,0	74.327,0
13	51.991,3	55.745,9	59.778,8	64.109,7	68.759,6	73.750,6	79.106,6	84.852,9	91.016,1	97.625,0
14	63.909,5	69.010,0	74.528,0	80.496,1	86.949,5	93.925,8	101.465,4	109.611,7	118.410,8	127.912,5
15	78.330,5	85.192,2	92.669,4	100.815,1	109.686,8	119.346,5	129.861,1	141.302,9	153.750,0	167.286,3
16	95.779,9	104.934,5	114.983,4	126.010,8	138.108,5	151.376,6	165.923,6	181.867,7	199.337,4	218.472,2
17	116.893,7	129.020,1	142.429,5	157.253,4	173.635,7	191.734,5	211.723,0	233.790,7	258.145,3	285.013,9
18	142.441,3	158.404,5	176.188,3	195.994,2	218.044,6	242.585,5	269.888,2	300.252,1	334.007,4	371.518,0
19	173.354,0	194.253,5	217.711,6	244.032,8	273.555,8	306.657,7	343.758,0	385.322,7	431.869,6	483.973,4
20	210.758,0	237.989,3	268.785,3	303.600,6	342.944,7	387.388,7	437.572,6	494.213,1	558.111,8	630.165,5
21	256.017,6	291.346,9	331.605,9	377.464,8	429.680,9	489.109,8	556.717,3	633.592,7	720.964,2	820.215,1
22	310.781,3	356.443,2	408.875,5	469.056,3	538.101,1	617.278,3	708.030,9	811.998,7	931.043,8	1,067.279,6
23	377.045,4	435.860,7	503.916,6	582.629,8	673.626,4	778.770,7	900.199,3	1,040.358,3	1,202.046,5	1,388.463,5
24	457.224,9	532.750,1	620.817,4	723.461,0	843.032,9	982.251,1	1,144.253,1	1,332.658,6	1,551.640,0	1,806.002,6
25	554.242,2	650.955,1	764.605,4	898.091,6	1,054.791,2	1,238.636,3	1,454.201,4	1,706.803,1	2,002.615,6	2,348.803,3
26	671.633,0	795.165,3	941.464,7	1,114.633,6	1,319.489,0	1,561.681,8	1,847.835,8	2,185.707,9	2,584.374,1	3,054.444,3
27	813.675,9	971.101,6	1,159.001,6	1,383.145,7	1,650.361,2	1,968.719,1	2,347.751,5	2,798.706,1	3,334.842,6	3,971.777,6
28	985.547,9	1,185.744,0	1,426.571,9	1,716.100,7	2,063.951,5	2,481.586,0	2,982.644,4	3,583.343,8	4,302.947,0	5,164.310,9
29	1,193.512,9	1,447.607,7	1,755.683,5	2,128.964,8	2,580.939,4	3,127.798,4	3,788.958,3	4,587.680,1	5,551.801,6	6,714.604,2
30	1,445.150,7	1,767.081,3	2,160.490,7	2,640.916,4	3,227.174,3	3,942.026,0	4,812.977,1	5,873.230,6	7,162.824,1	8,729.985,5

附表四：年金現值系數表 4-1

$(F/A, i, n)$

期數	1%	2%	3%	4%	5%	6%	7%	8%	9%	10%
1	0.990,1	0.980,4	0.970,9	0.961,5	0.952,4	0.943,4	0.934,6	0.925,9	0.917,4	0.909,1
2	1.970,4	1.941,6	1.913,5	1.886,1	1.859,4	1.833,4	1.808,0	1.783,3	1.759,1	1.735,5
3	2.941,0	2.883,9	2.828,6	2.775,1	2.723,2	2.673,0	2.624,3	2.577,1	2.531,3	2.486,9
4	3.902,0	3.807,7	3.717,1	3.629,9	3.546,0	3.465,1	3.387,2	3.312,1	3.239,7	3.169,9
5	4.853,4	4.713,5	4.579,7	4.451,8	4.329,5	4.212,4	4.100,2	3.992,7	3.889,7	3.790,8
6	5.795,5	5.601,4	5.417,2	5.242,1	5.075,7	4.917,3	4.766,5	4.622,9	4.485,9	4.355,3
7	6.728,2	6.472,0	6.230,3	6.002,1	5.786,4	5.582,4	5.389,3	5.206,4	5.033,0	4.868,4
8	7.651,7	7.325,5	7.019,7	6.732,7	6.463,2	6.209,8	5.971,3	5.746,6	5.534,8	5.334,9
9	8.566,0	8.162,2	7.786,1	7.435,3	7.107,8	6.801,7	6.515,2	6.246,9	5.995,2	5.759,0
10	9.471,3	8.982,6	8.530,2	8.110,9	7.721,7	7.360,1	7.023,6	6.710,1	6.417,7	6.144,6
11	10.367,6	9.786,8	9.252,6	8.760,5	8.306,4	7.886,9	7.498,7	7.139,0	6.805,2	6.495,1
12	11.255,1	10.575,3	9.954,0	9.385,1	8.863,3	8.383,8	7.942,7	7.536,1	7.160,7	6.813,7
13	12.133,7	11.348,4	10.635,0	9.985,6	9.393,6	8.852,7	8.357,7	7.903,8	7.486,9	7.103,4
14	13.003,7	12.106,2	11.296,1	10.563,1	9.898,6	9.295,0	8.745,5	8.244,2	7.786,9	7.366,7
15	13.865,1	12.849,3	11.937,9	11.118,4	10.379,7	9.712,2	9.107,9	8.559,5	8.060,7	7.606,1
16	14.717,9	13.577,7	12.561,1	11.652,3	10.837,8	10.105,9	9.446,6	8.851,4	8.312,6	7.823,7
17	15.562,3	14.291,9	13.166,1	12.165,7	11.274,1	10.477,3	9.763,2	9.121,6	8.543,6	8.021,6
18	16.398,3	14.992,0	13.753,5	12.659,3	11.689,6	10.827,6	10.059,1	9.371,9	8.755,6	8.201,4
19	17.226,0	15.678,5	14.323,8	13.133,9	12.085,3	11.158,1	10.335,6	9.603,6	8.950,1	8.364,9
20	18.045,6	16.351,4	14.877,5	13.590,3	12.462,2	11.469,9	10.594,0	9.818,1	9.128,5	8.513,6
21	18.857,0	17.011,2	15.415,0	14.029,2	12.821,5	11.764,1	10.835,5	10.016,8	9.292,2	8.648,7
22	19.660,4	17.658,0	15.936,9	14.451,1	13.163,0	12.041,6	11.061,2	10.200,7	9.442,4	8.771,5
23	20.455,8	18.292,2	16.443,6	14.856,8	13.488,6	12.303,4	11.272,2	10.371,1	9.580,2	8.883,2
24	21.243,4	18.913,9	16.935,5	15.247,0	13.798,6	12.550,4	11.469,3	10.528,8	9.706,6	8.984,7
25	22.023,2	19.523,5	17.413,1	15.622,1	14.093,9	12.783,4	11.653,6	10.674,8	9.822,6	9.077,1
26	22.795,2	20.121,0	17.876,8	15.982,8	14.375,2	13.003,2	11.825,8	10.810,0	9.929,0	9.160,9
27	23.559,6	20.706,9	18.327,0	16.329,6	14.643,0	13.210,5	11.986,7	10.935,2	10.026,6	9.237,2
28	24.316,4	21.281,3	18.764,1	16.663,1	14.898,1	13.406,2	12.137,1	11.051,1	10.116,1	9.306,6
29	25.065,8	21.844,4	19.188,5	16.983,7	15.141,1	13.590,7	12.277,5	11.158,4	10.198,3	9.369,6
30	25.807,7	22.396,5	19.600,4	17.292,0	15.372,5	13.764,8	12.409,0	11.257,8	10.273,7	9.426,9

附表四：年金现值系数表 4-2

$$(P/A, i, n)$$

期数	11%	12%	13%	14%	15%	16%	17%	18%	19%	20%
1	0.900,9	0.892,9	0.885,0	0.877,2	0.869,6	0.862,1	0.854,7	0.847,5	0.840,3	0.833,3
2	1.712,5	1.690,1	1.668,1	1.646,7	1.625,7	1.605,2	1.585,2	1.565,6	1.546,5	1.527,8
3	2.443,7	2.401,8	2.361,2	2.321,6	2.283,2	2.245,9	2.209,6	2.174,3	2.139,9	2.106,5
4	3.102,4	3.037,3	2.974,5	2.913,7	2.855,0	2.798,2	2.743,2	2.690,1	2.638,6	2.588,7
5	3.695,9	3.604,8	3.517,2	3.433,1	3.352,2	3.274,3	3.199,3	3.127,2	3.057,6	2.990,6
6	4.230,5	4.111,4	3.997,5	3.888,7	3.784,5	3.684,7	3.589,2	3.497,6	3.409,8	3.325,5
7	4.712,2	4.563,8	4.422,6	4.288,3	4.160,4	4.038,6	3.922,4	3.811,5	3.705,7	3.604,6
8	5.146,1	4.967,6	4.798,8	4.638,9	4.487,3	4.343,6	4.207,2	4.077,6	3.954,4	3.837,2
9	5.537,0	5.328,2	5.131,7	4.946,4	4.771,6	4.606,5	4.450,6	4.303,0	4.163,3	4.031,0
10	5.889,2	5.650,2	5.426,2	5.216,1	5.018,8	4.833,2	4.658,6	4.494,1	4.338,9	4.192,5
11	6.206,5	5.937,7	5.686,9	5.452,7	5.233,7	5.028,6	4.836,4	4.656,0	4.486,5	4.327,1
12	6.492,4	6.194,4	5.917,6	5.660,3	5.420,6	5.197,1	4.988,4	4.793,2	4.610,5	4.439,2
13	6.749,9	6.423,5	6.121,8	5.842,4	5.583,1	5.342,3	5.118,3	4.909,5	4.714,7	4.532,7
14	6.981,9	6.628,2	6.302,5	6.002,1	5.724,5	5.467,5	5.229,3	5.008,1	4.802,3	4.610,6
15	7.190,9	6.810,9	6.462,4	6.142,2	5.847,4	5.575,5	5.324,2	5.091,6	4.875,9	4.675,5
16	7.379,2	6.974,0	6.603,9	6.265,1	5.954,2	5.668,5	5.405,3	5.162,4	4.937,7	4.729,6
17	7.548,8	7.119,6	6.729,1	6.372,9	6.047,2	5.748,7	5.474,6	5.222,3	4.989,7	4.774,6
18	7.701,6	7.249,7	6.839,9	6.467,4	6.128,0	5.817,8	5.533,9	5.273,2	5.033,3	4.812,2
19	7.839,3	7.365,8	6.938,0	6.550,4	6.198,2	5.877,5	5.584,5	5.316,2	5.070,0	4.843,5
20	7.963,3	7.469,4	7.024,8	6.623,1	6.259,3	5.928,8	5.627,8	5.352,7	5.100,9	4.869,6
21	8.075,1	7.562,0	7.101,6	6.687,0	6.312,5	5.973,1	5.664,8	5.383,7	5.126,8	4.891,3
22	8.175,7	7.644,6	7.169,5	6.742,9	6.358,7	6.011,3	5.696,4	5.409,9	5.148,6	4.909,4
23	8.266,4	7.718,4	7.229,7	6.792,1	6.398,8	6.044,2	5.723,4	5.432,1	5.166,8	4.924,5
24	8.348,1	7.784,3	7.282,9	6.835,1	6.433,8	6.072,5	5.746,5	5.450,9	5.182,2	4.937,1
25	8.421,7	7.843,1	7.330,0	6.872,9	6.464,1	6.097,1	5.766,2	5.466,9	5.195,1	4.947,6
26	8.488,1	7.895,7	7.371,7	6.906,1	6.490,6	6.118,2	5.783,1	5.480,4	5.206,0	4.956,3
27	8.547,8	7.942,6	7.408,6	6.935,2	6.513,5	6.136,4	5.797,5	5.491,9	5.215,1	4.963,6
28	8.601,6	7.984,4	7.441,2	6.960,7	6.533,5	6.152,0	5.809,9	5.501,6	5.222,8	4.969,7
29	8.650,1	8.021,8	7.470,1	6.983,0	6.550,9	6.165,6	5.820,4	5.509,8	5.229,2	4.974,7
30	8.693,8	8.055,2	7.495,7	7.002,7	6.566,0	6.177,2	5.829,4	5.516,8	5.234,7	4.978,9

附表四：年金現值系數表 4-3

$(P/A, i, n)$

期數	21%	22%	23%	24%	25%	26%	27%	28%	29%	30%
1	0.826,4	0.819,7	0.813,0	0.806,5	0.800,0	0.793,7	0.787,4	0.781,3	0.775,2	0.769,2
2	1.509,5	1.491,5	1.474,0	1.456,8	1.440,0	1.423,5	1.407,4	1.391,6	1.376,1	1.360,9
3	2.073,9	2.042,2	2.011,4	1.981,3	1.952,0	1.923,4	1.895,6	1.868,4	1.842,0	1.816,1
4	2.540,4	2.493,6	2.448,3	2.404,3	2.361,6	2.320,2	2.280,0	2.241,0	2.203,1	2.166,2
5	2.926,0	2.863,6	2.803,5	2.745,4	2.689,3	2.635,1	2.582,7	2.532,0	2.483,0	2.435,6
6	3.244,6	3.166,9	3.092,3	3.020,5	2.951,4	2.885,0	2.821,0	2.759,4	2.700,0	2.642,7
7	3.507,9	3.415,5	3.327,0	3.242,3	3.161,1	3.083,3	3.008,7	2.937,0	2.868,2	2.802,1
8	3.725,6	3.619,3	3.517,9	3.421,2	3.328,9	3.240,7	3.156,4	3.075,8	2.998,6	2.924,7
9	3.905,4	3.786,3	3.673,1	3.565,5	3.463,1	3.365,7	3.272,8	3.184,2	3.099,7	3.019,0
10	4.054,1	3.923,2	3.799,3	3.681,9	3.570,5	3.464,8	3.364,4	3.268,9	3.178,1	3.091,5
11	4.176,9	4.035,4	3.901,8	3.775,7	3.656,4	3.543,5	3.436,5	3.335,1	3.238,8	3.147,3
12	4.278,4	4.127,4	3.985,2	3.851,4	3.725,1	3.605,9	3.493,3	3.386,8	3.285,9	3.190,3
13	4.362,4	4.202,8	4.053,0	3.912,4	3.780,1	3.655,5	3.538,1	3.427,2	3.322,4	3.223,3
14	4.431,7	4.264,6	4.108,2	3.961,6	3.824,1	3.694,9	3.573,1	3.458,7	3.350,7	3.248,7
15	4.489,0	4.315,2	4.153,0	4.001,3	3.859,3	3.726,1	3.601,0	3.483,4	3.372,6	3.268,2
16	4.536,5	4.356,7	4.189,4	4.033,3	3.887,4	3.750,9	3.622,8	3.502,6	3.389,6	3.283,2
17	4.575,5	4.390,8	4.219,0	4.059,1	3.909,9	3.770,5	3.640,0	3.517,7	3.402,8	3.294,8
18	4.607,9	4.418,7	4.243,1	4.079,9	3.927,9	3.786,1	3.653,6	3.529,4	3.413,0	3.303,7
19	4.634,6	4.441,5	4.262,7	4.096,7	3.942,4	3.798,5	3.664,2	3.538,6	3.421,0	3.310,5
20	4.656,7	4.460,3	4.278,6	4.110,3	3.953,9	3.808,3	3.672,6	3.545,8	3.427,1	3.315,8
21	4.675,0	4.475,6	4.291,6	4.121,2	3.963,1	3.816,1	3.679,2	3.551,4	3.431,9	3.319,8
22	4.690,0	4.488,2	4.302,1	4.130,0	3.970,5	3.822,3	3.684,4	3.555,8	3.435,6	3.323,0
23	4.702,5	4.498,5	4.310,6	4.137,1	3.976,4	3.827,3	3.688,5	3.559,2	3.438,4	3.325,4
24	4.712,8	4.507,0	4.317,6	4.142,8	3.981,1	3.831,2	3.691,8	3.561,9	3.440,6	3.327,2
25	4.721,3	4.513,9	4.323,2	4.147,4	3.984,9	3.834,2	3.694,3	3.564,0	3.442,3	3.328,5
26	4.728,4	4.519,6	4.327,8	4.151,1	3.987,9	3.836,7	3.696,3	3.565,6	3.443,7	3.329,7
27	4.734,2	4.524,3	4.331,6	4.154,2	3.990,3	3.838,7	3.697,9	3.566,9	3.444,7	3.330,5
28	4.739,0	4.528,1	4.334,6	4.156,6	3.992,3	3.840,2	3.699,1	3.567,9	3.445,5	3.331,2
29	4.743,0	4.531,2	4.337,1	4.158,5	3.993,8	3.841,4	3.700,1	3.568,7	3.446,1	3.331,7
30	4.746,3	4.533,8	4.339,1	4.160,1	3.995,0	3.842,4	3.700,9	3.569,3	3.446,6	3.332,1

財務管理（第二版）

作　　者：陳萬江 著	**國家圖書館出版品預行編目資料**
發 行 人：黃振庭	財務管理 / 陳萬江著 . -- 第二版 . --
出 版 者：財經錢線文化事業有限公司	臺北市：財經錢線文化，2020.11
發 行 者：財經錢線文化事業有限公司	面；　公分
E-mail：sonbookservice@gmail.com	POD 版
粉 絲 頁：https://www.facebook.com/sonbookss/	ISBN 978-957-680-475-5(平裝)
網　　址：https://sonbook.net/	1. 財務管理
地　　址：台北市中正區重慶南路一段六十一號八樓 815 室	494.7　　109016751

Rm. 815, 8F., No.61, Sec. 1, Chongqing S. Rd., Zhongzheng Dist., Taipei City 100, Taiwan (R.O.C)

電　　話：(02)2370-3310
傳　　真：(02) 2388-1990
總 經 銷：紅螞蟻圖書有限公司
地　　址：台北市內湖區舊宗路二段 121 巷 19 號
電　　話：02-2795-3656
傳　　真：02-2795-4100
印　　刷：京峯彩色印刷有限公司（京峰數位）

官網

臉書

- 版權聲明 -

本書版權為西南財經出版社所有授權崧博出版事業有限公司獨家發行電子書及繁體書繁體字版。若有其他相關權利及授權需求請與本公司聯繫。

定　　價：399 元
發行日期：2020 年 11 月第一版
◎本書以 POD 印製